U0183090

渗硼技术

陈树旺　程焕武　王全胜　王扬卫 ◎ 著

BORONIZING TECHNOLOGY

北京理工大学出版社
BEIJING INSTITUTE OF TECHNOLOGY PRESS

图书在版编目（CIP）数据

渗硼技术 / 陈树旺等著. -- 北京 : 北京理工大学出版社, 2024.1

ISBN 978-7-5763-3505-7

Ⅰ. ①渗… Ⅱ. ①陈… Ⅲ. ①渗硼-研究 Ⅳ. ①TG174.445

中国国家版本馆CIP数据核字（2024）第040359号

责任编辑：陆世立　　　文案编辑：闫小惠
责任校对：周瑞红　　　责任印制：李志强

出版发行 / 北京理工大学出版社有限责任公司
社　　址 / 北京市丰台区四合庄路6号
邮　　编 / 100070
电　　话 / (010) 68944439（学术售后服务热线）
网　　址 / http://www.bitpress.com.cn

版 印 次 / 2024年1月第1版第1次印刷
印　　刷 / 三河市华骏印务包装有限公司
开　　本 / 710 mm×1000 mm　1/16
印　　张 / 16.25
彩　　插 / 8
字　　数 / 254千字
定　　价 / 108.00元

前　言

目前，工业生产中大量采用的表面硬化方法依然是渗碳和氮化两类工艺，它们主要用来增加耐磨性和提高疲劳强度。渗硼作为一种被称为20世纪70年代表面硬化技术的新动向，尽管近年来越来越引起人们的重视，并得到迅速开发，但不能主观地指望渗硼能限制和取代渗碳和氮化的发展和应用。不过渗硼本身所具有的一系列突出优点，也是渗碳和氮化无法比拟的，尤其是在解决严重磨损方面，渗硼有着极大的潜力。另外，渗硼不仅能够提高钢的耐磨性、耐蚀性以及抗高温氧化性，而且可以增加难熔金属、硬质合金材料以及非铁金属的上述性能，这确实是十分可贵的。因此，渗硼作为一种极有价值的表面硬化方法，完全可以预料今后必将得到更迅速的发展和更广泛的应用。

1895年，法国莫桑（Moissan）发表了在钢铁材料表面进行气体渗硼的论文，使渗硼工艺的历史可以追溯到128年前。世界各国的研究人员先后研究了气体、液体和固体等多种渗硼工艺。液体渗硼由于所使用坩埚寿命短、工件表面粘盐不易清理及质量较难控制等问题而应用较少。气体渗硼和离子渗硼则因采用的BCl_4、B_2H_4介质，存在价格高、剧毒、易爆等问题，也未能用于生产。从20世纪60年代开始，人们又开始重视固体渗硼，研究内容侧重于寻找质量稳定、渗硼温度低、时间短、价格便宜的固体渗硼剂和渗硼工艺。德国不来梅硬化技术研究所，首先采用氟硼酸钾作为活化剂，将渗硼温度降低到900 ℃以下，并于1986年4月取得固体渗硼剂Ekabor 1、Ekabor 2、Ekabor 3和Ekabor 4的专利，在国际市场上作为正式商品销售。

我国从20世纪50年代开始研究渗硼，1956年首次发表有关渗硼的学术论文，先后研究过液体渗硼和膏剂渗硼。20 世纪 70 年代至 80 年代前半期，国内主要进行的是硼砂盐浴渗硼研究，并成功地将其应用于模具和部分易磨损件。随后，渗硼集中至固体渗硼的研究上，1975 年开始粉末渗硼剂和粒状渗硼剂研究，且发展比较迅速，渗硼剂和渗硼工艺比较成熟，并开发出了一些新的渗硼方法，在生产上的应用也日益广泛。此外，还开发了一些新的领域。在此期间，有关渗硼的基础理论研究工作也有较大进展。根据渗硼科研和生产发展需要，我国在 1987 年制定并公布实施了 JB 4383—1987《固体渗硼及渗硼剂》标准，之后又陆续发布了 JB/T 4215—1996《渗硼》、JB/T 4215—2008《渗硼》标准。实践表明，我国在渗硼领域的研究与应用已步入世界先进行列。

我国于 1977 年 7 月在江西省新余市召开了“全国渗硼技术座谈会”，实际为全国首届渗硼技术学术交流会。这次会议对渗硼技术的研究与应用起到了极大的推动作用，得到了国内科研机构与大专院校热处理工作者的空前关注，他们纷纷开展此项目研究和开发应用，发表了大量的学术论文。此后，中国机械工程学会热处理学会在天津、蓬莱、长沙、武汉等地先后组织召开全国渗硼技术学术会议 5 次。渗硼技术的发展也推动了渗金属技术的开发与研究。1987 年，中国机械工程学会热处理学会成立了“全国渗硼渗金属技术委员会”，使渗硼技术的开发与应用得到迅速发展，达到了国际先进水平。

我们研究开发渗硼技术应用始于 1978 年，首先将其成功应用在热作模具上，其后在北京市热处理厂、北京市洗衣机厂的产品上也成功应用，创造了良好的社会效益和显著的经济效益。我们系统全面地对液体渗硼、固体渗硼技术进行了研究与应用，固体渗硼技术在兵器工业模具上的成功应用，通过了兵器工业部的技术鉴定；同时，在北京民用模具上的成功应用获得了北京市科技进步三等奖。1985 年，机械工业出版社出版了本书作者编著的《渗硼热处理》一书。

进入 20 世纪 80 年代，我们对渗硼技术的研究由理论研究转向生产应用的开发，主要针对渗硼剂的优选、工艺的简化、消除污染和降低成本，以适应工业生产的需求；同时，开展了大量非模具零件的渗硼研究。我们和北京航空工艺研究所合作，承担的纺织机械配件导板的渗硼通过了德国的技术标准验收，并为出口德国的导板进行了渗硼处理，累计出口 2 万件，也是国内唯一出口渗硼产品的单位。另外，该技术被成功应用于汽轮发电机汽道喷嘴上，已批量投入生产。截至

2023 年 4 月，我们的技术先后在国内众多企业成功应用，不仅受到用户的好评，还为他们创造了显著的经济效益。

本书对渗硼技术从理论到实践进行了较全面的介绍，涵盖渗硼剂、渗硼工艺、渗硼原理、渗硼层组织与性能、渗硼层的检测和渗硼技术的实际应用等方面内容。

除本书作者外，先后参加过我们渗硼技术研究工作的有北京理工大学周木兰副教授、吕广庶教授、张丽华教授、王洪成老师、谭成文教授、陈为为副教授、袁春园老师，中国兵器科学研究院蒋黎民高工、冯伟年高工、张惠林高工，钢铁研究总院孟庆恩工程师以及北京理工大学（原北京工业学院）校工厂车间主任陈义，他们都为研究工作做出了很多贡献。北京理工大学（原北京工业学院）1978 级到 2007 级的韩宇宙、韩建明（71701 班）、蒋凤如（71791 班）、宋景山（71821 班）、尚中秀（71841 班）、于卫东、纪广明、杨红旗、张宏、成天名（04320701 班）等 20 多位历届同学先后参加渗硼毕业论文工作，为渗硼研究做了大量实验，取得了很多成果，对渗硼技术的发展做出了突出贡献。在此向他们表示衷心的感谢！由于时间过于久远，很多同学想不起名字和班级号，深表歉意！

参与渗硼应用工作的有重庆益民机械厂王中和等多名高工，北京全四维动力科技有限公司李宝清博士、副总安俊伟高工，北京航空制造工程研究所王晓东高工、吴志刚高工，广东佛山钢板生产有限公司林广成经理，佛山市顺德区龙之声电热电器有限公司廖伟创经理，吴忠仪表有限责任公司何涛高工，广东佛山永坚不锈钢管模具厂徐亿坚厂长，浙江湖州链条公司沈敏炎经理等。在此一并表示感谢！

特别感谢韩宇宙同学和北京电视台网络工程师张旭（陈树旺老师外孙）为本书初稿打印付出的辛勤工作！

特别感谢北京理工大学出版社的李颖颖和闫小惠两位编辑对本书的出版所付出的辛苦工作！

最后，还要感谢为本书整理打印资料和查阅文献的北京理工大学隆哲源（2022S1 班）、隆聪（2022S2 班）、黄滴寒（09221901 班）、饶畅（09211901 班）和李运成（09211901 班）诸位同学。

本书是我们在渗硼技术与应用领域45年工作中积累的大量理论和实践经验基础上写成的，编写期间面对过各种困难，历经了重重磨难的挑战。书稿即将付梓之际无限感慨！

由衷期盼《渗硼技术》专著的出版，能为我国长期推广应用该技术提供丰富的理论基础知识和实践经验，为伟大祖国建设贡献我们微薄的力量！

我们在撰写本书时参考和引用了一些研究者的文献资料，在此谨致谢意！

由于学术水平和客观条件所限，书中难免有疏漏和不妥之处，敬希读者批评指正。

陈树旺

目　录

第 1 章　概述 1

1.1　渗硼的概念与分类 2

1.2　渗硼层的特性及应用范围 3

第 2 章　渗硼机理 6

2.1　硼在钢中形成固溶体 6

2.2　硼和钢中铁、碳可形成化合物 7

2.3　硼与铁形成金属化合物 12

2.4　渗硼过程中硼化物形成金属学理论 13

第 3 章　渗硼组织 17

3.1　碳钢渗硼组织特征 18

3.1.1　钢中的碳对渗硼组织的影响 18

3.1.2　碳钢硼化物组织特征 19

3.2　合金钢渗硼组织特征 20

3.2.1　钢中合金元素对渗硼组织的影响 21

3.2.2　合金钢渗硼组织 25

3.3　渗硼过渡区组织特征 28

3.3.1　碳钢渗硼层中过渡区组织特征 28

3.3.2　过渡区组织形成机理 30

3.3.3　合金钢渗硼层中过渡区组织特征 32

第 4 章　渗硼层的性能　34
4.1　渗硼层的硬度与抗磨损性能　34
4.1.1　40Cr 钢在两种不同摩擦磨损条件下的性能　35
4.1.2　钢铁渗硼后具有良好的抗磨料磨损性能　37
4.2　抗腐蚀性能　40
4.2.1　耐蚀性的测试方法　40
4.2.2　试验结果　41
4.2.3　Q235B 钢渗硼层在不同腐蚀介质中的耐蚀性试验　47
4.3　抗冲击磨损性能　51
4.4　抗高温氧化性能　59
第 5 章　渗硼材料及其热处理　61
5.1　适合渗硼的材料　61
5.1.1　普通碳钢和渗碳钢　61
5.1.2　中碳结构钢　62
5.1.3　工具钢　62
5.2　渗硼件的热处理　62
5.2.1　预备热处理　63
5.2.2　渗硼后热处理　63
5.3　渗硼件的变形规律与控制方法　65
5.3.1　渗硼件的变形规律　65
5.3.2　控制渗硼件变形的方法　65
第 6 章　钢铁材料渗硼及热处理后的组织与性能　67
6.1　工业结构钢的渗硼　67
6.1.1　低碳 20 钢渗硼　67
6.1.2　中碳 45 钢渗硼　73
6.1.3　65Mn 钢渗硼　73
6.1.4　40Cr 钢渗硼　74
6.2　工具钢的渗硼　75
6.2.1　碳素工具钢（T8、T10 钢）渗硼　75

6.2.2　铬钢（GCr15、Cr12MoV 钢）渗硼　77
6.2.3　铬钨锰钢（CrWMn 钢）渗硼　78
6.2.4　热作模具钢（5CrMnMo 钢）渗硼　79
6.2.5　3CrW8V 型高韧性耐热钢渗硼　80
6.3　特种钢及铸铁的渗硼　82
6.3.1　马氏体铬不锈钢（2Cr12NiMoWV 钢）渗硼　82
6.3.2　镍铬奥氏体钢（1Cr18Ni9Ti 钢）渗硼　83
6.3.3　铸铁渗硼　83
6.4　其他钢铁及硬质合金渗硼　85
6.4.1　A3 钢渗硼　85
6.4.2　38CrMoAl 钢渗硼　86
6.4.3　1Cr5Mo 钢渗硼　86
第 7 章　盐浴渗硼　88
7.1　盐浴渗硼的成分　88
7.2　盐浴配方的选用与配制　92
7.2.1　配方的选用　92
7.2.2　配制方法　93
7.3　盐浴渗硼的设备与工艺　94
7.3.1　渗硼设备　94
7.3.2　渗硼工艺　95
7.3.3　坩埚腐蚀原理与预防措施　96
7.4　盐浴渗硼原理　99
7.4.1　盐浴成分的分解与还原　99
7.4.2　吸附　101
7.4.3　扩散　101
第 8 章　固体粉末渗硼　102
8.1　渗硼剂　102
8.1.1　渗硼剂的组成与作用　102
8.1.2　渗硼剂的配制　106

8.1.3 渗硼剂的重复使用 107
8.1.4 固体粉末渗硼剂的选用 107
8.2 渗硼工艺 111
8.3 渗硼原理 114
8.3.1 化学反应 114
8.3.2 渗硼层组织的生长及其变化 116
8.3.3 获得单相渗硼层的可能途径 121
第9章 固体膏剂渗硼 130
9.1 渗硼膏剂的配比与制备 130
9.2 渗硼工艺参数 131
9.3 渗硼件的局部防护 133
9.4 无保护固体膏剂渗硼 133
9.4.1 渗硼膏剂的研究 133
9.4.2 渗硼工艺 134
9.4.3 渗硼组织性能 135
9.5 固体膏剂渗硼原理 137
9.5.1 以 B_4C 为供硼剂时的化学反应 137
9.5.2 以硼铁为供硼剂的化学反应 138
第10章 其他渗硼方法 139
10.1 高频感应加热渗硼 139
10.1.1 试验方法 139
10.1.2 高频感应加热渗硼试验结果 140
10.2 渗硼层的共晶化处理 143
10.2.1 粉末渗硼后高频感应加热共晶化处理 143
10.2.2 高频感应加热渗硼－共晶化处理 144
10.2.3 渗硼－共晶化处理后的组织 145
10.3 渗硼－共晶化机制 147
10.3.1 渗硼过程中的物理化学反应 147
10.3.2 渗硼和共晶化的物理冶金原理 149

10.4 气体渗硼 154
10.4.1 气体渗硼简介 154
10.4.2 以三氯化硼为供硼剂研究渗硼工艺 156
10.5 离子渗硼 165
10.6 真空渗硼 168
第11章 渗硼应用实例 170
11.1 渗硼在石油化学工业上的应用 170
11.1.1 工作条件和性能要求 170
11.1.2 渗硼工艺 171
11.1.3 渗硼试验结果 171
11.1.4 试验结果分析 173
11.2 渗硼在钻杆接头上的应用 174
11.2.1 钻杆接头的工作状况 175
11.2.2 渗硼工艺 175
11.2.3 渗硼试验结果 176
11.2.4 钻杆接头的现场钻进试验 179
11.2.5 理论分析 180
11.3 渗硼在精密件上的应用 181
11.3.1 气动量仪测头渗硼 181
11.3.2 柱塞偶件渗硼 182
11.3.3 针阀偶件渗硼 182
11.4 渗硼在不锈钢上的应用 183
11.4.1 工作条件和性能要求 183
11.4.2 渗硼工艺 184
11.4.3 试验结果分析 185
11.5 渗硼在铝型材热挤压模具上的应用 186
11.5.1 模具使用条件及失效形式 187
11.5.2 试验工艺过程及方法 187
11.5.3 试验结果分析 188

11.6 渗硼在蜂窝煤机冲针上的应用 189
11.6.1 工作条件和性能要求 189
11.6.2 渗硼工艺 190
11.6.3 试验结果分析 191
11.7 渗硼在热作模具上的应用 193
11.7.1 冲孔冲头的工作条件 193
11.7.2 渗硼工艺 193
11.7.3 渗硼后的热处理 195
11.7.4 渗硼–共晶化处理提高冲头寿命的机理分析 195
11.7.5 冲孔冲头渗硼后的使用寿命 196
11.8 渗硼在冷作模具上的应用 196
11.8.1 试验方法 197
11.8.2 试验结果 199
11.8.3 试验结果分析 205
11.9 渗硼在硬质合金上的应用 212
11.10 渗硼在2Cr12NiMo1W1V钢上的应用 214
11.10.1 2Cr12NiMo1W1V钢固体渗硼工艺 215
11.10.2 2Cr12NiMo1W1V钢准静态压缩性能研究 220
11.10.3 2Cr12NiMo1W1V钢渗硼处理后动态压缩性能研究 222
11.11 渗硼在其他领域的应用 229
第12章 渗硼层的检验 232
12.1 渗硼层金相组织的检测 232
12.1.1 渗硼试样的磨制与显示 232
12.1.2 渗硼层的金相检验 234
12.2 渗硼层的脆性 236
12.2.1 渗硼层脆性的产生与检测方法 236
12.2.2 减少脆性的途径 239
参考文献 242

第1章 概　述

机械零件和工模具在使用过程中除少数因脆断损坏外，大多数皆因疲劳或磨损而失效，或因高温氧化以及介质腐蚀而不能继续使用。这些损坏，大多开始于零件表面或接近表面的地方。这是因为机器零件及工模具在承受外力时，通常表面受力最大，胡金锁、郝敬敏、李治源等人[1]研究显示，零件结构及工作条件等因素所产生的应力集中，也大多发生在表面上。这就使机器零件及工模具的表面比心部承受更为严酷的工作条件，从而导致表面的早期损坏。因此，要延长机器零件及工模具的寿命，必须在整体强化基础上采取进一步表面强化的措施。化学热处理和其他表面强化处理，正是为此目的而发展起来的金属学科的一个分支。

化学热处理是将工件置于含有某种化学元素的介质中加热保温，通过钢铁表面与介质的物理化学作用，使某种元素渗入钢铁表面，然后以适当的方式冷却，从而改变钢铁表面的化学成分与组织结构，赋予钢铁表面以新的物理、化学及力学性能。化学热处理按其作用目的可分为两大类，即以提高工件表面力学性能为目的的化学热处理和以提高工件表面化学稳定性为目的的化学热处理。属于前者的有渗碳、碳氮共渗、渗氮等，属于后者的有渗铬、渗硅、渗锌等，有的兼而有之，如渗硼、硼氮共渗，既提高了表面的耐磨性，同时又具有一定的抗蚀性。在化学热处理领域，发展较早且较成熟的主要有渗碳、渗氮、渗硼三种工艺。渗硼和渗碳、渗氮相比具有独特的优点：一是渗硼在工件表面形成的硼化物硬度非常高，可达 HV1 800 ~ 2 300，这是其他工艺所不能达到的；二是硼化物层具有良好的稳定性，不仅对一些介质有抗蚀性，还有较好的抗氧化性和红硬性。因此，渗硼作为提高工件表面强度的一种重要手段，不断地完善和发展，在生产中得到广泛应用。长期以来，国内制砖模具多采用 20 钢、20Cr 钢制造，再经渗碳、淬火工艺处理或采用 45 钢、40Cr 钢、T8 钢、T10 钢制造，再经渗硼、淬火工艺处理。

1.1 渗硼的概念与分类

渗硼是一种化学热处理工艺，它是将硼元素通过加热保温后使硼原子渗入钢铁材料的表面，形成一层一定厚度的硼化物硬化层的工艺方法。该工艺与普通热处理最大的区别是不需要快速冷却（淬火）就可以获得硬度超过 HRC70 的工艺。这是因为硼化物硬化层是在高温（850～1 000 ℃）下形成的，它不会因冷速的快慢而发生变化。因此，它是目前热处理工艺中最简单、变形最小的钢铁零件表面硬化方法。

渗硼技术的种类很多，但从 20 世纪 70 年代至 21 世纪初期，国内外经过三四十年的研究与应用，到目前为止，普遍运用的是固体渗硼。这是因为固体渗硼具有渗硼剂制备简单、价格低廉、使用方便、不需要特殊设备、易于操作等优点，因而受到广泛的应用。液体渗硼因存在残盐难以清洗、无法实现局部渗硼以及工件大小受到一定限制，其应用大量减少。气体渗硼是最理想的渗硼方法，但因为渗硼用气源价高、有强腐蚀性和爆炸危险，因而推广应用受到限制。根据使用的介质及设备的不同，渗硼技术的分类如图 1.1 所示。

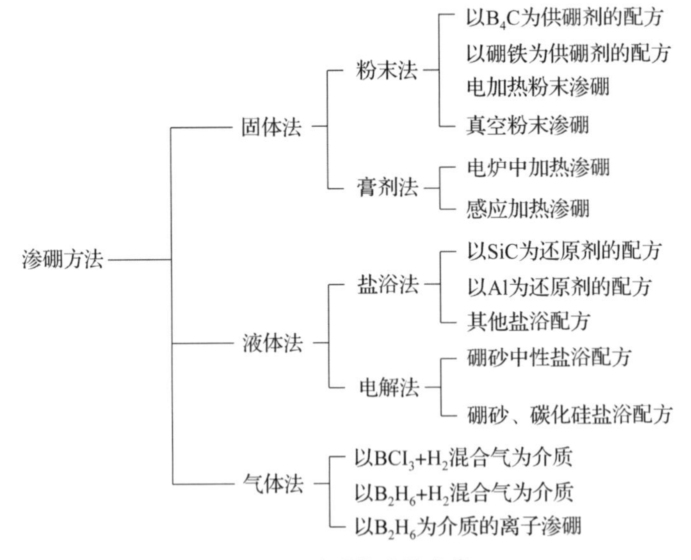

图 1.1 渗硼技术的分类

1.2 渗硼层的特性及应用范围

钢铁制件渗硼后表面形成一定厚度的硼化物，它具有高硬度（HV1 300 ~ 2 300）。由于其硬度高，所以具有很高的抗磨损性能，且其不仅抗摩擦磨损，还可抗氧化磨损、磨粒磨损和咬合磨损。凡是工作中需要提高磨损性能的零件均可采用渗硼处理。

钢铁渗硼后，其渗硼层化学性质十分稳定，还具有抗蚀性能。它在除硝酸以外的各种酸、碱、盐中均具有良好的抗蚀性能，还可抗氯化氢等腐蚀性气体腐蚀。因此，可在上述腐蚀性液体、气体中工作的零件上采用渗硼处理，以延长其使用寿命。

钢铁渗硼后所形成的铁硼化合物（FeB、Fe_2B），是一种十分稳定的金属化合物，它具有良好的红硬性。经渗硼处理的工件一般可以在600 ℃以下可靠地工作。

渗硼层的抗高温氧化性也很好。例如，将渗硼试样在电炉中不加保护地加热至800 ℃以上，保温30 min空冷后，检验其渗硼层组织时，发现硼化物仍保持完好无损，说明它具有良好的抗高温氧化能力。

渗硼层具有良好的抗高温氧化性能，与其在高温条件下氧化过程中的化学反应有关。渗硼层氧化过程可分为以下两个阶段：

第一阶段：表层的FeB首先被氧化，生成具有光泽的玻璃状的B_2O_3和含硼低的Fe_2B，即$8FeB + 3O_2 = 4Fe_2B + 2B_2O_3$；

第二阶段：表层Fe_2B中的硼被氧化，生成α - Fe层，即$4Fe_2B + 3O_2 = 8Fe + 2B_2O_3$；

上述反应产物中均有B_2O_3。由于B_2O_3是良好的防氧化保护剂，因此，虽然开始加热时氧化速度很快，但因B_2O_3保护膜的形成，渗硼层受到保护，氧化过程会很快停止，或者降到极缓慢。

渗硼层各项性能的详细情况，参见本书第4章。

由于渗硼层具有上述特性，所以它的应用范围十分广泛。下面介绍一下它的应用范围以供参考。

渗硼在工业上的应用始于1975年，目前国外工业发达国家的应用已普遍，国内对渗硼技术的研究与应用虽然开始较早，但在20世纪90年代以后推广应用较少。根据近年来国内外资料的介绍及我们的应用情况，渗硼最适宜用来延长易磨损工件的使用寿命和在高温、腐蚀介质中工作零件的寿命。可以采用渗硼进行表面强化，以延长工件使用寿命。适宜采用渗硼延长使用寿命的领域与工件如表1.1所示。

表1.1 适宜采用渗硼延长使用寿命的领域与工件

生产部门	建议采用渗硼的工件
机械工业	芯棒、涡轮衬套、轧辊、导向衬套、导向杆、滑块、夹板、热蒸汽喷管、斜齿轮、离合器衬片、支承板、支承辊子、冲头、深冲阳模、磨盘、混料盘、螺旋传动件、冲压工具、蝶形弹簧、导环、螺栓、销子、柱塞偶件、油嘴偶件、卡规、塞规、标准件冲模
汽车工业	传动件、气门摇臂、气门
农机工业	犁铧、履带、收割机刀片
建筑工业	水泥输送及制备装置零件、制砖模板
化学工业	泵壳、耐酸泵轴承、耐酸泵叶轮、螺旋壳
塑料和纺织工业	喷头、喷口板、引线器、外壳、挡板、管件、圆盘、蜗杆、圆筒、塑料制品成型模、导板
食品工业	输送管、弯头、磨盘、筛板
陶瓷工业	孔板、阴模、冲头、管件、蜗杆、刀头样板、旋螺头、螺母、筛板、销子、运输机钢板
铸造工业	衬套、芯棒、镶件、喷铸管、浇铸管、流嘴、浇铸塞、底板、硬模、导流件、搅拌器、护管、下浇铸口
轻工业	缝纫机耐磨易损件、卷烟机易损件、打火机辊轮、自行车辐条冲模、电表壳成型模、电影放映机的易损件

续表

生产部门	建议采用渗硼的工件
石油工业	阀杆、喷头、分离器壳体、钻杆轴颈等
发电工业	蒸汽发电机喷嘴通道等

为了正确选用和扩大渗硼的应用范围，除了考虑工件的服役条件及失效形式，还可参考国内外已经采用的渗硼实例，大胆选择、进行渗硼尝试，在不断总结经验的基础上，开辟渗硼更加广泛的应用领域。

第 2 章 渗硼机理

渗硼与其他化学热处理相似，即硼的渗入过程是由含硼介质的分解、产生的活性硼原子被工件表面吸附和硼原子由工件表面向内部扩散三个过程组成的。

由于硼原子半径（$r_B=0.82$ Å）比碳原子半径（$r_C=0.77$ Å）和氮原子半径（$r_N=0.75$ Å）大，且原子结构与性质也趋向于金属（硼具有金属与非金属的双重性），因而它的扩散与碳、氮等在钢中的扩散是有区别的。关于硼原子被金属表面吸附后的扩散过程，国内外众多学者研究认为：硼原子会向钢中扩散并形成固溶体、碳化物和硼化物。

2.1 硼在钢中形成固溶体

硼在钢中的溶解度极低，最大溶解度不超过 0.02%（图 2.1）。由铁硼二元相图可知，硼和铁在不同温度下可以形成 δ、γ 和 α 固溶体。

硼在 α－Fe 中只能形成置换固溶体，而在 γ－Fe 中则形成间隙和置换两种固溶体。因为在置换固溶体中的扩散远比在间隙固溶体中要困难得多，扩散速度要小得多。在相同条件下，硼在 α－Fe 中或 γ－Fe 中的扩散速度远低于碳和氮在其中的扩散速度。由于硼在 γ－Fe 中主要是形成间隙固溶体，因而硼在 γ－Fe 中的扩散速度大于硼在 α－Fe 中的扩散速度。

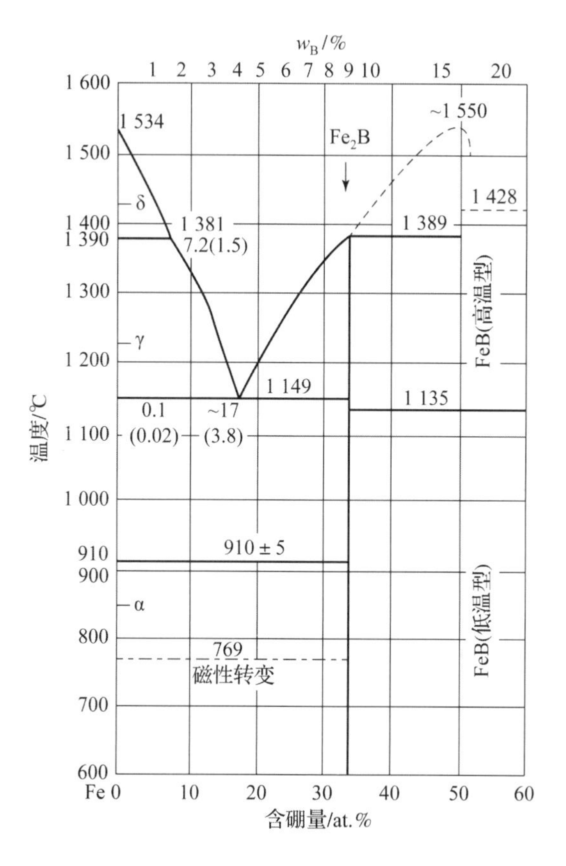

图 2.1 铁硼二元相图

2.2 硼和钢中铁、碳可形成化合物

硼置换碳化物中的碳而形成碳硼化物，在渗硼过程中，会有大量硼原子渗入钢中，其含量远远超过铁硼固溶体的溶解度。当含硼量≥0.001%时，硼可以置换 Fe_3C 中的碳而形成碳硼化物。由图 2.2 中 γ－Fe 与 $Fe_3(C,B)$ 和$Fe_{23}(B,C)_6$ 平衡图可知，由于微量硼的渗入，Fe－Fe_3C 二元系相图中的 A_{cm}线显著左移。这是因为相当数量的硼在 Fe_3C 中置换碳形成含硼化合物，使奥氏体中的碳浓度下降。硼在 Fe_3C 中可置换 4.8%～5.3%的碳。

当含硼量≥0.003%时，硼在钢中在 600～970 ℃温度范围内［图 2.2（b）中的阴影区]，还会形成碳与硼原子比差不多为 1 的特殊碳硼化物，即$Fe_{23}(B,C)_6$ 型化合物。这种碳硼化物为面心立方晶格，晶格常数随含硼量而变化，一般在 10.59 ~ 10.63 Å。它是固态反应生成的相，可以溶解钢中其他合金元素（如铬、钼等），形成（$(Fe,Cr)_{23}(B,C)_6$ 合金碳硼化物，提高其稳定性。因此，在合金钢（尤其是含 Cr 钢）的渗硼层中，还会有 $M_{23}(B,C)_6$ 型化合物的存在。

其中，图 2.2（a）是实验室测定的，而图 2.2（b）是通过热力学计算绘制的，且 X_C 表示碳硼化物与奥氏体平衡时奥氏体中碳的浓度（at.%）。

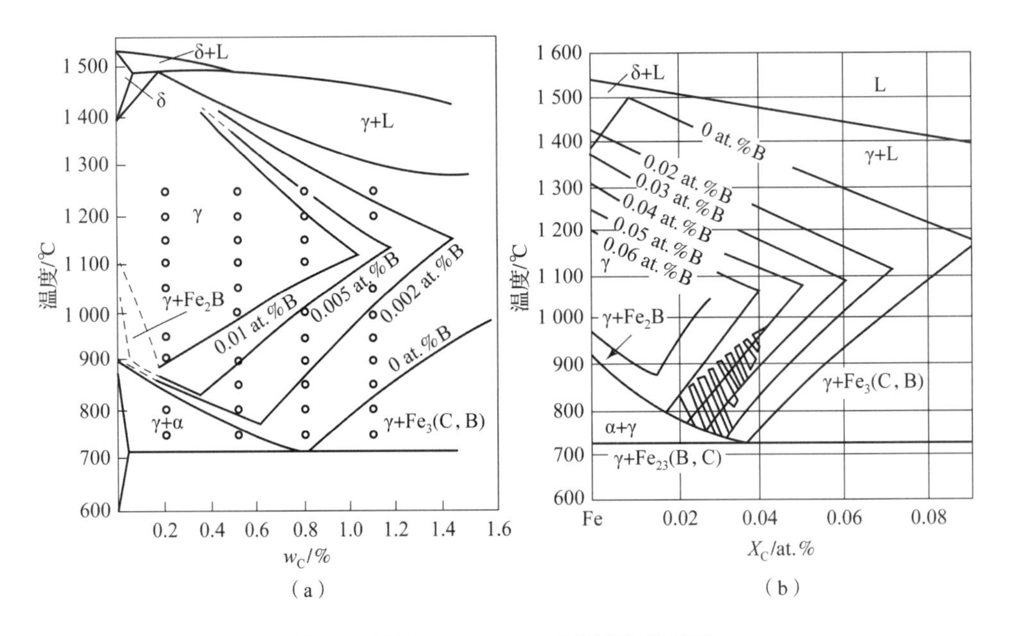

图 2.2 硼对 Fe – Fe_3C 二元系相图的影响

（a）硼对 Fe – Fe_3C 二元系中奥氏体单相区的影响；

（b）Fe – Fe_3C 二元系中 Fe 与 $Fe_3(B,C)$ 和 $Fe_{23}(B,C)_6$ 平衡

由图 2.2 可以看出，由于微量硼的添加，Fe – Fe_3C 二元系的 A_{cm} 线显著向低碳侧移动。由此可以认为，这是因为相当数量的硼在 Fe_3C 中置换碳而固溶，且硼原子直径较大（1.64 Å），在奥氏体中的固溶度最大为 0.02%（参见图 2.1），所以与 Fe – Fe_3C 二元系中的 Fe_3C 相比，固溶了硼的硼渗碳体 Fe – Fe_3C 对奥氏体的固溶极限显著降低。一般认为，在 Fe – B 二元系中含硼量在 0.005% 以上时就要出现 Fe_2B，图 2.2（a）中标示虚线的位置表示没有发现此

硼化物。根据热力学计算，在 Fe - Fe_3C 二元系中存在着 γ - Fe 与 $Fe_{23}(B,C)_6$ 之间的平衡，但是 $Fe_{23}(B,C)_6$ 这种碳硼化物仅在图 2.2（b）的阴影区中被发现。

由图 2.3 的铁 - 硼 - 碳三元系状态图可知，首先，硼在铁中只能微量固溶，而且固溶形式是形成置换式和间隙式的两种固溶体；其次，硼在 Fe_3C 中能够置换碳而大量固溶，成为含硼渗碳体 $Fe_3(B,C)$。例如在 1 000 ℃时，Fe_3C 中可有 80 at. % 的碳被硼所置换。此外，在 Fe - B - C 三元系中存在着在 Fe - C 和 Fe - B 两个二元系中都不存在的 $M_{23}C_6$ 型的 $Fe_{23}(B,C)_6$。

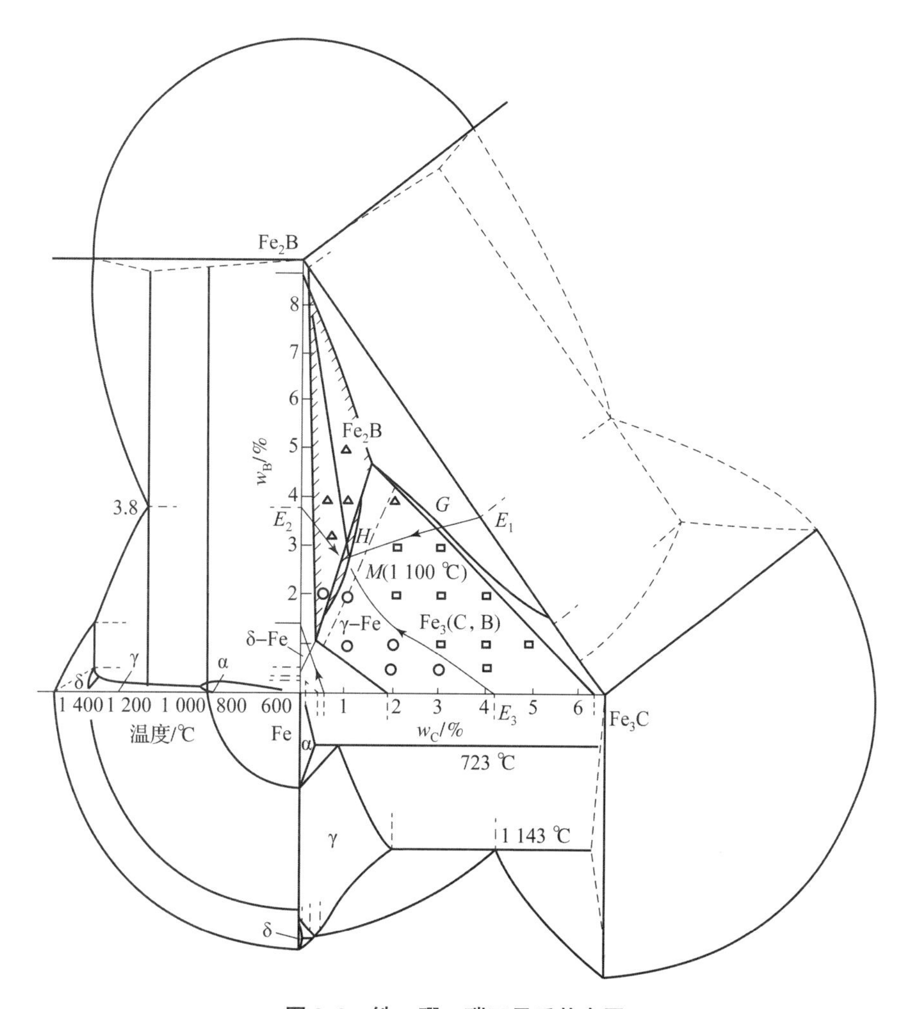

图 2.3　铁 - 硼 - 碳三元系状态图

图2.4所示为Fe－B－C三元系在不同温度下的平衡相图。图2.4（a）是427 ℃时的Fe－B－C三元系相图，这里有趣的是$Fe_{23}(B,C)_6$这个相不只是在高温而且在低温下也不稳定且消失了。图2.4（b）表明，在700 ℃时与铁素体平衡的相为Fe_2B、$Fe_{23}(B,C)_6$及$Fe_3(C,B)$。在图2.4（c）中，当950 ℃时，与奥氏体平衡的相亦为Fe_2B、$Fe_3(C,B)$及$Fe_{23}(B,C)_6$。不过在此温度下，$Fe_{23}(B,C)_6$存在的范围很窄，一般不易观察到。根据热力学计算方法推断，$Fe_{23}(B,C)_6$的消失温度约为970 ℃。在图2.4（d）中，1 000 ℃时与奥氏体平衡的只有Fe_2B和$Fe_3(C,B)$两个相。由图2.4（e）可以看出，在1 100 ℃时，Fe－C二元系中由于加了硼，亚稳定的渗碳体被稳定了。不仅仅是γ－Fe相，就是液相也和$Fe_3(C,B)$（作为稳定相）平衡。这一点和众所周知的铸铁中的硼能显著地阻止石墨化是一致的。

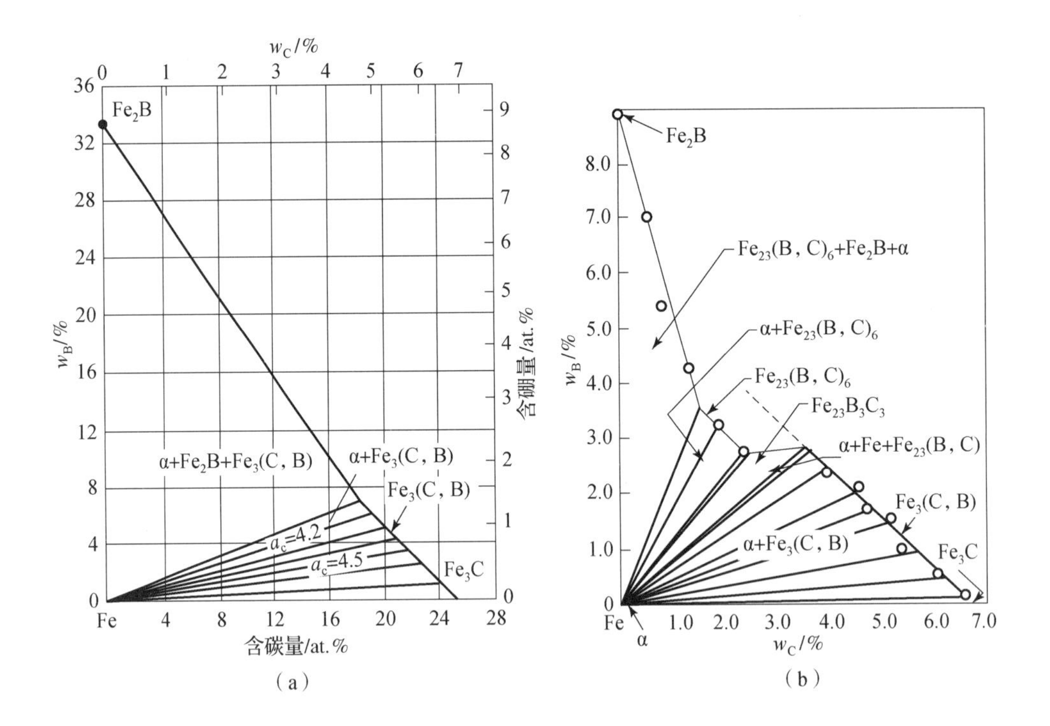

图2.4 Fe－B－C三元系在不同温度下的平衡相图

（a）427 ℃；（b）700 ℃

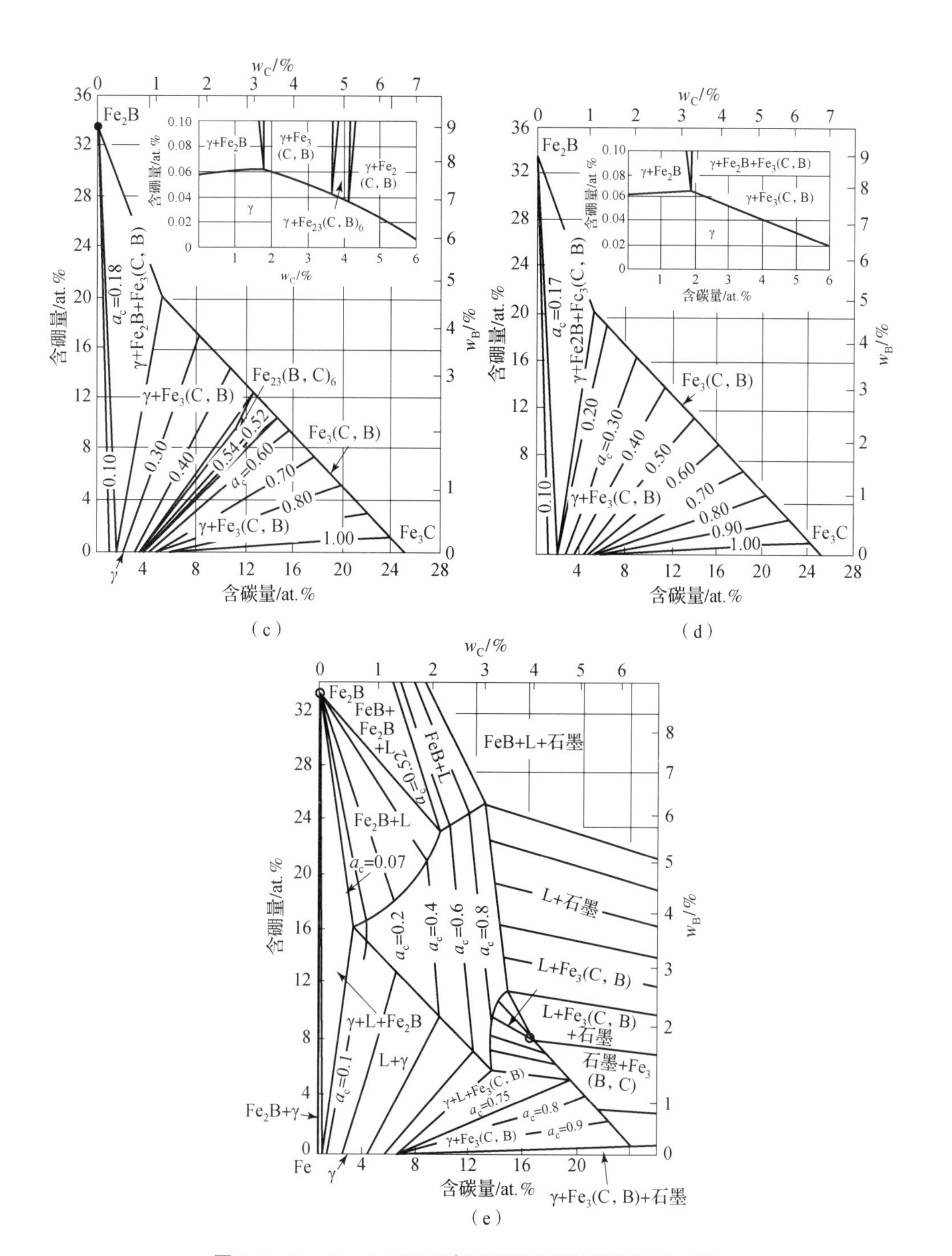

图 2.4　Fe-B-C 三元系在不同温度下的平衡相图（续）

（c）950 ℃；（d）1 000 ℃；（e）1 100 ℃

对 Fe－B－C 三元系中硼化物 Fe_2B 和碳硼化物 $Fe_3(C,B)$ 及 $Fe_{23}(B,C)_6$ 的研究显示，Fe_2B 是体心正方晶格，而 $Fe_{23}(B,C)_6$ 与 $M_{23}C_6$ 型碳化物结构相同，为面心立方晶格。根据试验结果，可以把这些硼化物及碳硼化物的特点概括如下。

①Fe_2B 中几乎不固溶碳。

②硼在 Fe_3C 中置换碳而固溶形成 $Fe_3(C,B)$。在 950 ℃时，硼在 Fe_3C 中最多置换 4.8% B；在 1 000 ℃时，则为 5.3% B。

③在 Fe－B－C 三元系中出现的碳硼化物 $Fe_{23}(B,C)_6$，在 970 ℃以上因不稳定而消失；相反，在 600 ℃以下也因不稳定而不能存在。

应当指出的是，在 Fe－B－C 三元系合金中，若加入微量的铬（0～1%）和钼（0.2%），则将对这些硼化物和碳硼化物产生一定的影响。加铬时，在 700 ℃下和铁素体平衡的相，随着添加量的增加，Fe_2B 的存在范围向高碳侧扩大，可以认为添加铬有稳定 Fe_2B 的倾向。随着合金中铬量的增加，在 950 ℃时，$Fe_{23}(B,C)_6$ 的存在区域扩大，且这种倾向在添加钼时更为明显。添加 0.2% Mo，$Fe_{23}(B,C)_6$ 的存在区域比加 1% Cr 时更大。碳硼化物 $Fe_{23}(B,C)_6$ 是固态反应生成的相，当添加微量铬或钼时，即使在更高的温度，它也能存在。

2.3 硼与铁形成金属化合物

由铁硼二元相图（图 2.1）可知：当渗硼时间较长，硼的浓度远远超过固溶体中的含硼量，含硼量达到 3.8% 时，铁和硼在 1 149 ℃可发生共晶反应，形成共晶体。但是，一般渗硼温度都低于这个温度，所以不会形成共晶体，而是随着硼浓度的升高与铁形成铁硼化合物。当含硼量达到 8.84% 时，硼和铁便形成稳定的中间化合物 Fe_2B；当含硼量增加至 16.25% 时，又会形成含硼更高的稳定化合物 FeB。铁硼化合物主要物理性能如表 2.1 所示。

Fe_2B 晶格常数：$a=5.109$ Å，$c=4.249$ Å，$c/a=0.832$。

FeB 晶格常数：$a=4.061$ Å，$b=5.506$ Å，$c=2.952$ Å。

表 2.1　铁硼化合物主要物理性能

化合物	密度/(g·cm^{-3})	晶系类型	熔融温度/℃	硬度 HV
Fe_2B	7.32	正方	1 389	1 290～1 680
FeB	7.15	斜方	1 550	1 890～2 340

硼除与铁形成金属化合物外，它还会和某些金属形成化合物，如 TiB、Ti_2B_5、ZrB_2、V_2B、W_2B、W_2B_5、Mg_3B_2、Ni_3B_3 等。因此，含有上述元素的合金钢渗硼时，不仅可获得铁的硼化物，还有可能获得该元素的硼化物，进一步提高其性能。

2.4　渗硼过程中硼化物形成金属学理论

国内外学者关于硼化物形成机理方面做了不少研究工作，提出的观点也各不相同，大体上可归纳为以下几个方面。

①在渗硼时，活性硼原子吸附在钢铁表面并向金属内部扩散。当 γ 或 α 固溶体中达到硼的极限溶解度时，新相开始形核与长大。含硼达 8.8% 时，则形成 Fe_2B，随着 Fe_2B 的长大而形成致密的单相 Fe_2B 渗硼层。随着渗硼时间的延长，钢中硼的浓度继续增加，当含硼量达到 16.2% 时，钢铁表面将产生新的 FeB 晶核，随后长成致密的 FeB 硼化物层。

②在渗硼时，当渗硼剂的活性很好或三氯化硼参与反应时，最先形成的是连续的高硼相 FeB 层。由于 FeB 层阻碍硼的继续扩散，则由表层向里形成低硼相 Fe_2B 层。

③在低温或短时间渗硼后，由于渗硼剂活性较低，在钢的表面首先形成的是含硼渗碳体 $Fe_3(C,B)$ 及 Fe_2B，经较长时间保温，硼原子在表面不断富集，“硼势”增高并向内层扩散，从而形成均匀的 Fe_2B 层。

④人们通过对渗硼层 X 射线衍射、显微硬度测定，以及用三钾试剂着色侵蚀等试验后认为，钢在渗硼开始时，会同时在试样表面形成 FeB、Fe_2B、$M_3(C,B)$ 晶体。如果渗硼剂活性强，温度也较高，即硼原子供应充分的话，就会以生产高相硼 FeB 为主。当渗硼层生长到某一深度，硼的浓度下降到 16.2% 以下时，

Fe_2B 晶核开始长大，直到硼浓度下降到不能使其继续生长为止。由于钢中含碳量的限制，M_3(C,B) 在硼化物层中难以长大，故而呈弥散度很高的微粒分布于硼化物中，只有在硼浓度很低的过渡区中，才能得到一定的发展，形成点块状、须状或羽毛状。

⑤关于硼化物形核部位与成长过程：在 850 ~ 950 ℃渗硼温度下，钢的组织为奥氏体。渗硼时，硼溶入奥氏体中并在晶粒表面具有正吸附效应，也就是硼原子首先在晶界上加浓。硼在钢中的这种内吸附温度为 850 ~ 1 000 ℃，在此温度范围温度偏下限，晶界上硼的浓度升高。渗硼正好在此温度范围的下限停留较长时间，因此硼化物和碳硼化物优先在奥氏体晶界上形核长大。但当钢中硼浓度较高，硼化物沿奥氏体晶界形核的特征消失时，Fe_2B 晶核出现强烈的择优生长的特征。[001] 晶向与渗硼方向（即垂直于表面的，体心四方晶格的 c 轴方向）平行或接近平行的晶核，迅速以 [001] 方向为“扩散通道”向里扩散，硼原子与相邻基体中的铁结合而形成 Fe_2B，并按原 Fe_2B 晶核的生成方向进行堆垛生长。这种生长方式不需要新的形核功和界面能，因此从能量角度考虑是合理的。这样继续下去，具有择优生长条件的晶核以单晶晶柱的形式逐渐向基体内生长，便形成完整的梳齿状硼化物。图 2. 5 是放大 10 000 倍的单个针舌状硼化物二次碳复型透射电镜照片。从图中可以看出，针舌状硼化物中“年轮”一样的花纹是在渗硼过程中由硼浓度的起伏而形成的。

图 2. 5　单个针舌状硼化物二次碳复型透射电镜照片

我们的试验结果也证实了渗硼时硼化物的形成过程。例如，把 T10 钢在 900 ℃ 渗硼 1 h、2 h、3 h、4 h 和 5 h 后，进行金相组织检测，可以看出 Fe_2B 首先形成，并随时间的延长不断增厚，如图 2.6 所示。同时，对已渗硼形成硼化物的组织进行横截面金相检测，发现碳硼化物沿着晶界呈网状分布，如图 2.7 所示。再把渗硼组织中硼化物与基体之间局部进行金相组织检测，并将局部进行高倍放大后可以看到硼化物顶部的须碳硼化物（浅蓝色）和 Fe_2B 尖（浅黄色），如图 2.8 所示。

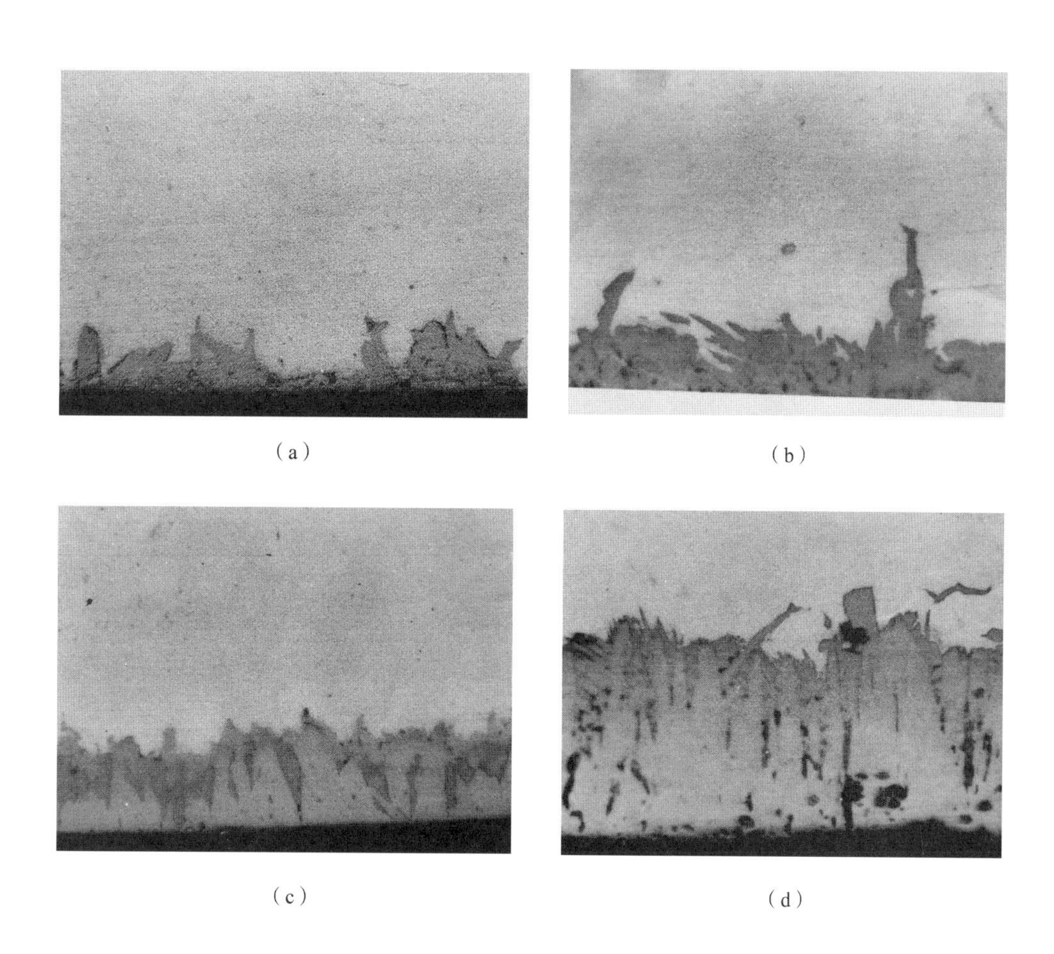

(a)　(b)　(c)　(d)

图 2.6　T10 钢在 900 ℃渗硼不同时间的金相组织（400 ×）（书后附彩图）

(a) 1 h; (b) 2 h; (c) 3 h; (d) 4 h

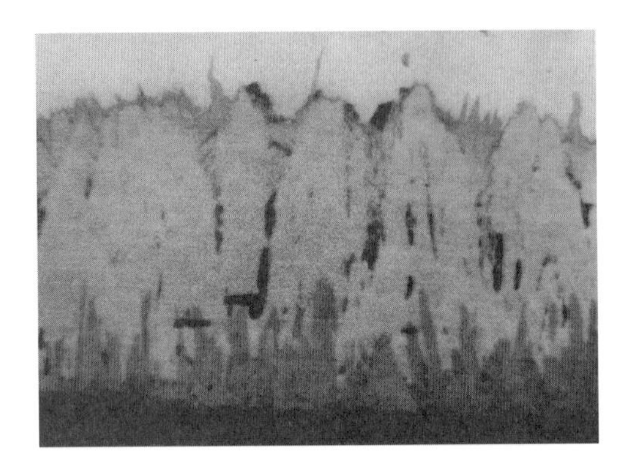

（e）

图 2.6 T10 钢在 900 ℃渗硼不同时间的金相组织（400×）（续）（书后附彩图）

（e）5 h

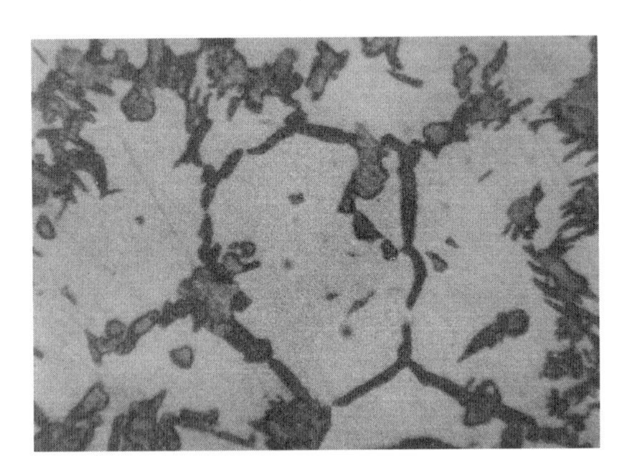

图 2.7 碳硼化物沿着晶界呈网状分布（400×）（书后附彩图）

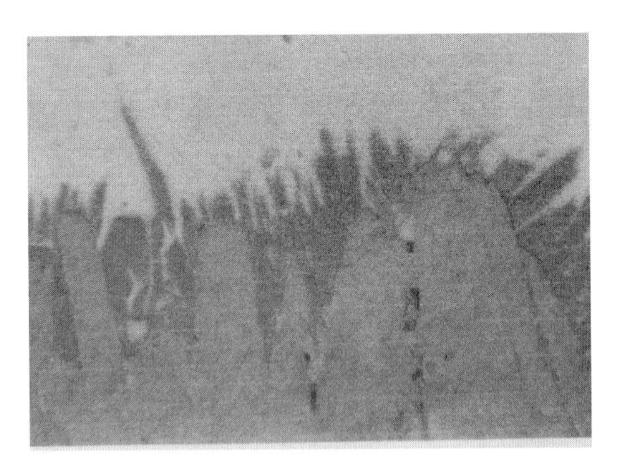

图 2.8 硼化物顶部的须碳硼化物（浅蓝色）和 Fe_2B 尖（浅黄色）（400×）（书后附彩图）

第3章
渗硼组织

钢铁渗硼后的渗硼层组织由表至里随硼的浓度不同，依次为 FeB→Fe_2B→过渡区→基体组织，即由硼化物层、过渡区和基体组织三部分组成，如图 2.5 铁硼（高硼）相图所示。

由于硼在 α - Fe、γ - Fe 中的溶解度很低，因而在渗硼时，硼与铁主要形成 Fe_2B 和 FeB 两种化合物。这些化合物的显微组织呈现梳齿状，其方向与试样表面垂直，齿尖插入基体组织中。硼化物的组织形态随钢的成分与渗硼工艺不同而变化。一般常见的硼化物组织为 Fe_2B 单相与 FeB + Fe_2B 双相，其形态大致如图 3.1 所示的 12 种情况。

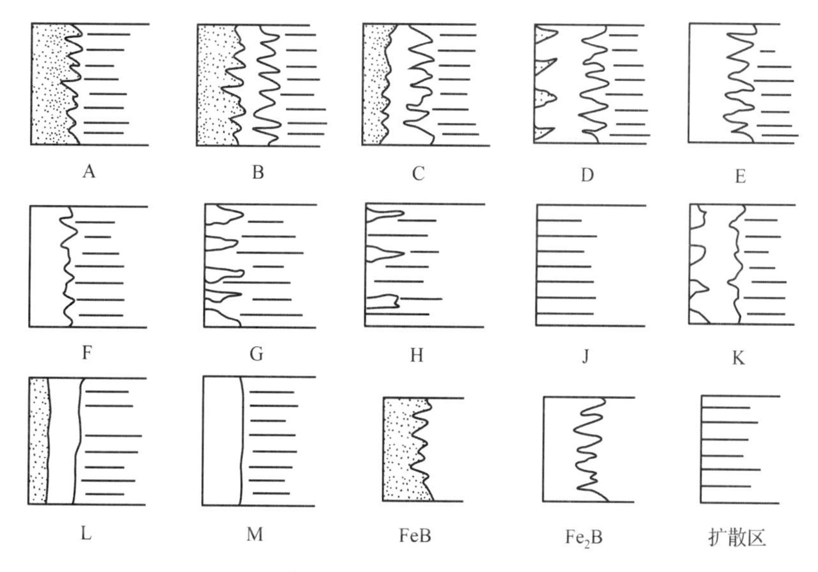

图 3.1　硼化物层的类型

在图3.1中，A～C是渗硼介质“硼势”很高时形成的硼化物；D～F为“硼势”较高时形成的组织；G～K为“硼势”过低时形成的正常组织；L和M是在高合金钢中易出现的组织。其中，A～F型都为正常渗硼组织，以E型为最好，D、F型次之；其他类型都为非正常渗硼组织。硼化物层的类型除与渗硼剂的“硼势”有关外，还取决于钢的成分。

下面分别介绍碳钢与合金钢渗硼后硼化物的组织特征。

3.1 碳钢渗硼组织特征

3.1.1 钢中的碳对渗硼组织的影响

在碳钢渗硼过程中，由于钢中的碳不溶于硼化物中，随着硼化物的形成，碳被挤到过渡区中的硼化物前沿，随着离开硼化物层，碳的浓度迅速下降。

在含0.1%～0.4% C的钢中，随着含碳量的增加，碳在近硼化物区内的最大浓度上升，而达到最大浓度的时间下降，硼化物层的厚度急剧下降。在0.5%～0.8% C的浓度范围内，碳和硼的浓度很快达到某极限值，接近渗硼温度下碳和硼在奥氏体中的溶解度极限且保持不变。碳被增长的硼化物层挤走的速度与它在钢中达到的硼和碳的极限浓度相差很小，硼化物层的厚度下降得不多。

随着钢中碳的增加，尽管其扩散系数增加，但它的扩散分布速度却由于碳在近硼化物区与钢的心部之间的浓度梯度的减少而变慢。所有上述原因使0.1%～0.8% C的浓度范围内硼化物层的厚度随含碳量变化的关系曲线具有“饱和曲线”的形状。在含碳量很低（0.04%～0.10%）的情况下，硼化物层的厚度实际上不下降。

在0.8%～1.2% C的浓度范围内硼化物层厚度的急剧下降是由于靠近硼化物层的地方形成了新相——碳硼化物，且0.8%～0.9% C开始变得明显起来。随着钢中含碳量的增加，在近硼化物区内形成碳硼化物是因为此区内碳和硼的浓度增加，超过了在渗硼温度下它们在奥氏体中的极限溶解度。碳硼化物的形成会阻碍硼化物层的生长。层的总厚度（梳齿状硼化物穿入的深度）比连成片的硼化物层的厚度减小得更快，因此随着钢中含碳量的上升，硼化合物的紧密程度增加，而它的梳齿状性减少。

在双相渗硼的情况下，碳降低高硼相在层中的相对含量和它的显微硬度。硼化物相的显微硬度与渗硼方式无关。在单相渗硼的情况下，硼化物 Fe_2B 的显微硬度随钢中含碳量的增加而下降：

钢中含碳量/%	0. 07	0. 44	0. 76
显微硬度 $HV_{0.1}$	1 740	1 550	1 380

在双相渗硼的情况下，碳降低 FeB 的硬度而略微提高 Fe_2B 的硬度。硼化物层硬度的降低使它的脆性下降。碳降低双相硼化物层的耐磨性而提高单相的耐磨性。在钢中含碳量增加的情况下，双相硼化物层耐磨性的下降可以用层中高硼相的含量减少来解释。单相硼化物层耐磨性的提高可归因于钢中含碳量增加时渗硼层的致密度提高，以及残余应力大小和分布特点的变化。渗硼处理的中碳钢具有最高的疲劳强度，但碳对渗硼钢的耐蚀性及抗氧化性没有影响。

3. 1. 2　碳钢硼化物组织特征

低、中碳钢渗硼后，硼化物均呈梳齿状，这种齿状硼化物以长短不齐的方式插入基体，与基体结合牢固，如图 3. 2 所示的 20 钢渗硼后硼化物呈梳齿状或舌状，以及图 3. 3 所示的 45 钢渗硼后硼化物呈梳齿状或舌状。当钢中含碳量增加（>0. 8%）时，碳阻碍硼原子的扩散，略为减慢硼化物的形成速度。当硼化物结晶面上析出游离渗碳体时，碳开始阻碍硼化物的生长，使梳齿平摊化而呈舌状，如图 3. 4 所示的 T10 钢渗硼后硼化物呈梳齿状或舌状。因此，高碳钢渗硼后，硼化物层与基体的接触面减少，削弱了与基体的结合强度。由 X 射线衍射测试结果得知，硼化层中存在着 $M_3(C,B)$ 型碳化物，这些碳化物呈极细颗粒状弥散分布于 FeB 和 Fe_2B 中。在显微镜下可以观察到，在硼化物齿之间及末端，碳硼化物呈须状、点块状或羽毛状，如图 3. 2 右侧所示。碳虽然不溶于 FeB 与 Fe_2B，但它可以在硼化物的结晶面上析出游离的渗碳体，同时硼可取代 Fe_3C 中相当数量的碳原子而形成 $Fe_3(C,B)$，并且不改变 Fe_3C 的晶格类型。

图3.2　20 钢渗硼后硼化物呈梳齿状或舌状（400×）

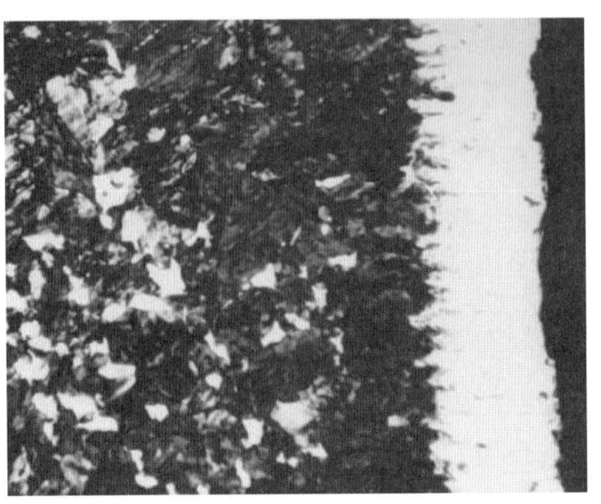

图3.3　45 钢渗硼后硼化物呈梳齿状或舌状（400×）

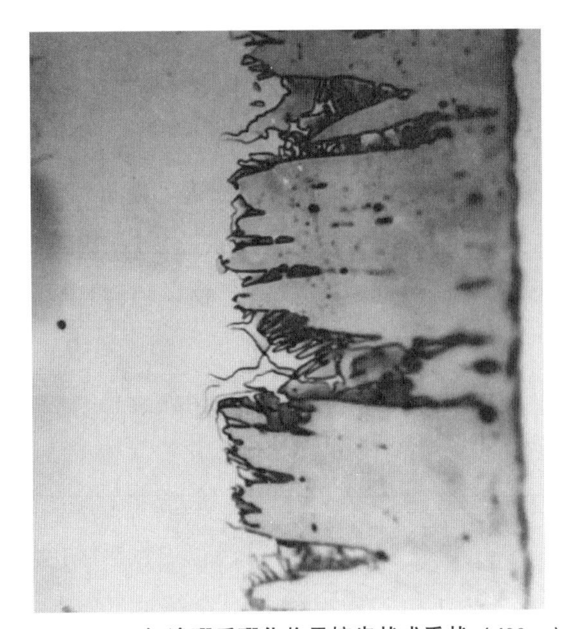

图3.4　T10 钢渗硼后硼化物呈梳齿状或舌状（400×）

3.2　合金钢渗硼组织特征

合金钢渗硼后硼化物的基本形态特征与碳钢相似，尤其是低、中碳的低合金钢，其硼化物的形态特征几乎与碳钢相同。只有含碳量较高或合金元素含量较高的中、高合金钢，由于其中存在的大量合金元素对硼的扩散起阻碍作用，因此渗硼速度减慢，且硼化物梳齿平摊化或无明显的梳齿状特征，但其渗硼后仍可获得较均匀的 FeB + Fe_2B 双相或 Fe_2B 单相硼化物层。

3.2.1 钢中合金元素对渗硼组织的影响

合金元素对硼化物层形成的动力学、结构、相成分和性能都有显著的影响。

3.2.1.1 镍元素对渗硼组织的影响

在不含碳的铁镍合金中，镍略微降低硼化物层的厚度，而且厚度的降低发生在 0 ~ 1% 含镍量的范围内。继续增加镍在合金中的含量不影响硼化物层的厚度。在中碳钢中，含镍量在 5% 以下实际上不减少硼化物层的总厚度，但增加连成片的硼化物层的厚度，减少其梳齿状结构并增加层中高硼相的相对含量。在高铬钢（15.2% Cr，0.32% C）中，镍（8% 以下）不但增加硼化物层的总厚度，而且增加连成片的硼化物层的厚度。镍对硼化物层的总厚度和连成片的硼化物层厚度的影响均很弱。

在硼化物层形成的过程中，镍在硼化物相与基体之间重新进行分配。此时，镍主要集中于硼化物 Fe_2B 中。镍溶解于硼化铁中，改变硼化物相的晶格常数、硼化物 FeB 织构轴的漫散角和硼化物层应力状态的特征。镍不改变过渡区的厚度，但明显提高硼在其中的溶解度及降低碳的浓度，同时也降低硼化物层的表面（FeB）硬度与脆性。无论是在双相还是在单相渗硼的情况下，镍对第二个硼化物相（Fe_2B）显微硬度的影响均很弱，但是镍仍然明显降低这种硼化铁的显微脆性。在高浓度下镍降低渗硼钢的耐磨损能力，这显然与它对硼化物层硬度的影响有关。

3.2.1.2 锰元素和钴元素对渗硼组织的影响

无论是在不含碳的合金中，还是在中碳钢中，锰对硼化物层厚度降低的影响均不明显。硼化物层厚度的下降主要是在含锰量较低的（1% 以下）情况下。与镍相比，锰在双相渗硼时对硼化物层的影响要大一些，而在单相渗硼时则弱一些。在单相渗硼的情况下，硼化物层厚度只有在锰含量不低于 2% 时才有一些下降。

在高铬钢（15% Cr，0.32% C）中加入锰，当锰含量在 8% 以下时，既不会改变硼化物层的厚度，也不会改变其结构。锰增加了硼化物层中 FeB 的含量，减少了 FeB 织构轴的漫散角。在锰钢中形成最完善织构的最佳条件是900 ℃。在表面层形成过程中，锰富集于硼化物层中，主要溶解于硼化物 FeB 中，提高其显微硬度及显微脆性，这样也就增加了硼化物层的宏观脆性。用锰对钢进行合金化使硼化物 Fe_2B 的硬度下降。对于渗硼钢的耐热性，少量的锰（1%~2%）没有影响。

在不含碳的合金中，考虑合金元素对硼化物层生长速度的影响，其中钴与锰相似，但钴作用稍弱。

3.2.1.3 铜元素对渗硼组织的影响

在中碳钢中，含铜量在0.65%以下，且在850 ℃渗硼温度下将会稍微降低硼化物层的厚度，并按其作用来说与镍相近。随着渗硼温度的提高和钢中含铜量的增加，铜的作用将会增强。在温度为950 ℃或更高，以及钢中含铜量为0.65%或更大时，铜降低硼化物层的厚度最严重。在此条件下，就其作用来说，铜近似于铝。铜也以类似的方式影响单相渗硼的动力学过程。在减少硼化物层总厚度的同时，连成片的硼化物层的厚度也减少。对于硼化物层的结构，铜（在所研究的含量内）没有影响。

在所研究过的合金元素中，铜使硼化物层中高硼相的含量及其显微硬度降低最强烈。铜在提高双相硼化物层中 Fe_2B 的硬度的同时，降低单相硼化物层的硬度；在降低硼化物层表面硬度的同时，也略降低其脆性。

3.2.1.4 硅元素对渗硼组织的影响

硅在不含碳的合金中显著降低硼化物层的厚度，并且是在整个所研究的含量范围内（0.5%~4.0%）。按合金元素降低的影响能力来看，硅接近于铝和铬。在中碳钢中，当硅含量在2%以下时，硼化物层的厚度急剧降低；继续提高含硅量（到3.8%），实际上不改变硼化物层的厚度。硅增加连成片硼化物层的厚度，但不使梳齿状硼化物的结构复杂化。硅钢在渗硼时，硅被挤向钢的深处，靠近硼化物层形成一个富硅区，并形成铁素体（α）相区。随着钢中含硅量的增加，铁相的厚度均急剧增加。从2% Si 开始增加，可以观察到 Si 富集在 Fe_2B 与基体之间形成的成片铁素体相区呈浅蓝色，黄色为 Fe_2B。

在单相渗硼的情况下，硅对硼化物层生长速度的减慢作用比两相渗硼的情况弱，并按影响程度来看接近于镍。硅增加了渗硼层中高硼相的含量，减少了织构轴的漫散角，并增加了硼化物层中残余应力的大小。按其对硼化物 FeB 的织构程度和织构完善性的影响特点来看，硅与锰近似。硅将会略微降低硼的扩散速度，增加其在奥氏体中的溶解度，减少过渡区的厚度，减少的程度比镍大1.5倍，但是只有铬减少程度的1/3.5，同时也减少碳富集区的厚度和碳在其中的浓度。在加入量不大（约1%）的情况下，硅不改变过渡区奥氏体晶粒生长的倾向性，或者增加这种倾向性，而当硅在钢中的含量大于2%时，则促进中碳钢过渡区晶粒的细化。硅实际上不影响中碳钢硼化物层的耐磨性和抗氧化能力，但会大大加剧硼化物层在热处理和使用过程中崩落的倾向性。因此，硅含量高的钢不适宜做渗硼处理。

3.2.1.5 铝元素对渗硼组织的影响

按减慢两相硼化物层形成的速度来看，铝接近于铬，而明显地高于镍、锰和铜。在单相渗硼的情况下，铝对硼化物层形成动力学的影响类似于硅。硼化物层形成速度变慢的原因是铝在渗硼过程中被迫重新分布。铝向 Fe_2B 层扩散，并进一步向近硼化物区扩散，促进形成 α 相区域。铝将会减少硼化物层中高硼相的含量，降低其硬度，并降低两个硼化物相和整个硼化物层的显微脆性。铝对 Fe_2B 的硬度没有影响。

3.2.1.6 铬元素对渗硼组织的影响

无论是在不含碳的合金中，还是在中碳钢中，铬均强烈地降低硼化物层的厚度。铬含量在5%以下时，硼化物层厚度与铬含量的关系接近直线。在5%~8%和12%~25%的含量范围内，铬降低硼化物层厚度不那么强烈。随着渗硼温度的提高，铬对硼化物层生长速度的负作用增强。它减少梳齿状硼化物渗入的厚度要比减少连成片的硼化物层的厚度强烈得多，因此，随着钢中铬含量的增加，硼化物层的紧密程度提高，而梳齿状硼化物具有更为复杂的结构。

在单相硼化物层中，铬的作用与上面所述类似，但在影响程度上不那么强烈。在硼化物层形成过程中，铬主要集中在硼化物 Fe_2B 中。铬溶解于硼化物层中，增加硼化物相的晶格常数。在高温（1 000 ℃）渗硼时，铬将会降低硼化物 FeB 的织构轴的漫散角。随着渗硼温度的降低，铬钢（40Cr、40Cr2、40Cr3）中织构的完善性提高，而织构轴的漫散角对铬含量的依赖关系具有极值特点，40Cr3 钢的硼化物层具有最完善的织构。与镍和锰类似，铬增加了硼化物层中高硼相的含量。对中碳钢用铬合金化，不仅改变残余应力的大小，而且改变残余应力按硼化物层厚度分布的特点。

铬将会降低硼在奥氏体中的扩散速度，这样也就降低了过渡区的厚度。铬也会降低碳在该区的浓度，同时提高两相硼化物层的表面硬度与脆性。另外，铬将急剧降低单相硼化物层和硼化物 Fe_2B 的表面硬度。铬降低渗硼钢耐磨性这种影响的原因是铬使硼化物层变脆。用少量铬（1%～3%）对钢进行合金化不影响硼化物层的氧化速度。

3.2.1.7 钨和钼元素对渗硼组织的影响

钨和钼将会强烈降低不含碳的合金、低碳钢和中碳钢中硼化物层的厚度。在钢中加入钼或钨，无论是硼化物层的总厚度，还是连成片的硼化物层的厚度，都大致以相同的幅度下降，因此在上述元素所有研究过的含量下，硼化物层的梳齿状结构表现得相当明显。用钼对钢进行合金化时，梳齿状硼化物的结果有些复杂化。钨不改变硼化物层的结构。钨和钼将急剧提高层中高硼相的含量。钨将会略微增加硼化物相的晶格常数；没有发现钼会影响硼化铁的晶格常数。

钼将急剧降低硼在奥氏体（0.4% C）中的扩散速度、过渡区的厚度和该区中硼与碳的含量。用钼对钢进行合金化抵偿了由硼与碳引起的过渡区奥氏体晶粒长大的倾向性的增加。钨和钼将提高硼化物 FeB 的硬度与脆性，而降低硼化物 Fe_2B 的硬度与脆性。钼将略微降低渗硼中碳钢的耐磨性与高温（600～800 ℃）氧化速度。

3.2.1.8 钛和铌元素对渗硼组织的影响

钛按其对硼化物层形成动力学的影响程度来说，超过除钒和锆以外的所有研究过的元素，几乎以相同的影响程度减少硼化物层的总厚度与连成片的硼化物层的厚度。随着渗硼温度的升高，钛的作用增强，它使梳齿状硼化物的结构复杂化，并急剧改变过渡区的结构。

在中碳钢（0.4% C）含 0.6% Ti 时，过渡区的显微组织与基体没有区别。钛将会降低过渡区的厚度，增加该区中硼的浓度。在硼化物层的形成过程中，钛集中于高硼相中，急剧增加硼化物层中硼化物 FeB 的含量和它的显微硬度。对于 Fe_2B 的硬度，钛实际上对其没有影响。在镍铬钢 Cr18Ni8 中，钛同样急剧降低硼化物层的厚度与硬度。钛对渗硼钢的耐磨性实际上没有影响。

铌按其对渗硼结果的影响来看接近钛。在不含碳的合金中，铌降低硼化物层厚度比钨强，但比钛弱。在镍铬钢 Cr18Ni8 中加入 1.6% 以下的铌，将会急剧降低硼化物层的厚度与显微硬度，且硼化物层的总厚度和连成片的硼化物层的厚度都会下降。

3.2.1.9　钒和锆元素对渗硼组织的影响

钒对硼化物层形成动力学及其性能的影响的研究，与其他合金元素相比要少得多。钒将会强烈降低硼化物层的厚度，按其影响的程度仅次于锆。钒将会增加硼化物 FeB 在硼化物层中的含量，且会急剧提高（1% V 提高 200 ~ 250 kgf/mm^2）两种硼化物的显微硬度，改善硼化物层的耐热性，提高硼化物 FeB 在高温下的稳定性。锆使硼化物层的厚度降低最强烈，它和钒一样将会提高硼化物 FeB 和 Fe_2B 的硬度。在铁中加入钒或锆超过 0.6%，将会增加硼化物层形成裂纹的倾向。

在复杂合金化的结构钢中，合金元素对硼化物层厚度的影响将合并成一两个作用最强元素的影响。合金元素对渗硼层中硼化物相的比例、它们的显微硬度和表面层的其他性能的影响，存在同样的情况。

3.2.2　合金钢渗硼组织

钢中合金元素含量对硼化物层厚度的影响如图 3.5 所示。由图 3.5 可知，合金元素中 W、Mo、Si、Cr、Al 等缩小 γ 相区的元素都会阻碍硼的扩散。当钢中这些元素较多时，会明显降低渗硼速度，减少硼化物层厚度，但 Ni、Co、Mn 对渗硼层厚度影响不大。合金元素 Mn、Cr 还会影响硼化物的形态，使硼化物插入基体的末端呈舌状。

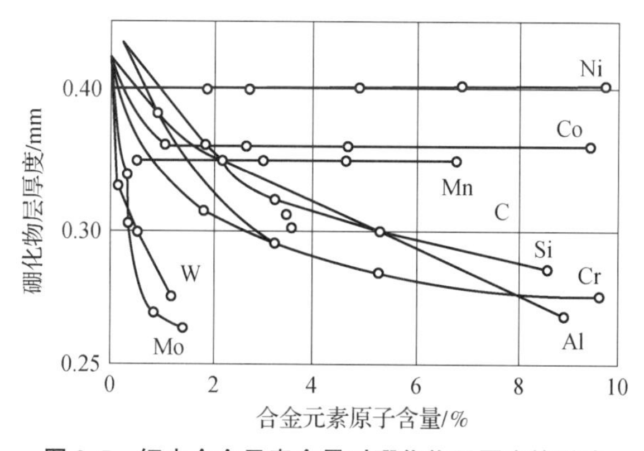

图 3.5　钢中合金元素含量对硼化物层厚度的影响

图 3.6 ~ 图 3.10 分别为 CrWMn、GCr15、3Cr2W8V、5CrMnMo 和 60Si2Mn 钢经 930 ~950 ℃盐浴 4 h 渗硼后用 4% 硝酸酒精侵蚀渗硼组织。由图 3.4 ~ 图 3.7 可以看出，CrWMn、GCr15 钢由于合金元素含量少，均可获得硼化物层；3Cr2W8V 与 5CrMnMo 钢由于含有阻碍渗硼的 Cr、W 等合金元素，因此硼化物层均较薄，尤其是 3Cr2W8 钢经 960 ℃保温 4 h 渗硼后，硼化物层厚度仅为 0.03 ~ 0.05 mm。

图 3.6 CrWMn 钢渗硼组织（400 ×）（书后附彩图）

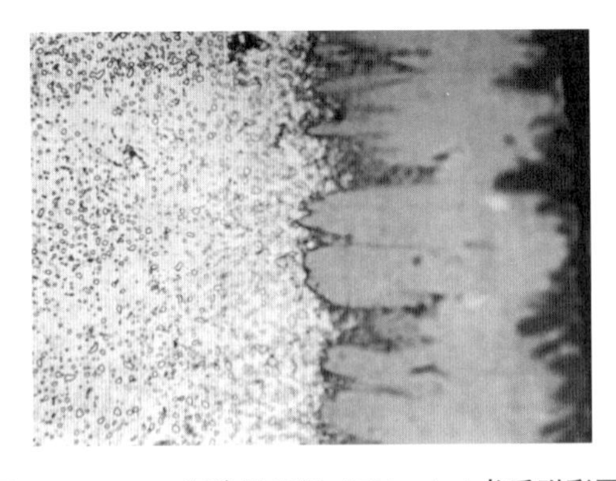

图 3.7 GCr15 钢渗硼组织（500 ×）（书后附彩图）

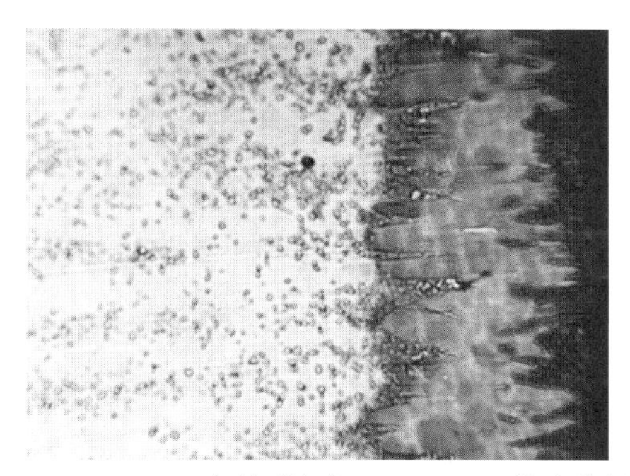

图3.8 3Cr2W8V钢渗硼组织（400×）（书后附彩图）

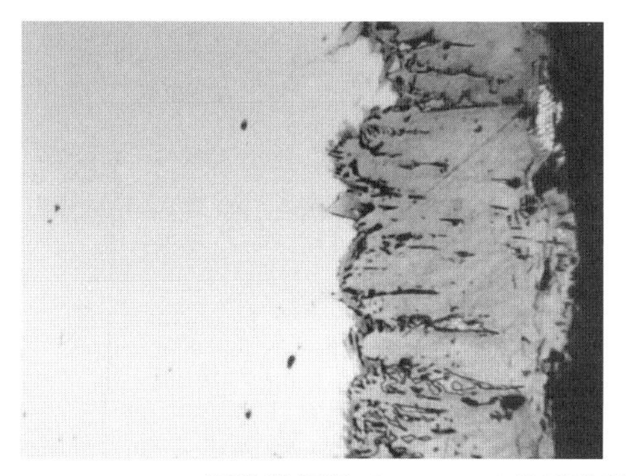

图3.9 5CrMnMo钢渗硼组织（400×）（书后附彩图）

图3.10 60Si2Mn钢渗硼组织（400×）（书后附彩图）

合金钢渗硼后，钢中的碳及合金元素在硼化物层中的分布如图3.11所示，这是经电子探针定点测量和线扫描测定的结果。在FeB和Fe_2B中合金元素的含量（如Mn、Cr）基本与基体相同，没有明显向内迁移的现象。这些元素除部分溶于铁的硼化物中外，大部分形成M_3(C,B)型碳硼化物弥散分布在硼化物中，但其中 Si、C 都有明显向内迁移的现象，其含量在过渡区中明显增加。如图 3. 10 所示，60Si2Mn 钢渗硼组织过渡区中由于 Si 的富集而形成大块铁素体。

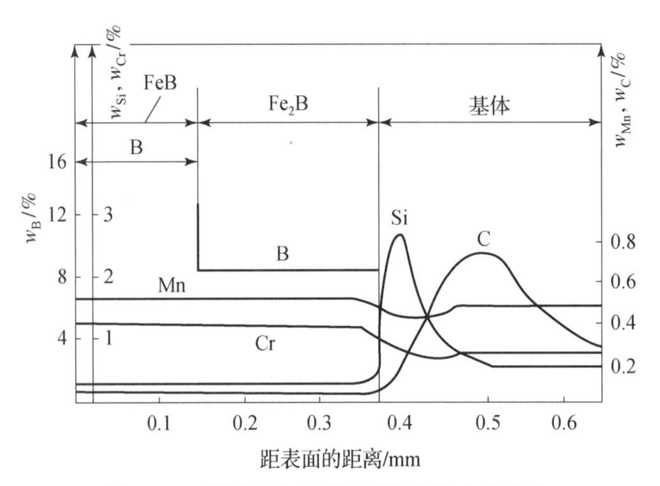

图 3. 11　碳及合金元素在硼化物层中的分布

3. 3　渗硼过渡区组织特征

钢制零件渗硼后，在硼化物层下面会形成不同于心部组织的扩散层，称为过渡区。有关过渡区的组织特征及形成机理还存在一些不同的认识，这主要是由于人们对过渡区中化学成分测定所得的结果有差异，以及对硼化物形成机理探讨不够深入。

钢中的化学成分对渗硼后过渡区特征有一定的影响，下面将分别介绍碳钢及合金钢过渡区的特征。

3. 3. 1　碳钢渗硼层中过渡区组织特征

碳钢渗硼后的典型组织如图 3. 12 所示，即 45 钢渗硼组织及过渡区，由图可以清楚地看到过渡区的组织具有以下特征。

①过渡区中珠光体（或碳化物）明显增加。低、中碳钢渗硼后过渡区中珠光体明显增加，而由图 3. 6 所示的 CrWMn 钢渗硼组织可见，高碳钢渗硼后过渡区中渗碳体增加。

图 3.12　45 钢渗硼组织及过渡区（400×）

通过对过渡区进行剥层化学分析和探针分析可知，过渡区中是增碳的。这是因为碳既不能溶解于硼化物中，又不能通过硼化物进行扩散，除部分碳以$Fe_3(C,B)_6$的极细颗粒存在于渗硼层中外，大部分被挤进渗硼层下面的过渡区中。低、中碳钢的过渡区中富碳，能使其强度升高，对防止渗硼层在使用中产生压陷与剥落也是有利的。但对于高碳钢是不利的，这是因为容易形成网状碳硼化物反而使性能恶化，在使用中易发生脆性剥落。

在图 3.12 中，过渡区中的珠光体高达 95% 以上。但过渡区中含碳量的测定结果表明，其成分远未达到共析碳浓度。为了弄清其原因，有人用光谱分析法测定了过渡区中硼的含量分布，其结果如图 3.13 所示。

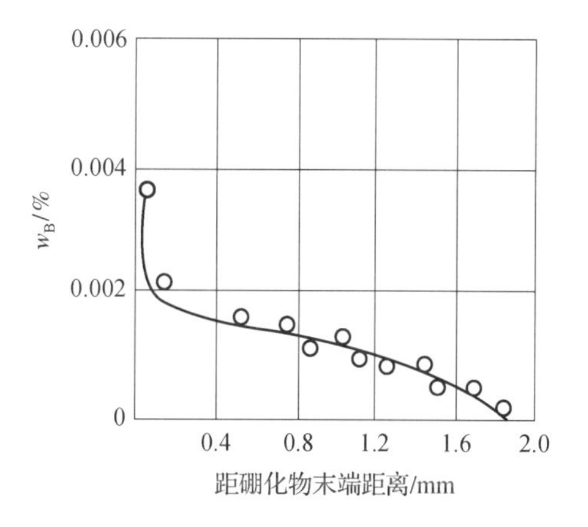

图 3.13　过渡区中硼的含量分布

测定结果表明，硼原子向内层扩散的结果使过渡区中含有微量的硼，这可能是珠光体量增加的重要因素。

②过渡区中珠光体晶粒粗大，与基体有十分明显的界限。由图3.12还可以看到，过渡区中珠光体晶粒较基体组织粗大得多，晶粒度为2～3级，而基体组织的晶粒度仍保持7～8级，又因珠光体量明显地多于基体，这就使过渡区与基体形成一条明显的分界线。

3.3.2 过渡区组织形成机理

①碳和硼共同作用，使过渡区中珠光体量增加，其中以硼的作用占主导地位。对过渡区的增碳现象，有人认为是在渗硼过程中，碳不溶于硼化物而被挤入过渡区中，使过渡区富碳的结果。但同时还应考虑过渡区中存在微量硼的重要作用，光谱分析已证实过渡区中存在微量硼。

硼是缩小γ相区的元素，只要有微量硼存在，它就会使 $Fe-Fe_3C$ 二元相图中的 S 点（共析点）左移，即降低共析点的碳浓度，如图3.14所示。

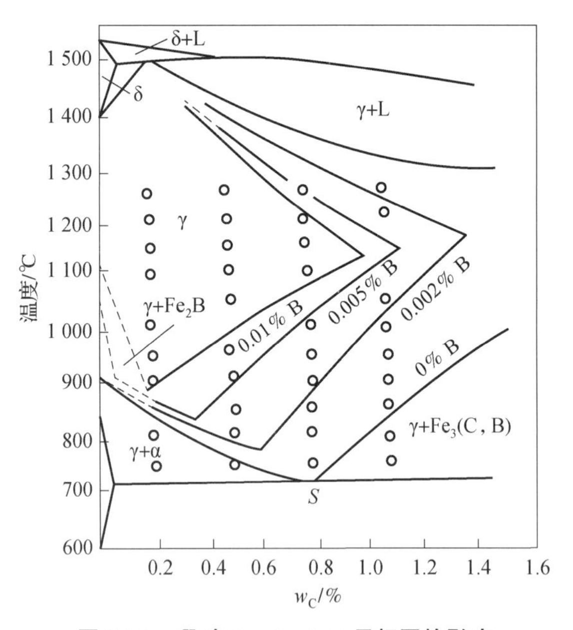

图3.14 硼对 $Fe-Fe_3C$ 二元相图的影响

由图3.14可以看出，由于微量硼的不断增加（0～0.01% B），钢的共析点由含碳0.8%降至0.2%，可见微量硼对 S 点影响很大。由此可以得出结论：在过渡区中，一方面碳有所增加，另一方面由于渗硼过程中硼的扩散结果，其也含有微量硼，硼的作用使含碳量未达到共析成分的组织，出现共析成分的组织特点，即珠光体量达95%以上，从而获得伪共析组织。这是因为硼在钢中可以溶于奥氏体（最大溶解度为0.02%），且在冷却过程中，在先共析铁素体形成之前就向奥氏体晶界偏聚，并以 $Fe_{23}(C,B)_6$ 的形式析出。这种具有立方结构的碳硼化物与奥氏体容易形成低能的共格晶面。这些化合物将奥氏体晶界遮盖起来，以低能的共格晶面代替高能的γ晶界，使晶界能量降低，从而抑制了铁素体在晶界上的形核，急剧减缓空冷时铁素体的析去，因此使过渡区中钢的共析成分的碳浓度降低。硼的这一作用，在亚共析钢中影响较强烈，但随钢中含碳量的增加，其影响减小。

高碳钢渗硼后，过渡区中碳化物的增加除了碳增加的影响外，也存在硼的影响。这是由于钢中含碳量增高时，Fe_3C 量必然增加，相当数量的硼原子会在 Fe_3C 中置换碳而形成 $Fe_3(C,B)$，使过渡区中的这种碳硼渗碳体明显增加。

②硼的作用促使珠光体晶粒长大和过渡区与基体组织界线分明。

由图3.15可以看到，距硼化物末端越远含碳量越低，而碳浓度降低使珠光体量减少。但是，因硼渗透到了整个过渡区，它抑制铁素体析出和使共析点成分下降的作用随碳浓度的下降而增加，补偿了前一作用的影响，其结果是整个过渡区成为均匀一致的伪共析珠光体组织，与心部组织形成了明显的分界线。

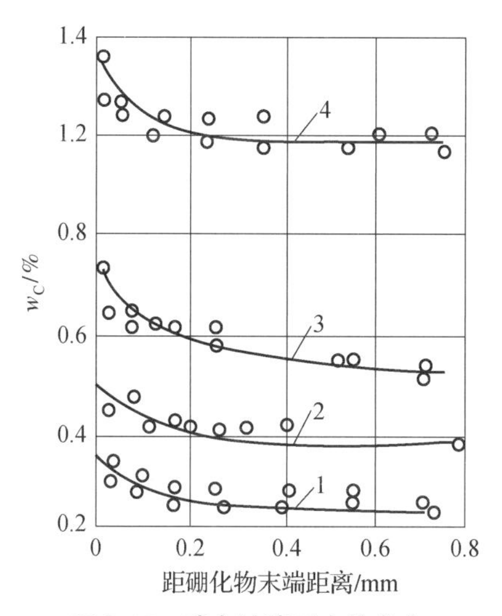

图3.15　碳在过渡区中的分布

1—20钢；2—38CrSi；3—45钢；4—T12

由此也可以认为，即使在过渡区中无增碳现象，但硼的存在，同样会使过渡区中出现与心部有明显区别的含有较多珠光体的伪共析组织。例如，40 钢渗硼后，如过渡区中含有0.005%的硼，其共析成分正好接近0.4% C，经空冷后，其过渡区中即使无增碳现象，在硼的作用下也会出现珠光体组织。硼存在于过渡区使过渡区中的晶粒较心部粗大（2～3 级）。硼是促使奥氏体长大的元素，尤其促进珠光体的长大速度，含硼钢在700 ℃时珠光体的长大速度为无硼钢的2.5 倍。

3.3.3 合金钢渗硼层中过渡区组织特征

①过渡区较碳钢薄，晶粒无明显粗化。合金钢渗硼时，由于硼化物中只能溶解少量或不溶解合金元素，渗硼过程中将部分碳及合金元素挤向过渡区，使硼化物下面形成合金元素及碳的富集区。这些元素都会降低硼在奥氏体中的扩散速度，从而降低了过渡区的厚度。因此，合金钢的过渡区较碳钢要薄。又由于上述元素存在于过渡区中抑制了碳和硼促使奥氏体长大的倾向，其中以钛、钼和铬的作用最大，因此合金钢的过渡区中晶粒无明显粗化现象。

②过渡区中碳化物增多。高碳合金钢渗硼后，由于过渡区中碳和碳化物形成元素的富集，形成的合金碳化物增多。这些碳化物的显微组织呈点块状分布于过渡区中，这种现象在含铬、钨、钒、钛等合金钢中比较明显。这些合金元素不仅与碳可以形成 Fe_3C 碳化物，还可形成 $(Fe,Cr)_{23}(B,C)_6$、$(Fe,Cr)_7C_3$、WC、VC 等类型的特殊碳化物（当然硼同样可以置换这些碳化物中的部分碳而存在其中）。因此，合金钢过渡区中的碳化物明显多于相同含碳量的碳钢。如图 3.4～图 3.7 所示，合金钢渗硼组织的过渡区中，点块状碳化物大量增加。

③含硅合金钢渗硼后，过渡区中易出现铁素体软带。含硅较高的合金钢渗硼时，由于硼化物中不溶解硅，硅被挤入过渡区中，使其形成硅的富集区。硅是强烈缩小奥氏体相区的铁素体形成元素，因此富硅区域中形成铁素体软带。这种组织强度很低，在渗硼层承受较大外力时易被压陷而脱落，影响渗硼的正常使用。

图 3.16 所示为60Si2 钢盐浴渗硼组织，图中显微硬度压痕大的区域为铁素体软带，其硬度低。由于这种现象多发生在中碳含硅钢中，所以含硅量≥2% 的中碳含硅合金钢不适宜渗硼热处理。

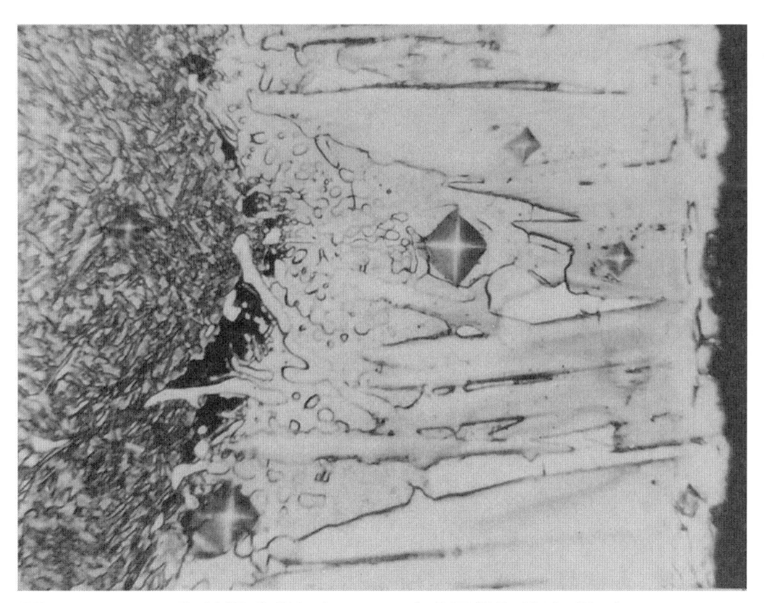

图 3.16　60Si2 钢盐浴渗硼组织（4%硝酸酒精侵蚀渗硼组织）（400×）

第 4 章

渗硼层的性能

钢铁工件渗硼后，由于表层获得一定厚度的硼铁化合物层，其表面改变了原来的组织和性能。因此，钢铁工件渗硼后具有高硬度和良好的抗磨损性能、抗腐蚀性能和抗高温氧化性能等。下面将分别介绍钢铁渗硼后的各种性能。

4.1　渗硼层的硬度与抗磨损性能

钢铁渗硼后表面具有极高的硬度，其显微硬度值为 $HV_{0.1}$1 290 ~ 2 300。由于各种资料所列的数据是根据各自不同的测试条件获得的，所以其显微硬度值稍有差异。由上述硬度值可以看出，渗硼层远比 HRC67 硬得多。

由于渗硼层硬度很高，所以可以有效提高工模具及零件的耐磨性。尤其是对于在磨料磨损、氧化磨损和摩擦磨损条件下工作的工件，渗硼件的耐磨性优于渗碳与氮化。图 4.1 所示为 15 钢制成的试样在各种处理状态下的磨损情况。用各种处理状态的销轴与淬火高碳铬钢圆盘做滑动摩擦来进行磨损试验，摩擦一定行程后，测量其磨损量。由图 4.1 可以看出，在各种不同行程下，渗硼销轴的磨损量都小于其他处理状态试样的磨损量。

渗硼后的磨损性能还与渗硼材料渗硼后的热处理方法有关。下面介绍 40Cr 钢渗硼后和经不同热处理后的抗磨损性能，以及 7CrSiMnMoV 钢、球墨铸铁、45 钢和灰口铸铁在磨料磨损条件下的抗磨损性能，以便大家在选择渗硼后热处理工艺和用材时参考。

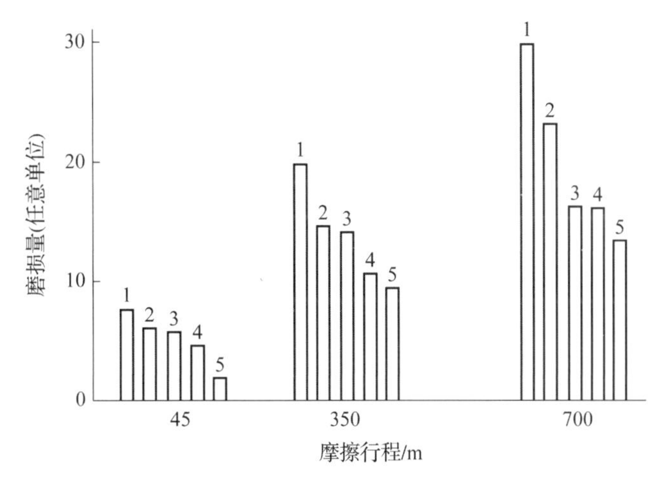

图 4.1 15 钢制成的试样在各种处理状态下的磨损情况

1—渗碳淬火；2—碳氮共渗；3—盐浴氮化；4—渗硼（7 μm）；5—渗硼（35 μm）

4.1.1 40Cr 钢在两种不同摩擦磨损条件下的性能

磨损试验采用滚动和滑动两种不同的摩擦磨损方式。所有试验都在国产 M-200 型磨损试验机上进行，试验采用两种不同的试件：一种是做滚动摩擦磨损试验的环状试样，其外形尺寸为 ϕ38 mm×10 mm；另一种是做滑动摩擦试验的 10 mm×10 mm×10 mm 的立方体试样。与之配对的磨件均采用轴承钢 GCr15，经退火、淬火和低温回火处理，硬度为 HRC60～61 试件的尺寸及公差都严格按照试验机所规定的标准。两种摩擦都用干摩擦，其运动形式、试验条件如表 4.1 所示。

表 4.1 两种不同的摩擦磨损运动形式、试验条件

摩擦类型	摩擦副运动形式	对磨件材料、硬度	运动速度
滚动摩擦	从动（对磨件）/主动件	GCr15 HRC60～61	主动件转速 400 r/min
滑动摩擦	试样/主动（对磨件）	GCr15 HRC60～61	试样固定不动 对磨件转速 200 r/min

滚动摩擦磨损采用 150 kg 载荷，每连续运转 8 h 后测定其质量 1 次。滑动摩擦磨损采用 10 kg 载荷，每 5 min 用放大 20 倍的读数显微镜测其磨痕宽度。

为了保证试验数据的精确，每种试验所用的试样均取自同一棒料加工，渗硼处理及淬火、回火都在同一渗罐及同一炉次，以便得到同一原始组织。试样每次磨损后称量均经丙酮清洗、干燥，然后采用万分之一克精度的精密天平称量至恒重为准。两种不同摩擦形式的磨损特性详细介绍如下。

4.1.1.1 滚动摩擦磨损

滚动摩擦磨损试验采用渗硼试样为下试样，以对磨件传递载荷，载荷曾用 10 kg、20 kg、30 kg、50 kg、75 kg 等多种，每隔 2 h 测其质量，但失重量都在 10^{-4} g 数量级，产生误差较大。为对比不同热处理条件对渗硼层耐磨性的影响，采用 150 kg 载荷，每 8 h 称量 1 次，使其失重量在万分之一克的精度范围内，4 组试样均在 50 kg 载荷下预磨 1 h，使二者接触良好才正式试验，经 48 h 试验，其失重量和时间关系如图 4.2 所示。

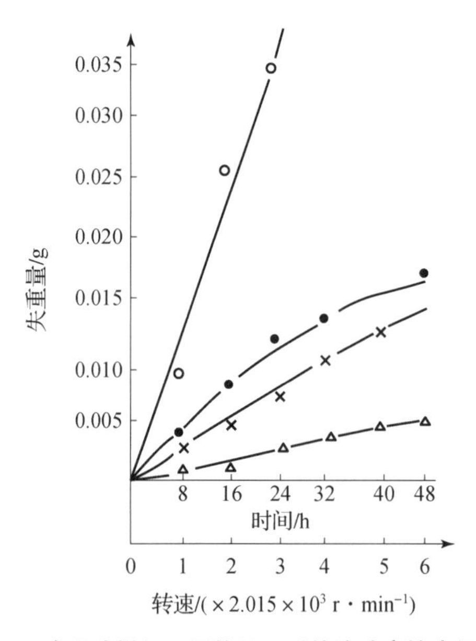

图 4.2 渗硼试样经不同热处理后的滚动摩擦磨损曲线

○—渗硼后无附加热处理；●—渗硼后淬火低温回火；

▲—渗硼后淬火中温回火；×—渗硼后淬火高温回火

4.1.1.2 滑动摩擦磨损

滑动摩擦磨损试验试样及对磨件组成摩擦副的相对位置及运动形式如表 4.1 所示。

试样在 10 kg 载荷作用下，先经 15 min 预磨，使试样与对磨件接触长度 80% 以上，每隔 5 min 用放大 20 倍的读数显微镜测定磨痕宽度。试样经 70 min 试验，失重量（磨痕宽度）和时间关系如图 4.3 所示。

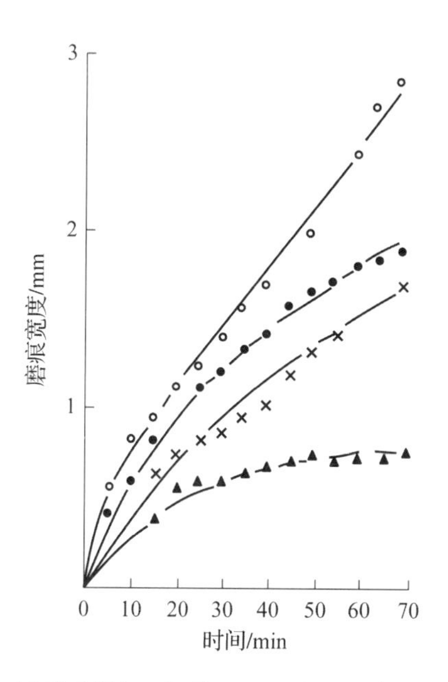

图 4.3 渗硼试样经不同热处理后的滑动摩擦磨损曲线

○—渗硼后无附加热处理；●—渗硼后淬火低温回火；

▲—渗硼后淬火中温回火；×—渗硼后淬火高温回火

4.1.2 钢铁渗硼后具有良好的抗磨料磨损性能

下面对钢和铸铁 4 种材料渗硼层进行耐磨性比较。

煤粉和石英砂混合磨料橡胶轮试验结果表明，4 种材料渗硼层的相对耐磨性均有明显提高。但不同材料提高的幅度不同，其相对耐磨性按以下顺序下降：7CrSiMnMoV 钢、球墨铸铁、45 钢、灰口铸铁。4 种材料在载荷 $P = 10$ kg，转速为 1 000 ~ 3 000 r/min，相对耐磨性 ε 分别为 63 ~ 83、36 ~ 58、30 ~ 43、16 ~ 17 的条件下，其渗硼层的相对耐磨性曲线如图 4.4 所示。

由图 4.4 可看出 4 种材料渗硼层相对耐磨性的差异，其与材料的化学成分、热处理工艺、渗硼层及基体的组织和性能等有着密切的关系。

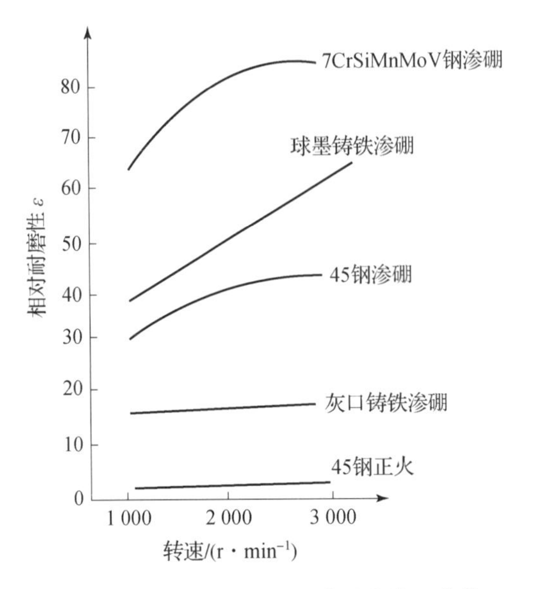

图 4.4　4 种材料渗硼层的相对耐磨性曲线（载荷 10 kg）

灰口铸铁渗硼层薄，渗硼层和基体的硬度均低，硼化物平坦，与基体之间结合较弱，渗硼层表面微观缺陷较多，因而在 4 种材料中相对耐磨性较低。

45 钢渗硼层最薄，渗硼层硬度最高，硼化物梳齿状组织明显，虽然与基体结合较好，但由于基体硬度低，对硼化物支撑作用弱，因而相对耐磨性仅优于灰口铸铁，而低于球墨铸铁和 7CrSiMnMoV 钢。

45 钢渗硼后淬火并中温回火，基体硬度明显提高，并对渗硼层应力分布有所改善，所以相对耐磨性明显提高，与球墨铸铁相当，但低于 7CrSiMnMoV 钢。

球墨铸铁渗硼层较薄，硼化物较平坦，与基体结合不强，但基体硬度比 45 钢高，因而其相对耐磨性高于 45 钢。

7CrSiMnMoV 钢是空冷硬化钢，渗硼并随罐空冷后，基体硬度较高，硼化物梳齿状组织明显，且在硼化物梳齿状组织间和顶端还存在大量细粒状的 $Fe_2(CB)$ 及硬度更高的 VB_2、VB、Cr_2B、CrB 等合金硼化物，强化了过渡区，因而相对耐磨性最高。

用扫描电镜观察橡胶轮磨损试样表面，发现未渗硼的试样，当材料硬度较低时，塑性变形比较严重；随着材料硬度的提高，犁沟越来越明显，而且载荷越大，犁沟越宽。灰口铸铁和球墨铸铁还存在石墨剥落凹坑。

渗硼试样的磨损形貌与磨损机理密切相关。4 种材料渗硼后，硼化物的硬度很高，对于石英砂磨料，其属于软磨料磨损。在一般情况下，渗硼层不会产生犁沟和微切削。

渗硼层的特点是硬而脆，而且存在许多疏松、裂纹等微观缺陷。在外力和磨料的作用下，材料的弹性变形会导致渗硼层中已存在裂纹的扩展和渗硼层的剥落，而无裂纹区则由于反复变形，结果导致疲劳磨损。铸铁中的石墨，其作用与裂纹和孔洞相似，在应力和磨料作用下，也容易剥落而形成凹坑。

对于灰口铸铁和 45 钢渗硼层的磨损表面存在轻微犁沟的现象，研究认为可能是以下三方面原因：一是石英砂和煤粉的纯度不高，其中可能含有更硬的质点成分（如 Al_2O_3 等）；二是剥落下来的硼化物可能成为新的磨料，并在渗硼层表面产生犁沟；三是渗硼层剥落后，该处基体组织硬度更低，在磨料作用下可能形成犁沟。

综上所述，4 种材料渗硼后，渗硼层硬度均大幅提高，对于石英砂磨料，它属于软磨料磨损，因而耐磨性显著提高；未渗硼的材料，虽然通过热处理也能提高硬度，但是对于石英砂磨料，它属于硬磨料磨损，因而耐磨性很低，相对耐磨性在 1.3～1.6。载荷和时间是影响渗硼层耐磨性的重要外部条件。在试验条件下，随载荷和时间的增加，4 种材料渗硼层的磨损失重均增加，且 7CrSiMnMoV 钢的失重增加最小，灰口铸铁的失重增加最大。影响渗硼层耐磨性的内部因素除渗硼层的组织、渗硼层厚度及硬度外，材料的化学成分、热处理工艺、基体组织及性能、渗硼层与基体间的结合力、渗硼层中的微观缺陷和应力状态都有很大的影响。在上述因素中，研究认为基体组织及其硬度尤为重要。SEM（扫描电子显微镜）分析表明，4 种材料渗硼层的磨损形貌主要是脆性剥落凹坑、显微孔洞和显微裂纹的扩展，有时也会出现轻微的犁沟。铸铁材料还存在大量的石墨剥落凹坑和裂纹。渗硼层磨损的主要方式是在应力和磨料的作用下，材料的弹塑性变形导致已存在裂纹的扩展和渗硼层的剥落，而无裂纹区则由于反复变形导致疲劳磨损。试验结果表明，渗硼是提高机械零件表面耐磨性有效而经济的方法。

4.2 抗腐蚀性能

渗硼层在酸（除硝酸外）、碱和盐的溶液中都具有较高的耐蚀性，特别是在铬酸、盐酸、硫酸、醋酸和磷酸中具有很高的耐蚀性。例如，45 钢渗硼后在硫酸、盐酸水溶液中的寿命较未渗硼者可延长 5 ~ 14 倍（图 4.5）；在氢氧化钠水溶液中延长 8 ~ 34 倍；在氯化钠水溶液中延长 9 ~ 29 倍。另外，渗硼层还可以防止熔化的锌、铝等材料的侵蚀。

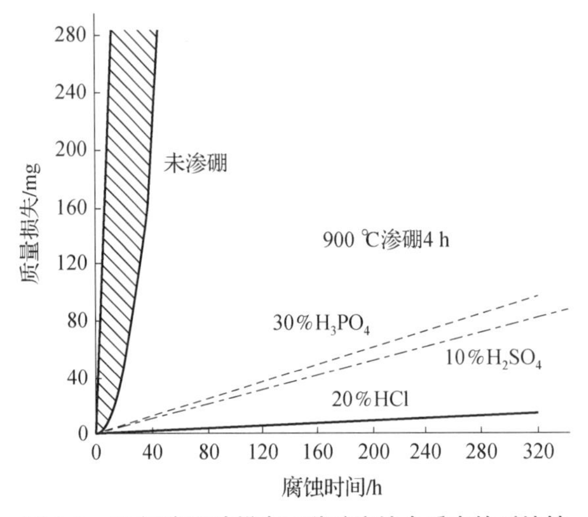

图 4.5　45 钢渗硼试样在三种酸腐蚀介质中的耐蚀性

为了更加详细地了解渗硼件的抗腐蚀性能，下面详细介绍几种碳钢在各种酸中的抗腐蚀性能，并与不锈钢进行比较，意图在于扩大渗硼的应用范围，为在不同腐蚀介质中工作的零件进行选材，以及在一定条件下，用价格比较便宜的碳钢经渗硼处理后替代某些昂贵的高合金钢的可能性提供重要依据。

4.2.1　耐蚀性的测试方法

4.2.1.1　电解腐蚀法

试样经某种化学热处理后，若在某些腐蚀介质中的耐蚀性较高，用常温腐蚀法则在较短的时间内难以测出其腐蚀率。为了能在较短的时间内测出某些样品的腐蚀率，采用电解腐蚀法，该方法可快速判断试样耐蚀性的高低。

电解腐蚀前，先测出试样的原始质量（mg），然后将试样接在电源的正极，石墨棒接负极，使试样的电流密度及腐蚀时间固定，采用腐蚀率的公式就可以算出在固定条件下的电解腐蚀率。但是在试验过程中，介质浓度逐渐变化，温度逐渐升高，故测量精度较低。

4.2.1.2　电极电位法

根据电化学腐蚀原理，金属材料在腐蚀介质中的离子化程度可用电极电位表示。离子化程度越小，则金属材料的耐蚀性越高，电极电位越高。本试验采用甘汞电极作为参比电极，来测量试样在各种腐蚀介质中的电极电位。

4.2.2　试验结果

4.2.2.1　在盐酸中的耐蚀性试验

由表 4.2 可见，碳钢与低合金钢渗硼后，在不同浓度的盐酸中，其耐蚀性远远高于 1Cr18Ni9Ti 和 2Cr13。这两种不锈钢与渗硼后的 45 钢及 40Cr 比较，在 27% 的盐酸中腐蚀 240 h，45 钢试样表面光滑，而 1Cr18Ni9Ti 的表面出现大量腐蚀坑（称为孔蚀），2Cr13 试样也出现大量蚀坑，且边角已被腐蚀掉。

本试验采用甘汞电极作参比电极，在 25～30 ℃下测定了渗硼试样及比较试样的电极电位，除了 Y12 渗硼试样外，所有渗硼试样的电极电位都高于比较试样（不锈钢）。在不同浓度的盐酸中，所有具有致密渗硼层试样的腐蚀率都低于比较试样。此外，还可以看出，不论是渗硼试样还是比较试样，其在盐酸中的耐蚀性都随盐酸浓度的提高而降低。

试验结果表明，碳钢及低合金钢渗硼后，若能得到致密的渗硼层，则其在盐酸中的耐磨性是不锈钢的几到十几倍。由此可见，碳钢及低合金钢渗硼后可取代部分不锈钢，可用来制造盐酸泵、石油机械、阀门等零件，可节约大量不锈钢材。

试样表面渗硼层的致密度对渗硼层耐蚀性的影响很大，渗硼层致密度越高，其耐蚀性越高，反之则耐蚀性越低。碳钢及低合金钢渗硼层的致密度，主要与试样的含碳量及渗硼工艺有关。当试样的含碳量较低时，硼化物向内生长受阻较小，故纵向长大速度大于横向长大速度。因此，硼化物呈梳齿状插入基体，则横向生长在较短的时间难以连在一起。含碳量较高的钢，渗硼时间较长时，容易获得致密的渗硼层。可见，对于耐蚀渗硼而言，试样（零件）的含碳量应高一些。

表 4.2　渗硼试样在盐酸中腐蚀试验数据（常温腐蚀时间 240 h）

试样材料	常温（20～35 ℃）腐蚀率/（mg·cm^{-2}·d^{-1}）						电极电位/mV 在 27% HCl 中	电解腐蚀率/（mg·cm^{-2}·h^{-1}）在 27% HCl 中	渗硼层厚度/μm	处理规范	组织特征
	10% HCl		27% HCl		80% HCl						
	原重/mg	腐蚀率	原重/mg	腐蚀率	原重/mg	腐蚀率				温度/时间	
Y12	2 563.4	11.2	2 596.6	18.6	2 542	32.7	-503	22.9	90～110	880 ℃/6 h	不致密，夹杂 MnS
45 钢	3 982.6	1.7	4 228.1	4.9	3 753.5	7.8	-289	19.6	120～140	880 ℃/6 h	致密双相层
40Cr	2 512.4	0.8	2 623.4	3.8	2 562.4	1.1	-289	15.7	130～150	880 ℃/6 h	致密双相层
T10A	2 559.4	1.3	2 487.6	2.1	—	—	-288	13.7	60～80	880 ℃/6 h	致密双相层
1Cr18Ni9Ti	4 147.3	11.3	4 584.1	17.3	4 414.2	78.3	-482	24.3	—	未渗硼	—
2Cr13	3 103	14.4	3 063	20.5	3 593.8	蚀完	-464	—	—	未渗硼	—
Y12	2 475	36.4	2 540.9	蚀完	—	—	-503	—	70～80	880 ℃/3 h	不致密
A3	4 638	6.3	5 102.2	21.5	—	—	-313	—	70～80	880 ℃/3 h	不致密
45 钢	3 944.9	5.9	3 830.6	29	—	—	-291	—	70～80	880 ℃/3 h	不致密
40Cr	2 699.6	6.6	2 767.5	25.7	—	—	-305	—	70～80	880 ℃/3 h	不致密

通过对易切削钢（Y12）渗硼试样不耐蚀的初步分析可知，易切削钢由于含 MnS 较高，且 MnS 的结合力大，在渗硼温度下很难溶入奥氏体中，而且以夹杂物分布在奥氏体晶界。试样渗硼后，其表面得到的不是单一硼化物，而是在硼化物之间夹杂着 MnS，故易产生电化学腐蚀。由于 MnS 极易溶于无机酸，因此在腐蚀初期首先产生点蚀，而且由点连成网络，继续沿晶界向内部腐蚀，渗硼层很快剥落，基体在盐酸溶液中被迅速溶解。由易切削钢渗硼后不耐盐酸腐蚀可以推测，在无机酸中工作的渗硼零件，其原始材料中的含硫量应尽可能低一些。

4.2.2.2　在硝酸中的耐蚀性试验

硝酸是一种强氧化性酸，对于普通碳钢及低合金钢，无论渗硼（或含硼复合渗）与否都经不起硝酸腐蚀。经渗硼（或含硼复合渗）的小试样，放入 10% 或 50% 的硝酸容器中，试样与硝酸的反应非常激烈，几分钟后容器的温度急剧升高，几小时后渗硼层全部被腐蚀。但是，不锈钢在硝酸中的耐蚀性却很高，经过很长时间（336 h）的腐蚀，试样表面仍光亮平整，腐蚀率很低。另外，若将不锈钢渗硼，则其耐蚀性急剧下降。由试验结果可知，在硝酸中工作的零件或容器，不能采用渗硼处理。

4.2.2.3　在硫酸中的耐蚀性试验

由表 4.3 渗硼试样在硫酸中腐蚀试验数据可知，溶液浓度越高，其耐蚀性越高。但是，若渗硼层不连续（如 A3），则其耐蚀性很低，这是因为其表面呈多相组织，产生了许多微电池。因此，渗硼层耐蚀的重要因素是渗硼层必须致密、连续，且有一定的厚度。45 钢与 40Cr 渗硼试样，在 10% H_2SO_4 中腐蚀 240 h，表面仍平整光亮，而不锈钢则表面出现许多蚀坑。不锈钢在硫酸中的耐蚀性很低，而渗硼试样在硫酸中的耐蚀性比不锈钢高几十倍。可见，渗硼可用于在硫酸中工作的零件。

表 4.3　渗硼试样在硫酸中腐蚀试验数据（常温腐蚀时间 240 h）

试样材料	常温（20 ~ 35 ℃）腐蚀率/($mg \cdot cm^{-2} \cdot d^{-1}$)		电极电位/mV 在 10% H_2SO_4 中	渗硼层厚度/μm	处理规范	组织特征
	10% H_2SO_4	50% H_2SO_4			温度/时间	
A3	10.56	2.33	—	70 ~ 80	880 ℃/3 h	不致密

续表

试样材料	常温（20～35 ℃）腐蚀率/(mg·cm^{-2}·d^{-1})		电极电位/mV 在10% H_2SO_4 中	渗硼层厚度/μm	处理规范	组织特征
	10% H_2SO_4	50% H_2SO_4			温度/时间	
45 钢	1.34	1.13	—	120～140	880 ℃/6 h	致密
40Cr	0.58	0.07	-360	130～150	880 ℃/6 h	致密
1Cr18Ni9Ti	26.45	19.1	-480	—	未渗硼	—
2Cr13	12.57	36.79	—	—	未渗硼	—

4.2.2.4 在磷酸、醋酸中的腐蚀试验数据（常温腐蚀 240 h）

由表4.4可知，碳钢及低合金钢渗硼后，只要得到致密、连续的渗硼层，在磷酸中的耐蚀性就很高，其耐蚀性比不锈钢高几十倍。渗硼试样在醋酸中的耐蚀性与不锈钢大致相同。

表 4.4 碳钢及低合金钢渗硼后在磷酸、醋酸中的腐蚀试验数据

磷酸				醋酸（20%）		
试样材料	常温（20～35 ℃）腐蚀率/(mg·cm^{-2}·d^{-1})		温度/时间	常温（20～35 ℃）腐蚀率/(mg·cm^{-2}·d^{-1})	电极电位/mV	处理规范
	10% H_3PO_4	50% H_3PO_4				温度/时间
A3	1.45	9.03	880 ℃/3 h	0.47	—	880 ℃/3 h
45 钢	0.5	1.12	880 ℃/6 h	0.74	-278	880 ℃/6 h
40Cr	0.58	1.69	880 ℃/6 h	2.84	-330	880 ℃/6 h
1Cr18Ni9Ti	5	54.17	未渗硼	1.4	-427	未渗硼
2Cr13	6.71	36.98	未渗硼	1.5	—	未渗硼

4.2.2.5 渗硼试样及不锈钢试样在各种酸中腐蚀率的比较

以 mg/(cm^2·d) 为腐蚀率的单位可以表示试样耐蚀性的高低，但不能表示腐蚀深度的速率，但以 mm/a 为腐蚀率的单位，则可克服上述缺点，可以表示试

样在不同腐蚀介质中的腐蚀率。这样，就可以根据对零件使用寿命的要求来选择金属材料，并确定渗硼层的厚度。

由文献可知：

$$\text{腐蚀率} = \frac{87.6 \times W}{DAT}$$

式中，W 为失重量，mg；D 为密度，g/cm^3；A 为面积，cm^2；T 为暴露时间，h。

根据上式，表 4.5 中是上述几种材料的渗硼试样在不同浓度的各种腐蚀介质中的腐蚀率（mm/a）。由表 4.5 可知，1Cr18Ni9Ti 在盐酸、硫酸、磷酸和醋酸中的耐蚀性均优于 2Cr13，但在硝酸中则不如 2Cr13。此外，渗硼试样在盐酸、硫酸和磷酸中的耐蚀性比不锈钢高几到十几倍，甚至几十倍。40Cr 与 45 钢渗硼试样相比，40Cr 的耐蚀性比 45 钢稍高一些。在硝酸中，不锈钢的耐蚀性远远高于渗硼试样。

表 4.5　渗硼试样和不锈钢在各种酸中的腐蚀率

试样材料	盐酸			硫酸		硝酸		磷酸		醋酸
	10%	27%	80%	10%	50%	10%	50%	10%	50%	20%
	腐蚀率/(mm · a^{-1})									
A3	2.96	2.84	1.37	—	0.15	—	—	2.43	—	0.22
45 钢	0.53	0.53	2.31	0.40	0.34	—	—	—	0.33	0.35
40Cr	0.37	0.71	0.52	0.27	0.04	—	—	0.27	0.79	—
2Cr13	4.27	9.36	34.14	5.78	17.16	0.02	0.003	3.13	17.26	0.74
1Cr18Ni9Ti	3.38	5.05	23.26	7.85	11.63	0.04	0.04	1.52	16.08	0.66

在生产实践中，零件是在不同浓度的各种介质中工作的，对不同零件的使用寿命，根据具体的工作条件，其要求也不同，有的只要求几十到几百小时，有的要求几个月，有的则要求几十年。由表 4.5 可以看出，渗硼试样在盐酸、硫酸、磷酸和醋酸中的腐蚀率大致是 0.5 mm/a。根据渗硼工艺，碳钢及低、中碳低合金钢的渗硼层可以达到 0.2 ~ 0.3 mm/a 或更厚一些。但是，也不能太厚，若渗硼

层太厚，则由于渗硼层与基体的比容不同，渗硼层中能产生很大的内应力，致使应力腐蚀加剧，以致渗硼层剥落。若对零件的精度要求不高，则渗硼层为0.2 mm 的40Cr 或45 钢零件，在盐酸、硫酸、磷酸和醋酸中大致可工作 3 ~4 个月。若对零件的精度要求较高，则可根据精度来确定所需要的渗硼层厚度。由渗硼层厚度及腐蚀率，可求出零件的使用寿命，即使用寿命（a）= 渗硼层厚度(mm)/腐蚀率（mm/a）。

45 钢或 40Cr 渗硼后，若得到致密的具有一定厚度的渗硼层，则可代替部分不锈钢（1Cr18Ni9Ti 或 2Cr13 等）在不同浓度的盐酸、硫酸、磷酸和醋酸中工作。渗硼层在盐酸、硫酸、磷酸中的耐蚀性是不锈钢的几到十几倍。

4.2.2.6 渗硼、含硼复合渗及渗金属在氨水中的耐蚀性试验

由表4.6 可知，凡是渗硼或含硼复合渗的试样在氨水（或氨气）中的耐蚀性均很低，比原始组织的耐蚀性还低。因此，在氨水（或氨气）中工作的零件不宜采用渗硼或含硼复合渗工艺。若在氨水（或氨气）中工作的零件只要求耐蚀，而没有力学性能要求，则可采用碳钢或低合金钢原钢。若既要求耐蚀性，又要求较高的耐磨性，则可采用 2Cr13 经淬火及低温回火或采用碳钢（或低合金钢）经渗 Cr 处理。此外，渗硼或含硼复合渗的试样在自来水中、NaOH 及 NaCl 水溶液中的耐蚀性也较差。

表 4.6 经渗硼或含硼复合渗及渗金属的试样在氨水中的耐蚀试验数据

试样材料	工艺名称	常温腐蚀率 /(mg · cm^{-2})	电解腐蚀率 /(mg · cm^{-2})	电极电位 /mV	渗硼层厚度 /μm
35 钢	B – Al 共渗	0.134	0.082	–790	150
	B – N 共渗	0.018	0.018	–825	130
	B – Si 共渗	0.054	0.106	–820	150
	渗 B	0.163	0.083	–814	120
	渗 Cr	0.002	0.002	–305	100
	原始组织	0.011	0.01	–300	—

续表

试样材料	工艺名称	常温腐蚀率 /(mg·cm^{-2})	电解腐蚀率 /(mg·cm^{-2})	电极电位 /mV	渗硼层厚度 /μm
45 钢	B－Al 共渗	0. 237	0. 139	－750	166
	B－N 共渗	0. 022	0. 039	－810	135
	B－Si 共渗	0. 081	0. 14	－830	135
	渗 B	0. 14	0. 071	－801	200
	渗 Cr	0. 002	0. 004	－308	23
	渗 Si	—	—	－310	—
	原始组织	0. 006	0. 012	—	—
40Cr	B－Al 共渗	0. 158	0. 066	－750	166
	B－N 共渗	0. 031	0. 009	－781	125
	渗 B	0. 115	0. 132	－831	120
	渗 Cr	0. 002	0. 005	－305	30～40
	原始组织	0. 042	0. 014	—	—
T8A	渗 Cr	0. 004	—	—	23
2Cr13	—	0. 004	0. 004	—	—
1Cr18Ni9Ti	—	0. 008	0. 004	—	—

4. 2. 3　Q235B 钢渗硼层在不同腐蚀介质中的耐蚀性试验

4. 2. 3. 1　检测内容

委托单位提供 Q235B 钢和 1Cr18Ni9Ti 不锈钢试样，先进行 Q235B 钢渗硼处理，检测渗硼层组织与厚度。将渗硼、未渗硼试样与不锈钢试样进行耐蚀性对比试验，检测其耐蚀性。Q235B 钢渗硼后的组织与渗硼层厚度如图 4. 6 所示，渗硼层平均厚度为 0. 126 mm。

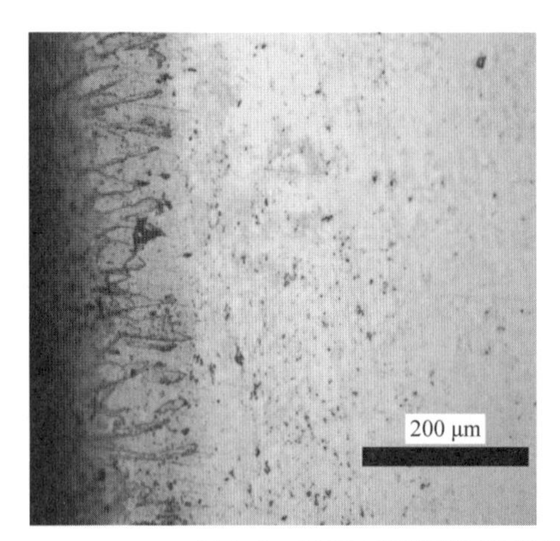

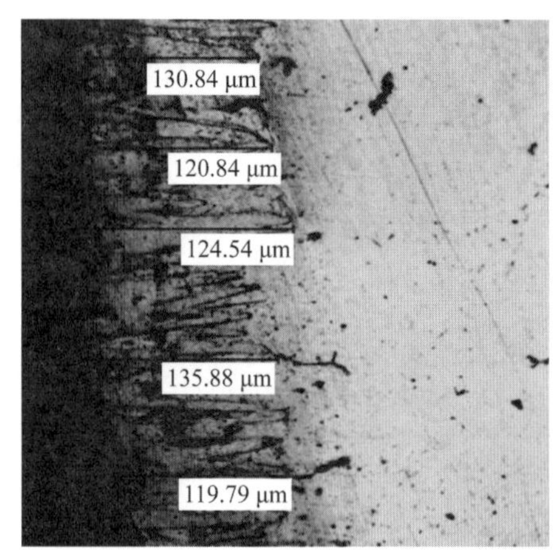

图 4.6 Q235B 钢渗硼后的组织与渗硼层厚度（书后附彩图）

4.2.3.2 耐腐蚀试验测试结果

利用普林斯顿电化学工作站分别测试碳钢、渗硼钢和不锈钢在 1 mol/L 盐酸溶液、1 mol/L 碳酸钠溶液、1 mol/L 氢氧化钠溶液和 3.5% 氯化钠溶液中的极化曲线，从而定量确定碳钢、渗硼钢和不锈钢在不同腐蚀介质中的耐蚀性。电化学工作站为三电极体系，其中参比电极为饱和甘汞电极，即 SCE 电极，辅助电极为铂电极，工作电极为待测试样。极化曲线测试时所用的扫描速度为 10 mV/s，测试温度为室温。

碳钢、渗硼钢和不锈钢在 1 mol/L 盐酸溶液中的耐蚀性如图 4.7 和表 4.7 所示。可以看出，渗硼钢在 1 mol/L 盐酸溶液中的耐蚀性和不锈钢相当，比碳钢基体的耐蚀性高一个数量级。

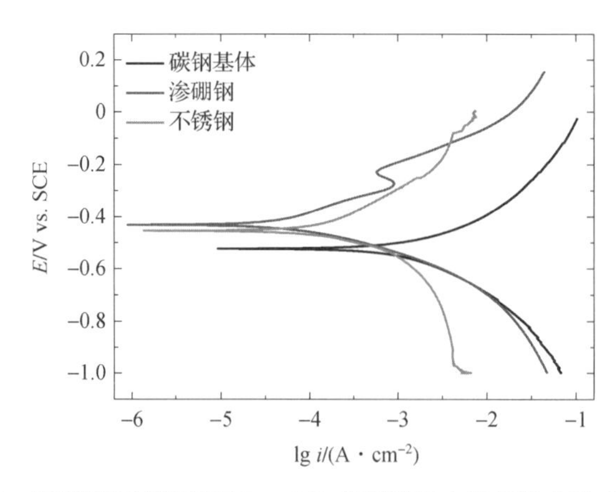

图 4.7 碳钢、渗硼钢和不锈钢在 1 mol/L 盐酸溶液中的极化曲线（书后附彩图）

表 4.7　碳钢、渗硼钢和不锈钢在 1 mol/L 盐酸溶液中的腐蚀参数

试样材料	腐蚀参数	
	腐蚀电位/V vs. SCE	腐蚀电流/(A·cm^{-2})
碳钢基体	-0.524	2.573×10^{-3}
渗硼钢	-0.432	2.009×10^{-4}
不锈钢	-0.455	7.085×10^{-4}

碳钢、渗硼钢和不锈钢在 1 mol/L 碳酸钠溶液中的耐蚀性如图 4.8 和表 4.8 所示。可以看出，碳钢基体渗硼后在 1 mol/L 碳酸钠溶液的耐蚀性没有提高，均表现较差的耐蚀性，不锈钢在 1 mol/L 碳酸钠溶液中具有最佳的耐蚀性，比碳钢基体和渗硼钢的耐蚀性要高一个数量级。

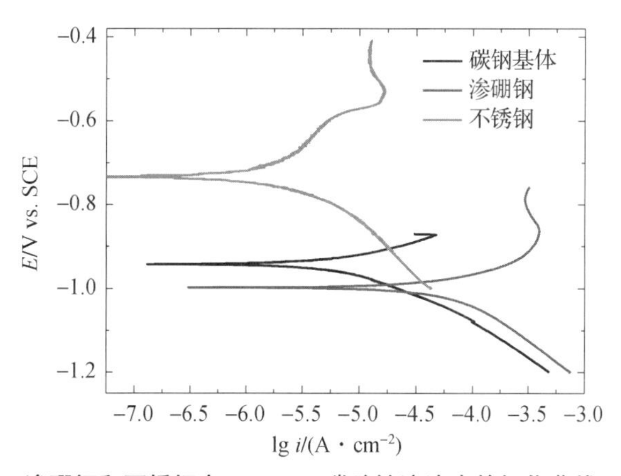

图 4.8　碳钢、渗硼钢和不锈钢在 1 mol/L 碳酸钠溶液中的极化曲线（书后附彩图）

表 4.8　碳钢、渗硼钢和不锈钢在 1 mol/L 碳酸钠溶液中的腐蚀参数

试样材料	腐蚀参数	
	腐蚀电位/V vs. SCE	腐蚀电流/(A·cm^{-2})
碳钢基体	-0.943	1.721×10^{-5}
渗硼钢	-0.996	6.153×10^{-5}
不锈钢	-0.732	4.452×10^{-6}

碳钢、渗硼钢和不锈钢在 1 mol/L 氢氧化钠溶液中的耐蚀性如图 4.9 和表 4.9 所示。可以看出，渗硼钢耐氢氧化钠的腐蚀性比碳钢基体要高两个数量级，不锈钢的耐蚀性最好，比渗硼钢高一个数量级。

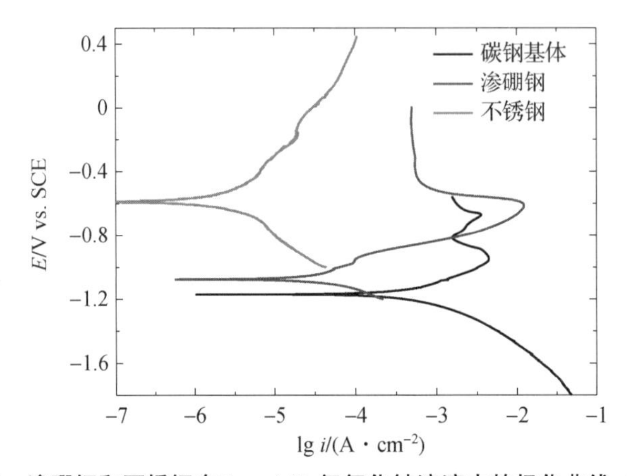

图 4.9　碳钢、渗硼钢和不锈钢在 1 mol/L 氢氧化钠溶液中的极化曲线（书后附彩图）

表 4.9　碳钢、渗硼钢和不锈钢在 1 mol/L 氢氧化钠溶液中的腐蚀参数

试样材料	腐蚀参数	
	腐蚀电位/V vs. SCE	腐蚀电流/(A · cm^{-2})
碳钢基体	−1.171	1.245×10^{-3}
渗硼钢	−1.073	8.157×10^{-5}
不锈钢	−0.591	3.805×10^{-6}

碳钢、渗硼钢和不锈钢在 3.5% 氯化钠溶液中的耐蚀性如图 4.10 和表 4.10 所示。可以看出，渗硼钢在 3.5% 氯化钠溶液中耐蚀性和不锈钢相当，比碳钢基体的耐蚀性要高一个数量级。

综上所述，通过对比研究得出以下结论。

①渗硼钢在 1 mol/L 盐酸溶液和 3.5% 氯化钠溶液中耐蚀性和不锈钢相当，均具有优异的耐蚀性，比碳钢基体的耐蚀性高一个数量级。

②渗硼钢在 1 mol/L 氢氧化钠溶液中的耐蚀性比碳钢基体要高两个数量级，不锈钢的耐蚀性最好，比渗硼钢高一个数量级。

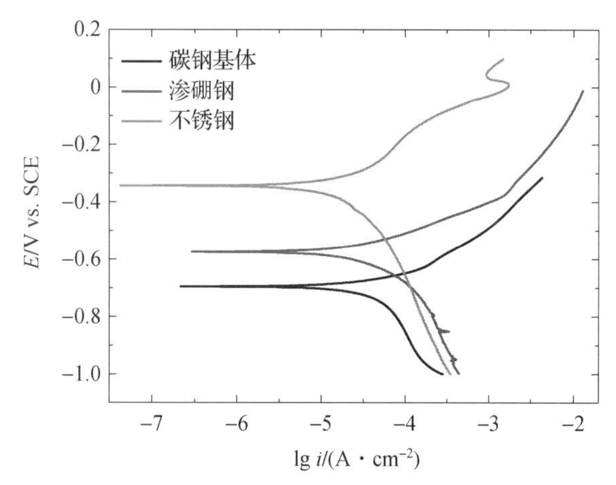

图 4.10　碳钢、渗硼钢和不锈钢在 3.5%氯化钠溶液中的极化曲线（书后附彩图）

表 4.10　碳钢、渗硼钢和不锈钢在 3.5%氯化钠溶液中的腐蚀参数

试样材料	腐蚀参数	
	腐蚀电位/V vs. SCE	腐蚀电流/(A · cm^{-2})
碳钢基体	−0.693	1.569×10^{-4}
渗硼钢	−0.573	8.781×10^{-5}
不锈钢	−0.343	3.686×10^{-5}

③碳钢基体渗硼后在 1 mol/L 碳酸钠溶液中的耐蚀性没有提高，均表现较差的耐蚀性；不锈钢在 1 mol/L 碳酸钠溶液中具有最佳的耐蚀性，比碳钢基体和渗硼钢的耐腐蚀性要高一个数量级。

4.3　抗冲击磨损性能

由于渗硼技术在汽轮发电机上的成功应用，需试验其在高温下在强大蒸汽流的冲击下工作，所以需进行冲蚀性试验。通过对 1Cr11MoV、1Cr12Mo 和 2Cr12NiMo1W1V 钢渗硼后进行冲蚀性试验，证明渗硼是提高该钢种冲蚀性的有效方法。冲击气流磨损是航空业检测气流冲击下的耐磨损性能试验。上述三种钢渗硼与未渗硼试样进行各种温度和速度下冲蚀性试验，质量磨损率数据如表 4.11 所示。

表 4.11 质量磨损率数据

温度和速度	冲击角度/(°)	质量磨损率/(mg·g^{-1})								
		1Cr11MoV			1Cr12Mo			2Cr12NiMo1W1V		
		母材	渗硼	母材/渗硼	母材	渗硼	母材/渗硼	母材	渗硼	母材/渗硼
210 m/s 500 ℃	18	5.455 3	0.105 5	51.709 0	4.869 3	0.144 5	33.706 9	5.488 2	0.076 7	71.554 0
	24	5.326 2	0.097 1	54.852 7	5.545 7	0.154 3	35.934 0	6.415 5	0.105 9	60.586 1
	30	5.326 9	0.127 3	41.845 2	5.241 7	0.245 7	21.331 1	5.467 0	0.160 8	33.990 5
	45	2.977 0	0.198 0	15.035 4	3.103 0	0.267 6	11.595 7	3.728 0	0.207 5	17.966 3
	60	2.364 0	0.217 0	10.894 0	2.179 0	0.299 5	7.275 5	2.429 0	0.175 2	13.864 2
	75	1.618 0	0.172 1	9.401 5	1.568 0	0.312 0	5.025 6	1.743 0	0.289 5	6.020 7
	90	1.266 0	0.211 2	5.994 3	1.363 0	0.416 2	3.274 9	1.534 0	0.340 0	4.511 8
210 m/s 540 ℃	18	5.335 7	0.115 9	46.037 1	5.152 2	0.115 0	44.821 2	5.778 9	0.095 6	60.473 6
	24	5.652 8	0.103 5	54.616 4	5.950 8	0.168 0	35.415 1	6.164 4	0.134 8	45.736 8
	30	5.667 0	0.138 6	40.887 4	5.630 3	0.172 4	32.658 4	5.672 3	0.205 1	27.663 1
	45	3.108 0	0.122 3	25.412 9	3.107 0	0.248 6	12.498 0	3.717 0	0.172 0	21.610 5
	60	2.364 0	0.157 6	15.000 0	2.010 0	0.358 3	5.609 8	1.763 0	0.150 9	11.683 2
	75	1.645 0	0.201 8	8.151 6	1.598 0	0.771 5	2.071 3	1.739 0	0.190 9	9.109 5
	90	1.156 0	0.296 3	3.901 5	1.240 0	0.366 7	3.381 5	1.284 0	0.292 0	4.397 3

续表

温度和速度	冲击角度/(°)	质量磨损率/(mg·g⁻¹)								
		1Cr11MoV			1Cr12Mo			2Cr12NiMo1W1V		
		母材	渗硼	母材/渗硼	母材	渗硼	母材/渗硼	母材	渗硼	母材/渗硼
420 m/s 500 ℃	18	19.646 8	0.208 5	94.229 3	17.362 0	0.737 7	23.536 9	21.307 0	0.231 3	92.126 2
	24	9.318 7	0.246 7	78.308 5	21.882 9	0.562 4	38.911 2	20.781 2	0.435 1	47.764 0
	30	21.259 5	0.309 9	68.601 2	20.197 1	0.582 8	34.654 1	23.668 7	0.466 0	50.788 9
	45	7.593 7	0.447 5	16.969 2	15.209 5	1.281 3	11.870 7	15.752 0	0.581 9	27.069 0
	60	7.389 3	0.614 7	12.021 0	11.690 6	1.521 4	7.684 1	13.004 9	1.215 2	10.702 1
	75	7.706 6	1.278 7	6.026 9	7.964 2	1. 475 1	5.399 1	11.629 1	0.918 8	12.657 0
	90	5.889 1	1.758 4	3.349 1	6.873 9	3.546 9	1.938 0	7.013 2	1.383 9	5.067 7
420 m/s 540 ℃	18	18.854 6	0.292 3	64.504 3	16.724 2	0.244 6	68.362 5	19.813 2	0.420 3	47.142 9
	24	21.910 0	0.276 5	79.240 5	23.630 6	0.809 3	29.199 5	22.200 5	0.753 8	29.450 2
	30	22.085 1	1.140 6	19.362 7	22.608 3	1.164 6	19.412 6	23.079 8	0.988 8	23.341 4
	45	7.984 6	0.828 6	9.636 3	17.970 5	1.460 1	12.308 1	15.571 5	0.566 1	27.505 6
	60	7.071 5	1.152 1	6.137 9	13.706 9	1.148 1	11.939 3	14.378 4	1.111 2	9.976 8
	75	7.683 5	1.619 5	4.744 4	9.790 8	4. 747 2	2.062 4	9.734 3	1.669 1	5.832 0
	90	7.199 0	1.078 3	6.676 2	8.249 7	2.770 3	2.977 9	8.099 3	2.085 6	3.883 4

通过比较以上数据可以得出以下结论。

①未渗硼试样在各种温度和速度冲击下的质量磨损率变化规律：小角度时的质量磨损率大于大角度时的质量磨损率；24°时质量磨损率达到最大值；随着角度的增大，质量磨损率逐步减小。图 4. 11 ~ 图 4. 13 分别是三种未渗硼试样（母材）的质量磨损率曲线。

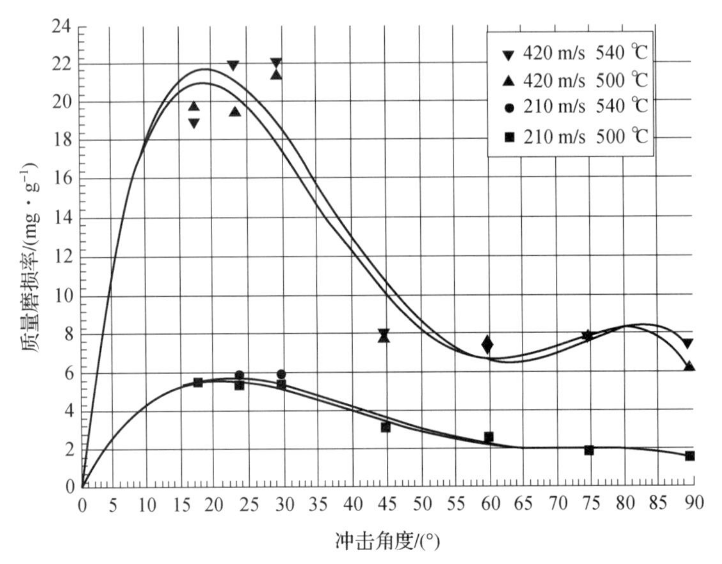

图 4. 11 1Cr11MoV 的质量磨损率曲线

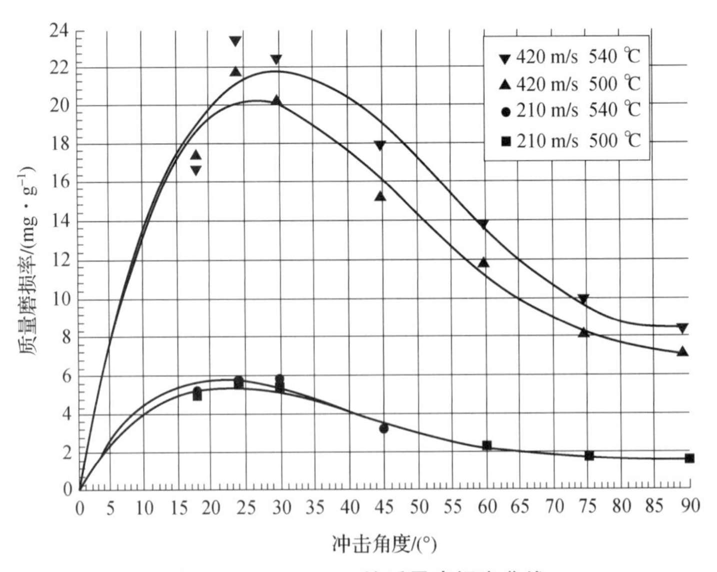

图 4. 12 1Cr12Mo 的质量磨损率曲线

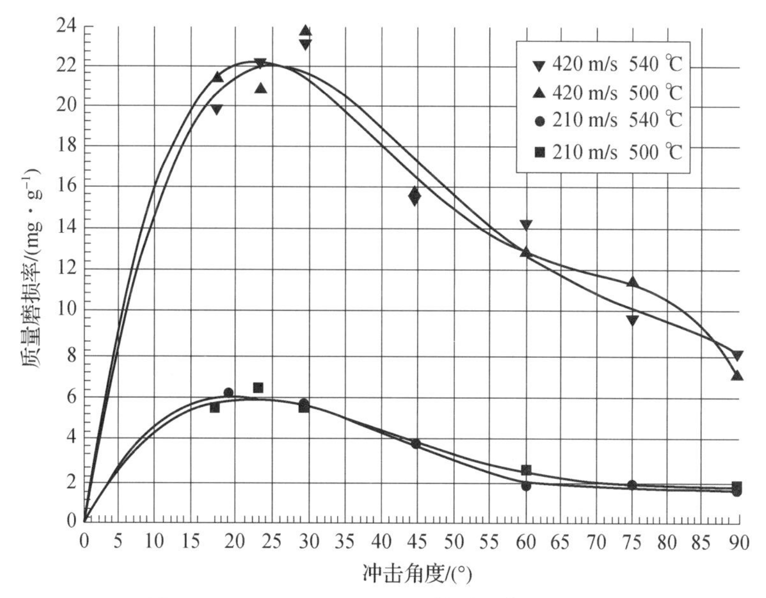

图 4.13　2Cr12NiMo1W1V 的质量磨损率曲线

②渗硼试样在不同温度和速度冲击下的质量磨损率变化规律：小角度时的质量磨损率小于大角度时的质量磨损率；随着角度的增大，质量磨损率逐步增大；90°时质量磨损率达到最大值。图 4.14 ~ 图 4.16 分别是三种渗硼试样的质量磨损率曲线。

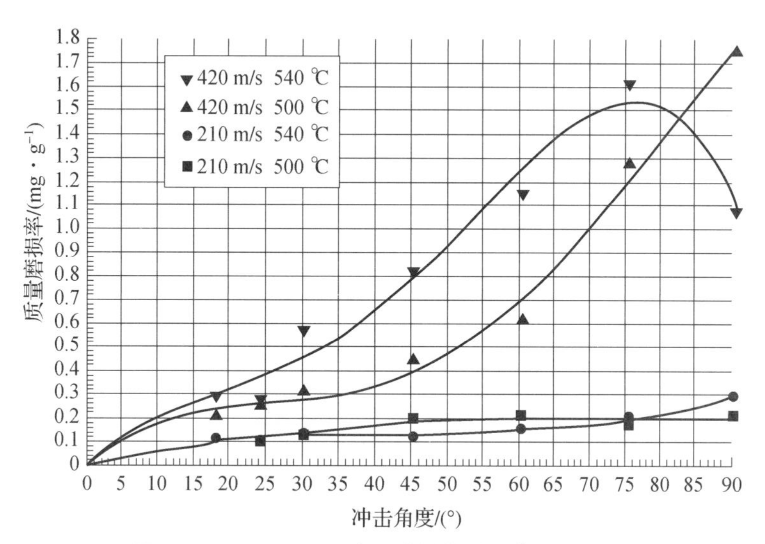

图 4.14　1Cr11MoV 渗硼试样的质量磨损率曲线

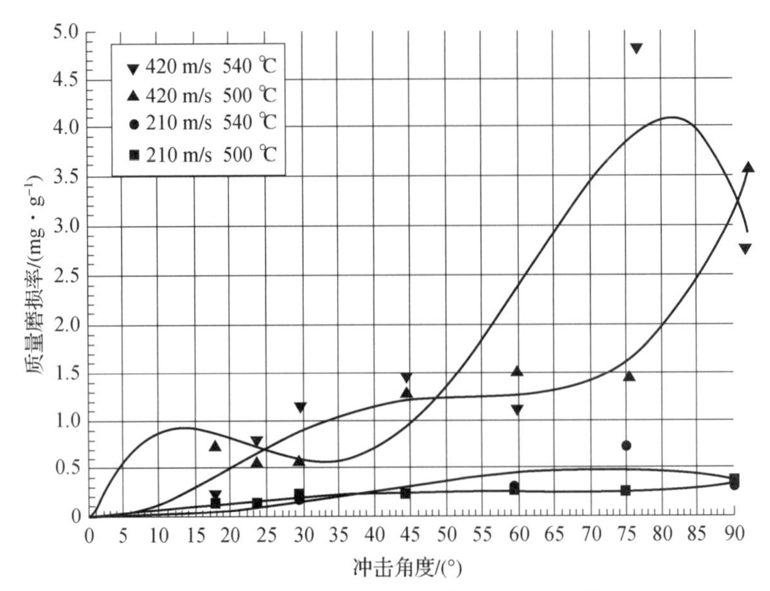

图 4.15 1Cr12Mo 渗硼试样的质量磨损率曲线

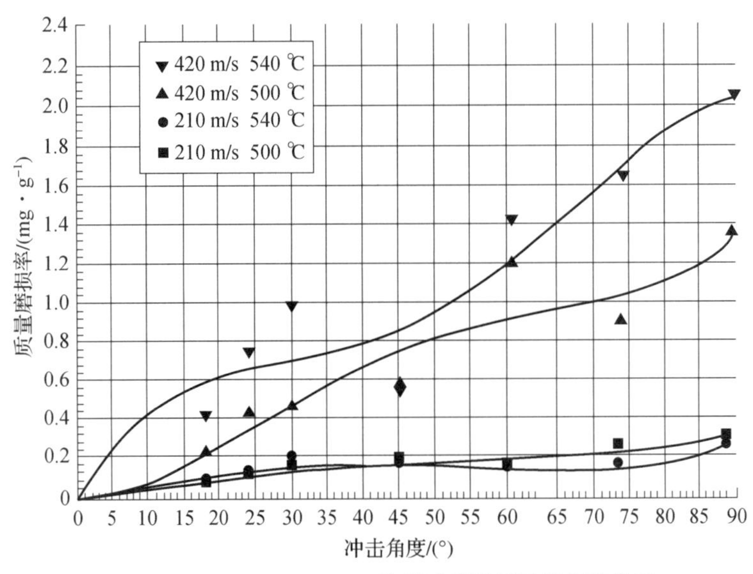

图 4.16 2Cr12NiMo1W1V 渗硼试样的质量磨损率曲线

③通过横向比较三种渗硼试样在不同温度和冲击速度下的质量磨损率可知，1Cr12Mo 的质量磨损率大于其他两种渗硼试样的质量磨损率，详见图 4.17 ~ 图 4.20。

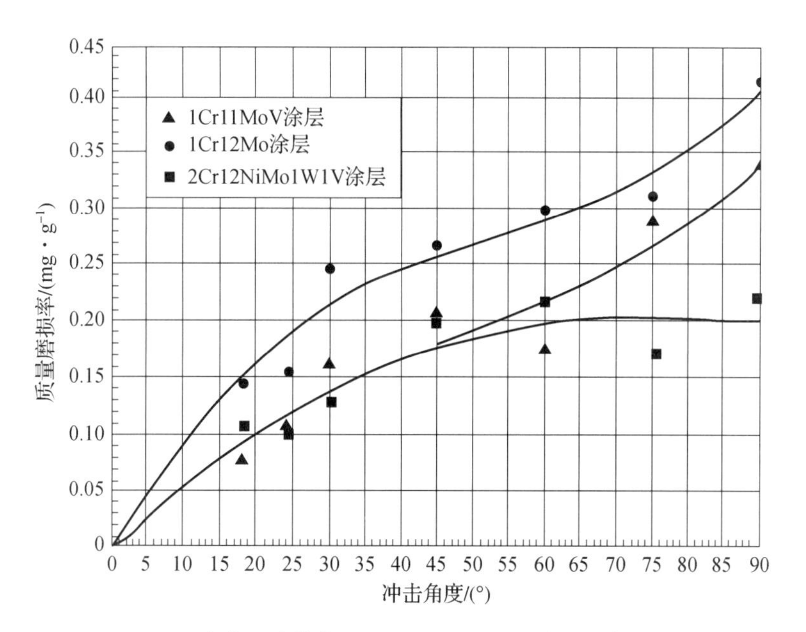

图 4.17　三种渗硼试样在 210 m/s、500 ℃时的质量磨损率曲线

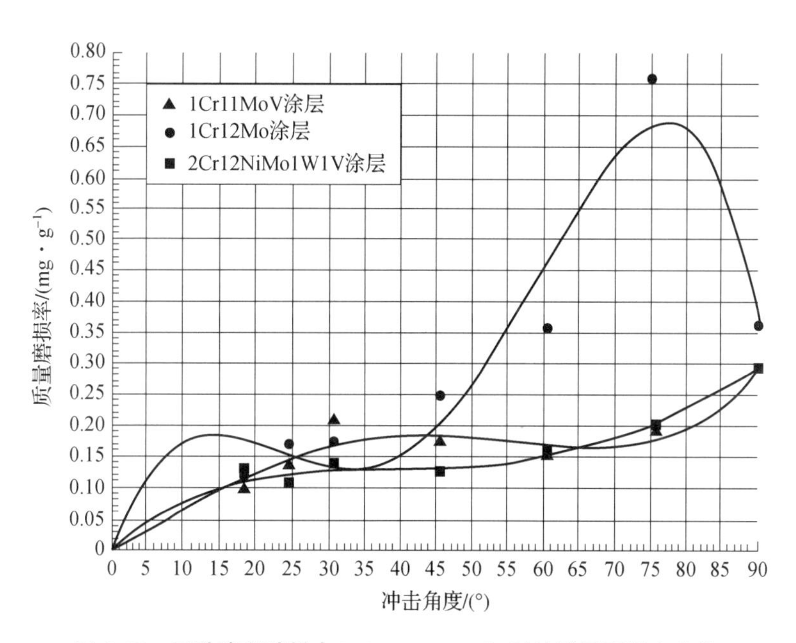

图 4.18　三种渗硼试样在 210 m/s、540 ℃时的质量磨损率曲线

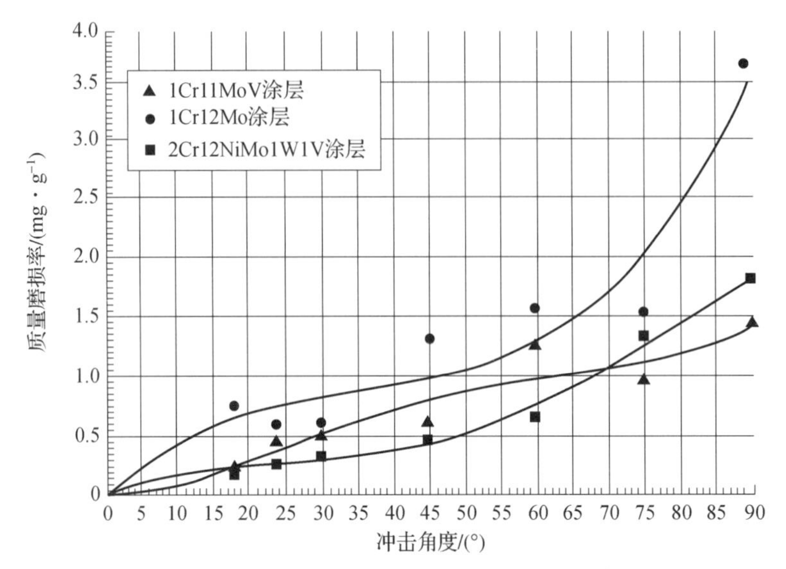

图 4.19　三种渗硼试样在 420 m/s、500 ℃时的质量磨损率曲线

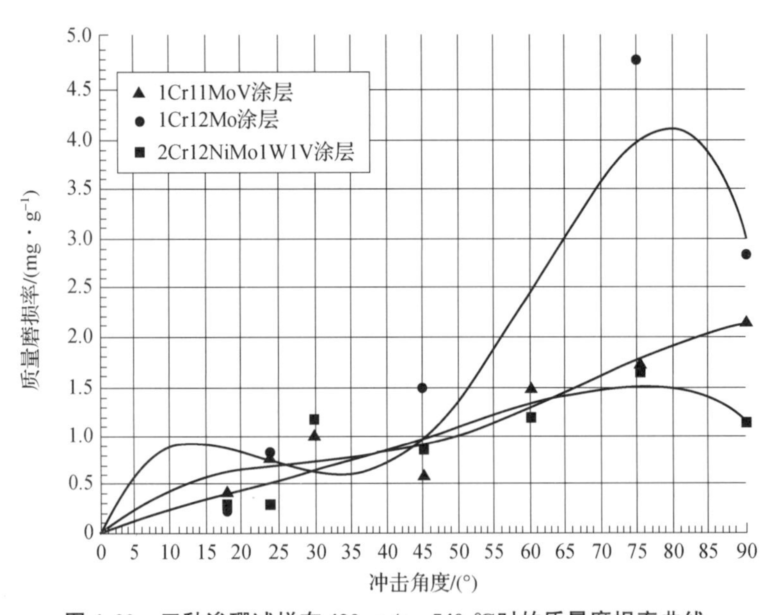

图 4.20　三种渗硼试样在 420 m/s、540 ℃时的质量磨损率曲线

④通过比较不同温度和速度下的渗硼效果发现：1Cr12Mo 的渗硼效果差于其他两种材料的渗硼效果。试验证明，渗硼工艺在马氏体不锈钢上的应用是成功的。采用渗硼可大幅提高工件的抗冲击磨损性能，延长发电机的使用寿命。

4.4　抗高温氧化性能

钢铁渗硼后形成的铁硼化合物（FeB、Fe_2B）是一种十分稳定的金属化合物，它具有良好的红硬性。经渗硼处理的工件一般可以在 600 ℃以下可靠地工作。渗硼层的抗高温氧化性能也很好。将渗硼试样在电炉中不加保护地加热至 800 ℃以上，保温 30 min 空冷后，检验其渗硼层组织，发现硼化物仍保持完好无损，如图 4.21 所示，说明它具有良好的抗高温氧化性能。

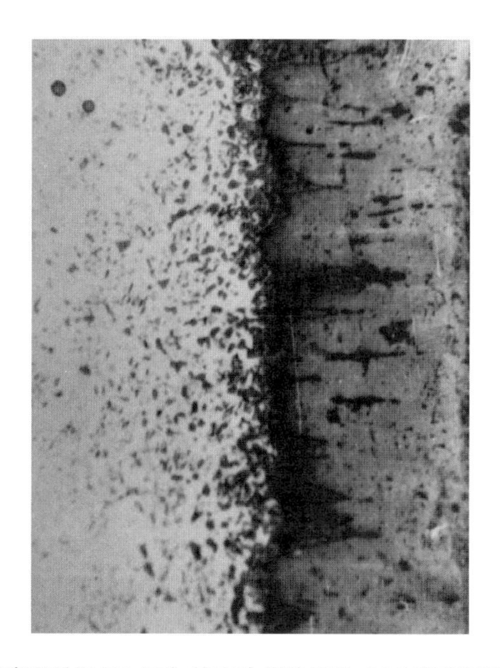

图 4.21　T10 钢渗硼后经 850 ℃加热空冷后的组织（4%硝酸酒精浸蚀）（200×）

渗硼层之所以具有良好的抗高温氧化性能，是与它在高温条件下氧化过程中的化学反应有关的。渗硼层的氧化过程可分为两个阶段：

第一阶段：表面层的 FeB 首先被氧化，生成具有光泽的玻璃状的 B_2O_3 和含硼低的 Fe_2B，即

$$8FeB + 3O_2 = 4Fe_2B + 2B_2O_3$$

第二阶段：表面 Fe_2B 中的硼被氧化，生成 Fe 层，即

$$4Fe_2B + 3O_2 \longequal 8Fe + 2B_2O_3$$

上式各反应产物中均有 B_2O_3，而 B_2O_3 是良好的防氧化保护剂。因此，虽然开始加热时钢铁氧化速度很快，但因 B_2O_3 保护膜的形成使渗硼层受到保护，氧化过程会很快停止或变得极缓慢。

第 5 章

渗硼材料及其热处理

5.1 适合渗硼的材料

适合渗硼的材料十分广泛。几乎所有的钢铁材料，如结构钢、调质钢、工具钢、不锈钢、铸钢、铸铁、工业纯铁、铁基粉末冶金材料等均可进行渗硼。此外，硬质合金及有色金属（如钨、钼、锆、钽、钛、镍等）也可以进行渗硼。

目前，钢铁材料渗硼处理应用较多。在选择渗硼用钢时，不仅要考虑工件强度的要求，还应考虑渗硼层中硼化物的类型、形态以及材料的经济性等。

低碳钢渗硼效率最高，在相同的渗硼工艺条件下可获得最厚的渗硼层，且渗硼层呈梳齿状，硼化物柱状晶插入基体，渗硼层与基体结合力强，使用中不易剥落。随着含碳量及合金元素的增加，渗硼效果降低，硼化物梳齿状形态变得平坦，渗硼层与基体的结合力变差。低碳钢及低合金钢渗硼后易获得韧性较好的单相 Fe_2B 组织，而高碳、高合金钢往往得到 $FeB + Fe_2B$ 双相组织，脆性大。但是，低碳钢的基体强度低，且在 900 ℃以上长时间保温渗硼处理后，易出现魏氏组织而变脆，因此通常应用较少，一般采用中碳、低合金钢较多。如果心部要求强度较高，则可选用高碳或高碳合金钢。

5.1.1 普通碳钢和渗碳钢

这类钢因含碳量低，渗硼效率高，且硼化物呈梳齿状插入基体，与基体结合牢固，同时材料价廉成本低，因此特别适用于基体强度要求不高，渗硼后无须淬火的轻载耐磨工件。例如，打火机辊轮，甚至某些农用刀片，用 A3 就完全可以满足要求。属于这类钢的有 A3、A6 等普通钢和 15 钢、20 钢等渗碳钢。

5.1.2 中碳结构钢

用这类钢制得的工件经渗硼处理后，不但表面可获梳齿状硼化物，耐磨性好，而且与基体结合牢固；另外还可以通过渗硼后的附加热处理（如淬火、回火）来提高基体强度。因此，特别适宜制作表面要求耐磨性高，基体又具有较高强度的工件。这类钢的淬火温度都在 840～860 ℃，与现有的渗硼温度接近，渗硼后可以直接淬火，既可减少加热次数、节约能源，又可降低成本。这类钢应用最多的有 45 钢、40Cr 等。

5.1.3 工具钢

目前渗硼在工模具上应用较多，除中碳钢渗硼可代替部分工具钢外，对于基体要求较高强度的工具，应选用高碳钢或高合金工具钢，如 T8、T10 或 GCr15、Cr12MoV、W18Cr4V 等。这类钢随含碳量与合金元素含量的增加，渗硼效率降低。在同样的渗硼工艺条件下，高碳钢或合金钢比低、中碳钢所获参数要薄，而且渗硼层中的 FeB 量增加。因此，在工件载荷条件允许的情况下，应尽量选用低、中合金工具钢。对于大型、重载荷工具，可选用热作工具钢 5CrNiMo、5CrMnMo，经渗硼后可代替 Cr12 型高合金工具钢。当然，对于只能使用高合金工具钢（如 Cr12、Cr12MoV、W18Cr4V 等）制造的工具进行渗硼强化，其使用寿命与未经渗硼的相比，可大幅延长。

必须指出，如果钢中含硅量≥2%，则渗硼时，硅被挤到硼化物层下面，形成富硅区，出现铁素体软带，将会造成工件过早失效。因此，如 60Si2MnA、60Si2 等含硅钢是不宜用渗硼处理的。此外，如 38CrMoAl 等含铝钢也不适合用作渗硼材料。

5.2 渗硼件的热处理

渗硼件的热处理包括预备热处理和渗硼后热处理，本节将重点讨论渗硼后热处理。

5.2.1　预备热处理

因为渗硼温度处在钢的奥氏体相区，所以渗硼件的预备热处理对随后进行的渗硼过程无明显影响。因此，渗硼的预备热处理与氮化前的调质处理作用不同，它的作用主要是改善切削加工性和减小渗硼后热处理时的变形量。

5.2.1.1　调质钢渗硼件的预备热处理

调质钢大部分属于中碳钢或中碳低合金钢，最适合用作渗硼件。此类钢渗硼的预备热处理一般采用正火或调质处理。当然，如果材料的供应状态属于正火态，则材料也可以不进行预备热处理而直接进行切削加工。

为了改善切削加工性能和防止过热与变形，可以采用调质处理。调质后得到回火索氏体组织，此组织因渗碳体呈均匀分布的颗粒状，相界面减少，过热倾向小，在渗硼后淬火时变形与开裂的倾向也小。碳素调质钢正火后获得索氏体组织，它比珠光体中的渗碳体层片细。渗硼加热时，在索氏体向奥氏体转变过程中，因 Fe_3C 片溶解得快，减小了硼原子向内扩散的阻力，因而渗硼速度加快。

5.2.1.2　工具钢渗硼件的预备热处理

用作渗硼件的工具钢多为高碳钢及合金工具钢，一般均采用退火工艺。经球化退火后，得到柱状珠光体，其硬度在 HB160 ~ 255，切削性能较好。同时，球状珠光体中碳化物颗粒分布均匀，相界面减少，渗硼时过热倾向小，渗硼后淬火时变形开裂倾向也小，热处理工艺容易控制，因而工具钢的预备热处理以球化退火为佳。当然，对于无须经改锻而直接用原材料来加工成型的工件，由于工具钢的供应状态为球化退火态，因此可以不再进行球化退火的预备热处理。

5.2.2　渗硼后热处理

钢铁工件渗硼后，即使不再做任何热处理，也可获得有很高硬度的渗硼层。渗硼后热处理的目的只是提高渗硼件的基体强度。

5.2.2.1　渗硼后正火

一些对心部强度没有提出要求或要求不高，只是需要提高表面硬度的工件，渗硼后经空冷（盐浴渗硼）或箱冷（粉末固体渗硼），就可以直接使用。在盐浴渗硼后出炉空冷时，工件表面粘有较多的盐，保护渗硼层不致损坏。粉末固体渗硼后，将渗硼箱从炉内取出，一般待箱体温度下降至600 ℃以下就可以打箱取出工件空冷。

5.2.2.2 渗硼后淬火

多数渗硼件不仅要求表面硬度高、耐磨性好，而且要求心部具备一定的强度，以加强对渗硼层的支撑能力，充分发挥其耐磨性。因此，渗硼后应进行淬火、回火热处理，但应注意不宜采用过高的加热温度和强烈的淬火介质，具体原因如下。

①因为渗硼件的高耐磨性完全取决于渗硼层，所以没有必要把基体处理得太硬，只要心部对渗硼层具有足够的支撑能力就可以。渗硼后，一般均采用油冷或碱浴冷却，但不要用硝盐冷却或等温处理，因硝盐对硼化物具有较强的腐蚀作用。回火温度也应比低温回火稍高一些，控制心部硬度在HRC45～50就可以。

②为减少渗硼后冷加工余量，要求尽可能减小变形，工件渗硼后表面硬度高，一般渗硼后不再进行机加工，或者只允许微量磨加工。因此，渗硼后的淬火应尽量选用减小变形的淬火工艺参数，如采用预热或尽可能低的加热温度，以及采用油冷、分级或碱浴等温处理等冷却方法，以便尽可能减小变形。

③防止渗硼层崩落和裂纹的产生。因为FeB和Fe_2B相的线膨胀系数以及比容都不相同，在淬火过程中，如果加热与冷却方法控制不当，容易产生渗硼层裂纹，甚至局部崩落等缺陷。

渗硼后一般均采用直接淬火，但直接淬火对固体渗硼不太方便，也可采用二次加热淬火。在进行淬火操作时，应注意以下问题：一是盐浴渗硼后淬火，最好先放在适宜的中性盐浴炉中停留片刻，这样可起到预冷和熔除渗硼盐便于清洗的作用；二是渗硼空冷零件如需重新加热淬火，应将渗硼件置于保护气氛炉或中性盐浴炉中进行加热，以防止脱硼或渗硼层的氧化破坏。

根据渗硼层中应力分布特点与渗硼层的剥落倾向，通过淬火、回火，在一定程度上可以减少渗硼层的脆性。试验证明，碳钢或低、中合金钢淬火后以300～350 ℃回火为宜，获得的基体硬度为HRC45～50，而Cr12Mo在520～600 ℃回火为宜，获得的基体硬度为HRC48～52。另外，还应根据渗硼件实际服役中的失效形式选取回火温度。例如，脆断失效时，回火温度要适当提高；剥落失效时，回火温度要相应降低。对渗硼层脆性、残余应力分布和耐磨性之间的关系研究后认为，渗硼后正火、淬火并经200 ℃回火后，其相对脆性和压缩应力均降低。

5.3　渗硼件的变形规律与控制方法

5.3.1　渗硼件的变形规律

采用的渗硼工艺，渗硼件的用材、尺寸大小，以及渗硼后热处理的方法不同，渗硼件的尺寸变化也不尽相同，但国内外所获得的数据有大致相同的规律，即工件渗硼后，外形尺寸胀大，内孔尺寸缩小。碳钢和低合金钢渗硼后为单相Fe_2B时，其胀大量为渗硼层厚度的10%~20%；渗硼组织是$FeB+Fe_2B$双相时，其胀大量为渗硼层厚度的20%~30%。对高合金钢来说，胀大量可达渗硼层厚度的40%~80%（双相）。如果渗硼后再淬火，其变形大小主要取决于渗硼件的用材及渗硼后热处理工艺。

5.3.2　控制渗硼件变形的方法

5.3.2.1　适当缩小工件渗硼前的尺寸

渗硼后的工件尺寸总是趋向胀大，这是无法避免的现象，但为了减小工件的变形量，使它不会超差，可适当缩小工件渗硼前的尺寸。具体方法：先按技术要求的渗硼层厚度及可能胀大的百分数进行估算。当工件为单面渗硼时，可按0.2δ（δ为渗硼层厚度）缩小尺寸；当工件为双面渗硼时，可按0.4δ缩小尺寸。更简便的方法是工件在切削加工时按负公差值加工成型，这样渗硼后就不易引起尺寸超差。对于因渗硼引起尺寸胀大而超差的工件，可以在渗硼后进行精磨或研磨，使它达到精度要求，但磨削量不得大于或等于渗硼层厚度。

5.3.2.2　控制渗硼层的厚度与组织

渗硼层的厚度与胀大量成正比，渗硼层越厚，其尺寸胀大量也越大。因此，渗硼层的厚度也应进行适当控制，不要盲目追求高厚度的渗硼层。一般碳钢、低合金钢渗硼层的厚度应控制在0.07~0.15 mm，而高合金钢的渗硼层则只要达到0.03 mm以上就可以满足其使用性能要求。渗硼层的相组成不同，渗硼后工件尺寸的胀大量也不相同，双相渗硼比单相渗硼层的尺寸胀大约高一倍。为了减少渗硼件的变形量，应尽量采用可获得单相渗硼层的渗硼方法。

5.3.2.3 选用适合的材料

一般碳钢和低合金钢渗硼后尺寸胀大量比较小，但当渗硼后需要进行淬火处理时，因为这类材料淬火时容易变形，故总变形量大。高合金钢（如 Cr12 钢）虽然渗硼后尺寸胀大量较大，但渗硼后淬火时的变形量却很小，故总变形量不大。因此，一般不需要进行渗硼后热处理的工件选用碳钢，而对基体需进行热处理强化的工件则最好选用合金钢。

5.3.2.4 选用合理的热处理工艺

适当降低渗硼工艺的加热温度和缩短保温时间，可以有效地减少变形量。必须正确地制定渗硼后的淬火工艺规程。对渗硼后重新加热淬火的渗硼件，应尽量选用较低的加热温度、减少保温时间和尽可能选用等温、分级等淬火工艺方法，以减少工件的变形量。对于热作模具钢（如 3Cr2W8V），其渗硼后的淬火温度不得超过 1 120 ℃，否则会发生表面熔融现象使工件报废。

第 6 章

钢铁材料渗硼及热处理后的组织与性能

6.1 工业结构钢的渗硼

6.1.1 低碳 20 钢渗硼

低碳钢渗硼主要在不经热处理强化的状态下使用，用于制造在单位载荷不大的情况下工作的抗腐蚀、耐磨损的零件。

对低碳钢无论采用什么渗硼方法，随着渗硼温度和时间的增加，渗硼层的总厚度以及连成片的硼化物层的厚度都会增大，而且后者增大得更猛。因此，随着渗硼温度，特别是渗硼时间的增加，在渗硼层的总厚度中连成片的硼化物层的量就会增加，也就是说渗硼层变得更致密。

低碳钢的硼化物层组织具有特有的梳齿状结构。由单相 Fe_2B 和双相 $FeB+Fe_2B$ 组织组成渗硼层中硼化物相的比例取决于渗硼方法、渗硼介质的成分和渗硼工艺，20 钢硼化物层显微组织如图 6.1 所示。在渗硼过程中，紧靠着硼化物层下面形成一个富集碳与硼的过渡区，如图 6.2 和表 6.1 所示。这个区的厚度超过硼化物层厚度的 3 ~4 倍。心部和过渡区的硬度在渗硼空冷之后分别为 $HV_{0.1}$230 ~ 260 与 $HV_{0.1}$250 ~ 300。

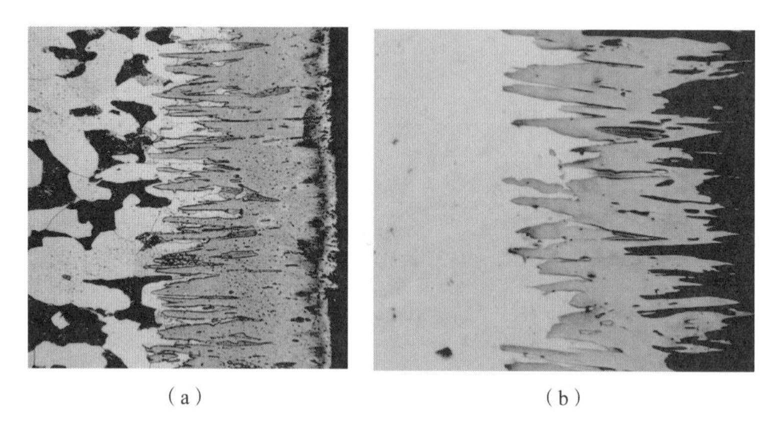

图 6.1 20 钢硼化物层显微组织（200×）

（a）单相；（b）双相

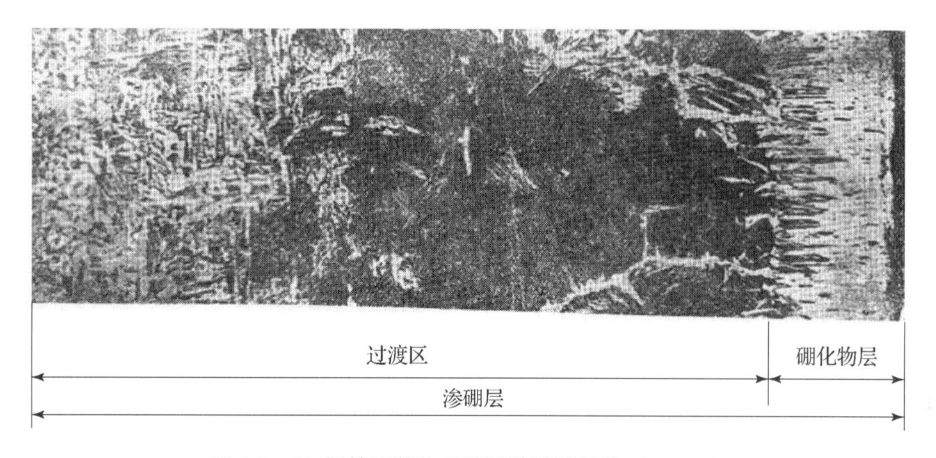

图 6.2 20 钢的硼化物层和过渡区的结构（200×）

表 6.1 20 钢中碳与硼在过渡区的分布

碳的分布		硼的分布	
离硼化物层的距离/mm	碳的浓度/%	离硼化物层的距离/mm	硼的浓度/%
0.025	0.41	0.02	0.003
0.050	0.35	0.06	0.002
0.075	0.30	0.155	0.001 8
0.10	0.30	0.23	0.001 8

续表

碳的分布		硼的分布	
离硼化物层的距离/mm	碳的浓度/%	离硼化物层的距离/mm	硼的浓度/%
0. 15	0. 29	0. 35	0. 001 6
0. 20	0. 28	0. 45	0. 001 6
0. 25	0. 27	0. 60	0. 001 4
0. 30	0. 26	0. 75	0. 001 0
0. 35	0. 25	0. 85	0. 000 8
0. 40	0. 24	0. 90	0. 000 7
0. 45	0. 23	0. 95	痕迹
0. 50	0. 23	1. 00	—
0. 55	0. 22	1. 15	—
0. 60	0. 23	1. 30	—

在硼化物的生长过程中，特别是在渗硼零件的冷却过程中，在零件内会产生临时应力和残余应力，而这种应力会使硼化物层开裂和崩落。发生这种情况的原因是硼化物相和零件心部的线膨胀系数不一致（表 6. 2）。肉眼观察从渗硼温度空冷后和热处理（900 ℃淬火并 170 ℃回火 1 h）后的试样，以检验硼化物层的裂纹与崩落情况，其结果汇总于表 6. 3 中。由表 6. 3 可知，低碳钢的硼化物层碎裂崩落的倾向很小，硼化物层中无裂纹发生。

表 6. 2　硼化物相和 20 钢的线膨胀系数

材料	线膨胀系数 $\alpha/(\times 10^{-6})$							
	20 ~ 200 ℃	20 ~ 300 ℃	20 ~ 400 ℃	20 ~ 500 ℃	20 ~ 600 ℃	20 ~ 700 ℃	20 ~ 800 ℃	20 ~ 900 ℃
FeB	9. 33	9. 63	9. 97	10. 27	10. 58	10. 9	11. 2	11. 53
Fe_2B	7. 30	7. 47	7. 67	7. 87	8. 03	8. 32	8. 43	8. 60
20 钢	12. 1	—	13. 4	—	14. 4	—	—	—

表 6.3 渗硼和热处理（淬火 + 低温回火）后 20 钢试样的表面状态

渗硼熔融料的成分	渗硼规范		渗硼后的表面状态	热处理后的表面状态
	温度 T/℃	时间 τ/h		
70% 硼砂 + 30% B_4C	950	2	0	0
		4	0	0
		6	1	1
	1 000	2	0	0
		4	0	1
		6	2	2
	1 050	2	0	1
		4	0	1
		6	0	1
70% 硼砂 + 30% SiC	950	2	0	0
		4	0	0
		6	1	1
	1 000	2	0	0
		4	0	0
		6	1	1
	1 050	2	0	0
		4	0	0
		6	1	1

注：0—没有崩落现象；1—沿着一个尖角处有少量崩落；2—沿着一个和多个尖角处有明显崩落。

硼化物相与钢在单位体积上的差异是渗硼时零件尺寸变化的原因（表 6.4）。渗硼引起的尺寸变化（Δl）与硼化物层厚度（h）的关系如图 6.3 所示，二者与其中高硼相的含量成正比。电解渗硼时尺寸变化最大，而液态单相渗硼时尺寸变化最小。低碳钢的热处理不会使尺寸有明显的变化。

表 6.4　渗硼与热处理（淬火 + 低温回火）引起 20 钢试样（10 mm × 10 mm × 55 mm）尺寸变化

<table>
<tr><th colspan="2" rowspan="2">渗硼规范</th><th colspan="4">尺寸变化（Δl）/mm</th></tr>
<tr><th colspan="2">70% 硼砂 + 30% B_4C</th><th colspan="2">70% 硼砂 + 30% SiC</th></tr>
<tr><th>温度 T/℃</th><th>时间 τ/h</th><th>渗硼后</th><th>渗硼与热处理后</th><th>渗硼后</th><th>渗硼与热处理后</th></tr>
<tr><td rowspan="3">950</td><td>2</td><td>0.030</td><td>0.027</td><td>0.015</td><td>0.015</td></tr>
<tr><td>4</td><td>0.030</td><td>0.030</td><td>0.028</td><td>0.030</td></tr>
<tr><td>6</td><td>0.049</td><td>0.050</td><td>0.035</td><td>0.033</td></tr>
<tr><td rowspan="3">1 000</td><td>2</td><td>0.040</td><td>0.043</td><td>0.028</td><td>0.029</td></tr>
<tr><td>4</td><td>0.066</td><td>0.068</td><td>0.037</td><td>0.040</td></tr>
<tr><td>6</td><td>0.072</td><td>0.073</td><td>0.056</td><td>0.054</td></tr>
<tr><td rowspan="3">1 050</td><td>2</td><td>0.050</td><td>0.052</td><td>0.048</td><td>0.052</td></tr>
<tr><td>4</td><td>0.092</td><td>0.093</td><td>0.054</td><td>0.056</td></tr>
<tr><td>6</td><td>0.110</td><td>0.114</td><td>0.062</td><td>0.064</td></tr>
</table>

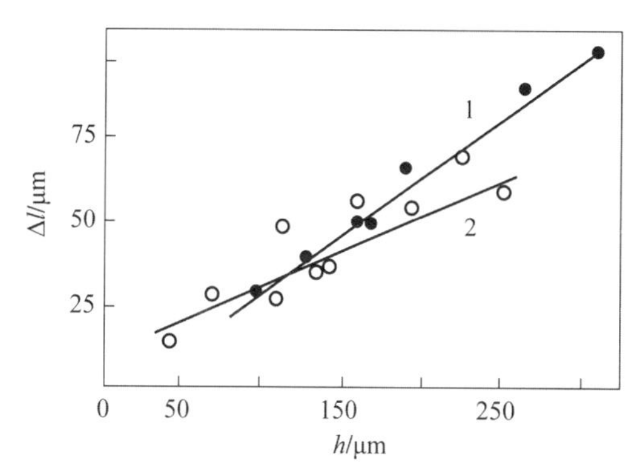

图 6.3　20 钢试样尺寸变化（Δl）与硼化物层厚度（h）的关系

1—在硼砂与 B_4C 熔融料中渗硼；2—在硼砂与 SiC 熔融料中渗硼

渗硼对 20 钢物理 – 力学性能的影响如图 6.4 所示。渗硼能提高钢的硬度，但降低抗拉强度。硼化物 FeB 和 Fe_2B 的弹性模量分别约为 5.7×10^4 MPa 与 3×10^4 MPa。硼化物层的强度在拉伸时为 26 ~ 28 MPa，而在弯曲时为 40 ~ 48 MPa。渗硼略微提高心部淬火与低温回火状态下的硬度，但降低冲击吸收能量，如表 6.5 所示。

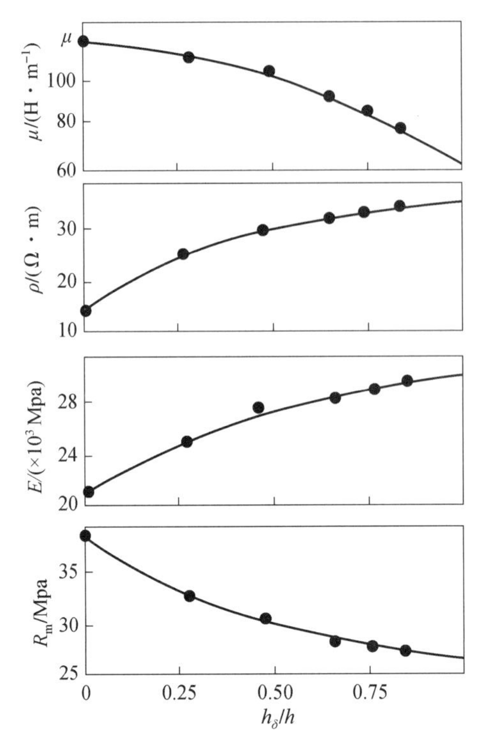

图 6.4 渗硼对 20 钢物理－力学性能的影响（在硼砂与 B_4C 熔融料中渗硼，$T=950$ ℃，h_δ/h 为硼化物层总厚度与试样厚度之比）

表 6.5 20 钢渗硼淬火后基体材料的心部硬度与冲击吸收能量

渗硼熔融料的成分	渗硼规范		硼化物层厚度/μm	心部硬度 HRC	冲击吸收能量 K/J
	温度 T/℃	时间 τ/h			
70% 硼砂 + 30% SiC	950	2	40	20 ~ 33	30.0
		4	105	27 ~ 31	19.9
		6	135	25 ~ 33	18.6
	1 000	2	70	26 ~ 39	30.7
		4	140	22 ~ 31	17.2
		6	160	22 ~ 33	12.8
	1 050	2	110	26 ~ 30	23.3
		4	196	21 ~ 31	10.2
		6	250	20 ~ 34	12.0

续表

渗硼熔融料的成分	渗硼规范		硼化物层厚度/μm	心部硬度 HRC	冲击吸收能量 K/J
	温度 T/℃	时间 τ/h			
70% 硼砂 +30% B_4C	950	2	96	20～24	30.7
		4	155	20～27	16.3
		6	170	20～25	17.2
	1 000	2	125	20～24	24.2
		4	190	21～33	13.2
		6	225	22～24	8.1
	1 050	2	160	21～26	20.7
		4	265	20～22	13.1
		6	315	23～39	14.9

低碳钢渗硼用于制造钻模盖以及轴承套圈凹槽、靠模与样板的转孔。这不仅可以延长其使用寿命 1～2 倍，而且能够把用于制造上述零件的 Cr12MoV 钢改用 20 钢渗硼代替。

6.1.2　中碳 45 钢渗硼

经渗硼强化的中碳钢用于制造机器零件与工艺装备，以及比较小的冷冲压工具零件。

45 钢在碳化硼固体粉末渗硼剂中渗硼后具有银灰色的表面，如图 6.5 所示。渗硼的 45 钢经淬火与低温回火后，耐磨性超过经同样热处理的未渗硼 45 钢的 8～9 倍。硼化物层中的裂纹对渗硼钢的耐磨性没有明显的影响，渗硼 4～6 h 耐磨性最好。

6.1.3　65Mn 钢渗硼

渗硼锰钢用于制造工艺装备的零件。65Mn 钢硼化物层显微组织如图 6.6 所示。

图 6.5　45 钢碳化硼固体粉末渗硼组织形态（400×）

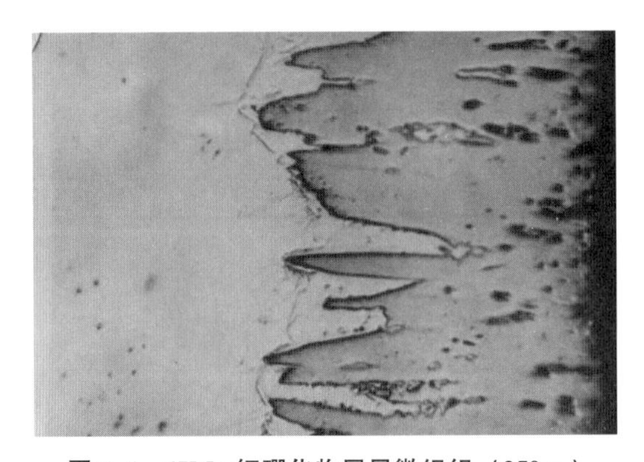

图 6.6　65Mn 钢硼化物层显微组织（250×）

锰会提高 FeB 的脆性并略微降低 Fe_2B 的脆性。在钢中含锰 1% 的情况下，硼化物层的宏观脆性变化不大。双相渗硼能提高 65Mn 钢耐磨性 10~15 倍，且在 1 000~1 050 ℃温度下渗硼 4~6 h 的试样具有很高的耐磨性；65Mn 钢单相硼化物层的耐磨性比双相的大约低 1/3。渗硼提高钢抗氧化性的情况与碳钢相同。实际应用中，用 65Mn 钢制造的弹簧卡头经渗硼后，耐磨性可以提高 2 倍。

6.1.4　40Cr 钢渗硼

中碳铬钢渗硼后，可用于制造相当广泛的机器与工艺装备的零件，以及冷冲压的深冲、成型、弯曲与冷镦模具。这样不仅可以延长磨具寿命 2 ~ 7 倍，而且可以用 40Cr 类型的钢代替昂贵的高合金钢。40Cr 钢硼化物层显微组织如图 6.7 所示。

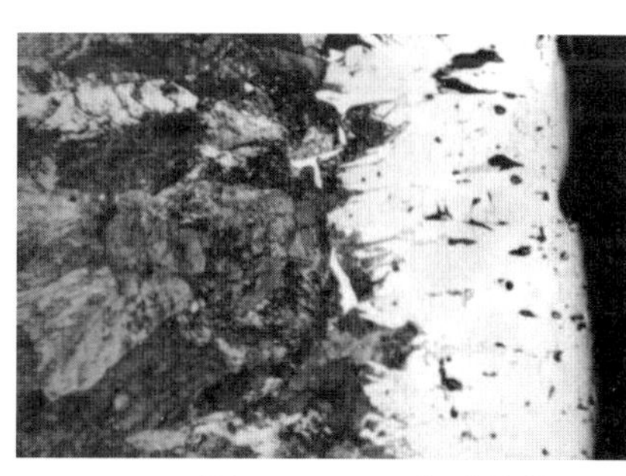
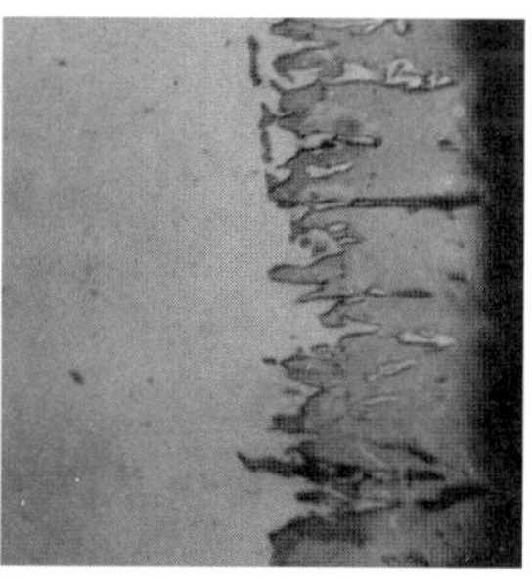

图 6.7　40Cr 钢硼化物层显微组织（200 ×）

渗硼 40Cr 钢耐磨性超过渗碳 40Cr 钢 1 倍，而超过淬火及低温回火 40Cr 钢 2 倍。其厚 60 ~ 120 μm 的硼化物层可以保证最高的耐磨性水平。渗硼 40Cr 钢在 700 ~ 850 ℃的抗氧化性提高 0.5 ~ 2 倍，如表 6.6 所示。渗硼中碳铬钢可用于制造冷冲压工具。

表 6.6　渗硼对 40Cr 钢氧化速度的影响

试验温度/℃	氧化速度/(mg · cm^{-2} · h^{-1})	
	原始状态	渗硼后
700	0.32	0.14 ~ 0.19
800	1.14	0.22 ~ 0.35
850	2.06	0.32 ~ 0.53

6.2　工具钢的渗硼

6.2.1　碳素工具钢（T8、T10 钢）渗硼

碳素工具钢渗硼主要用于制造冷作模具的各种模具，如弯曲、成型、校正、镦锻及其他模具的阴模与阳模等。T8 钢硼化物层显微组织如图 6.8 所示，T10 钢硼化物层显微组织如图 6.9 所示。

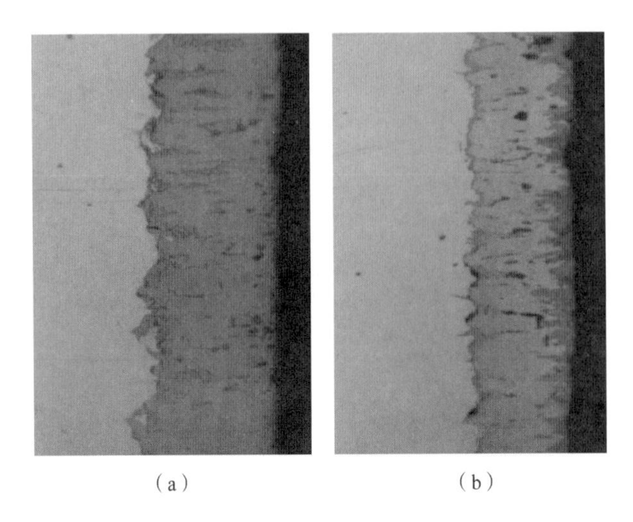

(a) (b)

图 6.8 T8 钢硼化物层显微组织（400×）（书后附彩图）

(a) 单相；(b) 双相

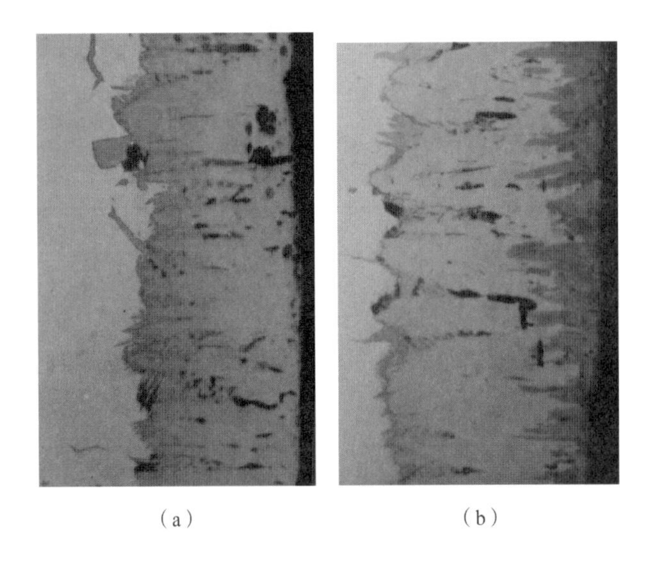

(a) (b)

图 6.9 T10 钢硼化物层显微组织（400×）（书后附彩图）

(a) 单相；(b) 双相

T8、T10 钢渗硼时，无论是在冷却过程还是在随后的热处理中，硼化物层都不发生崩落。渗硼温度在 1 000 ℃以下时，崩落是个别的，它们仅出现在尖角处，甚至在最小的圆弧倒角处都不会出现。因此，碳素工具钢的渗硼温度不宜超过 1 000 ℃。当硼化物层具有双相组织时，因硼化物 FeB 和 Fe_2B 的线膨胀系数不一致，使 FeB 双相的脆性比 Fe_2B 大。硼化物层的形成会引起零件尺寸的增大，但仅由渗硼而引起的尺寸变化与硼化物层的厚度成正比。

渗硼的碳素工具钢成功地用于拉伸与弯曲压模，其寿命延长 2 ~ 9 倍；用于弯曲与压边冲头，其寿命延长 1 ~ 5 倍；用于热锻模具的顶杆，其寿命延长 1 倍；用于铝合金压铸机的浇道衬套，其寿命延长 1 ~ 2 倍。

6.2.2　铬钢（GCr15、Cr12MoV 钢）渗硼

铬钢渗硼用于制造特别关键的大载荷冷冲压工具，主要是大尺寸工具。最常用的铬钢按其化学成分与性能可以分为两类：一是具有不大的和较大的淬透性的 GCr15 钢；二是 Cr12 型 Cr12、Cr12Mo、Cr12MoV 钢。GCr15 钢硼化物层显微组织如图 6.10 所示。

图 6.10　GCr15 钢硼化物层显微组织（400×）（书后附彩图）

与碳钢硼化物层相比，GCr15 钢的硼化物层更致密，硼化物梳齿状不明显，且硼化物与基体组织之间可以看到较多数量的 $Cr_{23}(C,B)_6$ 类型的碳化物。

Cr12 钢硼化物层的生长速度比 T8 钢慢 0.5 ~ 1.5 倍，硼化物层由 FeB 与 Fe_2B 双相组成。Cr12MoV 钢硼化物层显微组织如图 6.11 所示。渗硼过程的温度越低，渗硼层中碳化物相的数量越多。铬会略微提高硼化铁的显微硬度。铬钢每一种牌号的钢有一个硼化物层的最佳厚度，超过该厚度会使硼化物层在热处理过程中发生崩落。对 Cr12 钢来说，50 ~ 70 μm 硼化物层在热处理过程中不会产生崩落，给出的数值中最佳值应该是下限。单相硼化物层崩落的倾向性较小，但即

使在这种情况下，硼化物层的厚度也不应超过规定数值。按最佳规范对试验过的钢进行渗硼时，表面粗糙度在渗硼过程中不改变。

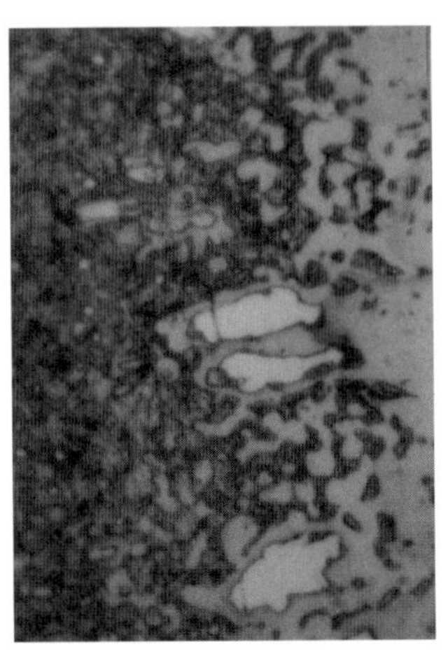

图 6.11　Cr12MoV 钢硼化物层显微组织（400×）（书后附彩图）

铬钢渗硼时，被热处理的零件会发生尺寸增大。试验表明，渗硼过程中尺寸的变化与硼化物层厚度成正比，增加量为渗硼层厚度的 5%~10%。在渗硼工艺不变的情况下，尺寸的变化非常稳定，故对需要渗硼的零件机械加工时留负公差即可。渗硼后的零件只能进行精加工，即轻微的研磨和抛光。

渗硼的应用效果取决于钢材耐磨性提高的程度。耐磨性主要取决于硼化物层的厚度、结构和相成分。提高渗硼温度与时间会略微提高硼化物层的耐磨性。但应注意，硼化物层厚度不应超过规定的数值。铬能提高渗硼钢的耐磨性。因此，为了制造冲压模具，首先应当根据力学性能、淬透性、热处理过程中变形的倾向性等要求来选择钢材。可以使用碳素工具钢或低合金工具钢，甚至是结构钢渗硼来替代高合金模具钢。

低铬钢成功地应用于制造弯曲模具（其寿命延长 5~9 倍）、校正模具（其寿命延长 4~5 倍）的阴模与阳模、火车轴承热轧扩孔用的轧辊镶套（其寿命延长 50%）；高铬钢用于制造校正模具（代替 P18 钢，其寿命延长 4~5 倍）和弯曲模具（其寿命延长 5~7 倍）的阴模。

6.2.3　铬钨锰钢（CrWMn 钢）渗硼

渗硼的 CrWMn 钢用于制造冷冲压模具的冲头和阴模、聚合物挤压模具和模型、测量工具等。含有锰、铬、钨的钢的渗硼速度明显低于碳钢的渗硼速度。

CrWMn钢硼化物层显微组织（图6.12）近似于GCr15钢的硼化物层，其致密度高，厚度均匀，梳齿状结构不明显，渗硼后具有单相（Fe_2B）和双相（$FeB+Fe_2B$）组织。对于加工表面粗糙度不超过 *Ra*1.6 的零件，如果硼化物层不产生崩落，渗硼不会使其表面状态变差。

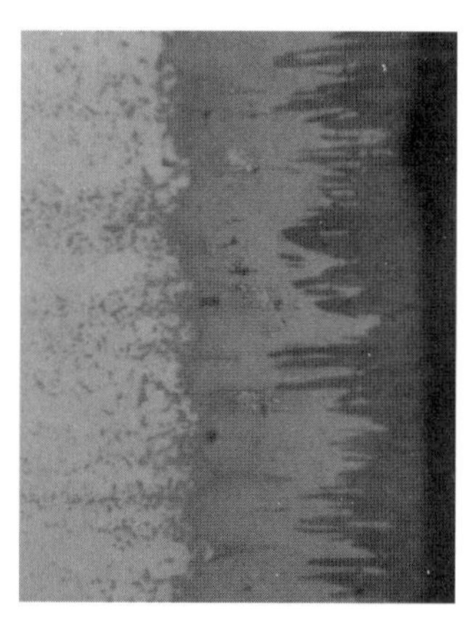

图6.12 CrWMn钢硼化物层显微组织（400×）（书后附彩图）

CrWMn钢制造的工件，其尺寸胀大量为渗硼层厚度的10%~20%。CrWMn钢因渗硼而产生的尺寸变化比T10钢略小一些，但比Cr12MoV钢大。CrWMn钢渗硼并淬火、低温回火后，其耐磨性提高4倍，增加渗硼温度与渗硼时间能提高渗硼钢的耐磨性，但同时也增加了硼化物层的脆性与崩落的倾向性。在硼化物层厚度不大的情况下，CrWMn钢的冲击韧性在淬火与低温回火后不降低。将渗硼温度提高到1 000~1 050 ℃，时间延长至4~6 h，会使冲击韧性的一般水平有一些下降，但这不能只归因于硼化物层。增加温度和保温时间同时会引起奥氏体实际晶粒尺寸的增大，这会对冲击韧性产生不利影响。

6.2.4 热作模具钢（5CrMnMo钢）渗硼

5CrMnMo钢主要用于制造热模锻工具，其寿命可以通过渗硼显著延长。在处理比较小的模具时，可以使用所有目前已知的渗硼方法。在化学热处理大型模具时适用膏剂渗硼，在渗硼过程与热处理加热相结合。5CrMnMo钢属于容易渗硼的钢，其硼化物层生长速度只比T8钢稍慢一些（慢5%~8%）。与T8钢相比，5CrMnMo 钢的硼化物层致密程度较大，梳齿状结构不那么明显，如图 6.13 所示。

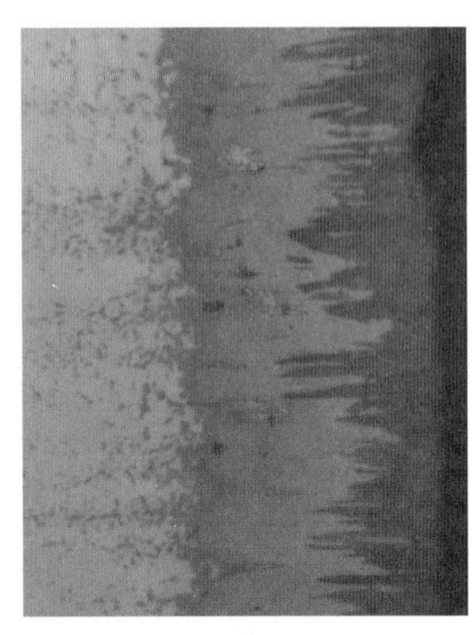

图 6.13 5CrMnMo 钢硼化物层显微组织（400×）（书后附彩图）

FeB 硼化物的梳齿状结构（与 Fe_2B 不同）表现得相当清楚。在梳齿状硼化物之间和靠近它们下面可以看到含硼的点块状渗碳体。硼化物相显微硬度为 $HV_{0.1}$1 500～1 850，提高渗硼温度和延长渗硼时间会增加硼化物层的崩落倾向性。在渗硼温度 1 050 ℃和长时间保温的情况下，硼化物层侧面会出现崩落，使渗硼零件报废。单相硼化物层的崩落倾向较小。由于渗硼的结果，5CrMnMo 钢试样的尺寸变化与硼化物层厚度成正比，为渗硼层厚度的 10%～20%。

渗硼不影响基体材料的硬度，不降低 5CrMnMo 钢淬火与低温回火状态下的冲击韧性，且明显提高模具钢的耐磨性。与淬火和低温回火状态相比，双相渗硼提高 5CrMnMo 钢的耐磨性 6～9 倍，而单相渗硼提高 5CrMnMo 钢的耐磨性 1～2 倍。渗硼能提高 5CrMnMo 钢的抗高温氧化能力，这对于热模锻工具的寿命是有利的。除了热模锻工具（延长其寿命 0.5～2 倍）以外，渗硼的 5CrMnMo 钢还用于制造圆盘锯滚刀，可延长其寿命 4 倍，而黄铜零件热成型的阴模和阳模可延长其寿命 9 倍。

6.2.5 3CrW8V 型高韧性耐热钢渗硼

耐热中碳工具钢用于制造有色金属与合金压铸模型的零件，以及挤压与热模锻工具，如耐热合金和钛合金热模锻工具。3Cr2W8V 钢硼化物层厚度受钢中成分的影响，钨比铬更强烈地降低硼化物层的生长速度。与 Cr12 钢相比，3Cr2W8V 钢中尽管含碳量低得多，而且合金元素的总含量也较低，但其硼化物层的生长速度比 Cr12 钢高不多。与 T8 钢相比，3Cr2W8V 钢的渗硼速度慢 50%～80%。3Cr2W8V 钢硼化物层显微组织如图 6.14 所示，硼化物层的特点是致密程度更高。硼化物层的梳齿状结构在粉末渗硼的情况下表现得最明显。紧靠着硼化物层下面可以发现大量的碳化物，其明显地多于基体部分。

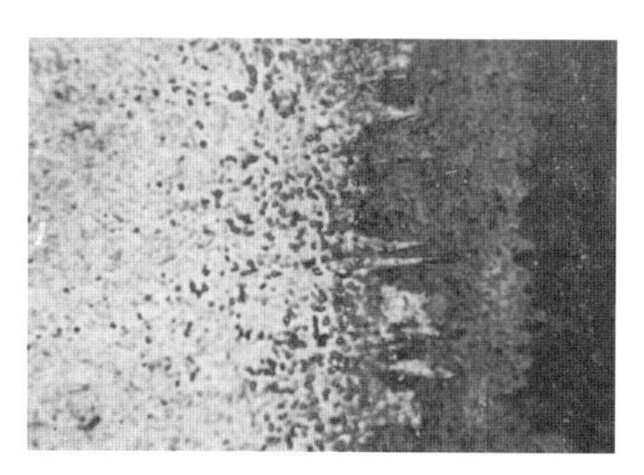

图 6.14　3Cr2W8V 钢硼化物层显微组织（400×）（书后附彩图）

3Cr2W8V 钢经 950 ℃渗硼 10 h，渗硼层厚度为 40 μm。3Cr2W8V 钢渗硼后经 1 120 ℃淬火和 600 ℃回火后的硼化物层显微组织如图 6.15 所示。淬火前的加热温度不应过高，否则会使硼化物层熔化。

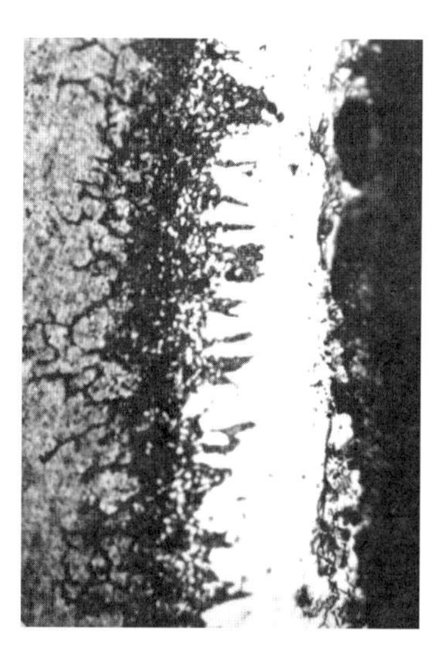

图 6.15　3Cr2W8V 钢渗硼后经 1 120 ℃淬火和 600 ℃回火后的硼化物层显微组织（400×）

在室温情况下，3CrW8V 钢的耐磨性最好，但随着单位压力的增高，磨损量急剧增加。在所有试验过的温度与压力下，渗硼均提高模具钢的耐磨性，然而随着试验温度的提高，渗硼的效果有些下降。应当指出，渗硼后所有模具钢的耐磨性大体一样。渗硼能提高耐热钢在工作温度 700 ~ 850 ℃的抗氧化能力。对于模具钢来说，像热疲劳或耐加热能力这样的特性具有重要意义。

6.3 特种钢及铸铁的渗硼

6.3.1 马氏体铬不锈钢（2Cr12NiMoWV 钢）渗硼

2Cr12NiMoWV 钢是发电机专用钢种，渗硼的目的是提高表面硬度和耐磨性，主要用在发电机、汽轮机喷嘴组叶片气道上。该钢经渗硼后，表面硬度可达 $HV_{0.1}$1 650 以上，具有高的耐磨性和抗冲蚀性，可有效延长汽轮机的使用寿命。该钢渗硼后缓冷，基体抗拉强度仍能达到 960 ~ 1 000 MPa，经回火即可达到强韧性技术要求，零件变形小，可直接使用，其硼化物层显微组织如图 6.16 所示。2Cr12NiMoWV 钢渗硼热处理后性能如表 6.7 所示。

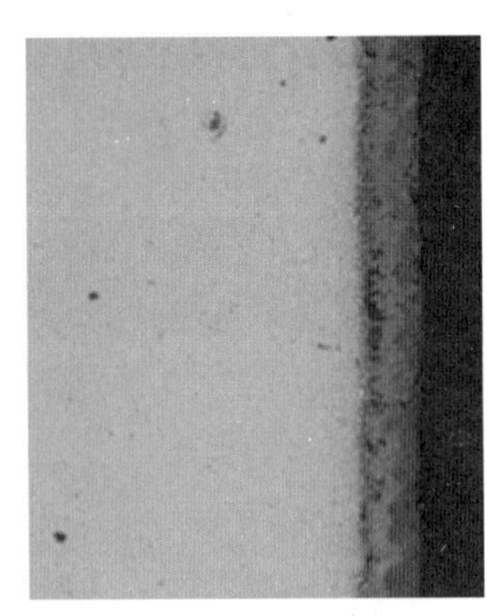

图 6.16　2Cr12NiMoWV 钢硼化物层显微组织（200 ×）（书后附彩图）

表 6.7　2Cr12NiMoWV 钢渗硼热处理后性能

处理工艺	渗硼层硬度 $HV_{0.1}$	基体力学性能	基体硬度 HRC
950 ℃渗硼	1 320 ~ 1 650	R_m 为 1 220 MPa，K 为 3.33 J	40 ~ 45
650 ℃回火	1 320 ~ 1 680	R_m 为 980 MPa，K 为 4.5 J	32 ~ 35

6.3.2 镍铬奥氏体钢（1Cr18Ni9Ti 钢）渗硼

1Cr18Ni9Ti 钢硼化物层显微组织如图 6.17 所示。硼化物层实际上没有梳齿状结构，而这样的梳齿状结构是所有铁基合金所特有的。硼化物层由双相组成，即（Fe,Cr,Ni)B 和(Fe,Cr,Ni)$_2$B，前者的显微硬度为 $HV_{0.1}$2 230～2 460，分别含铬与镍 10% 与 6%，而后者的显微硬度为 $HV_{0.1}$1 430～1 600。

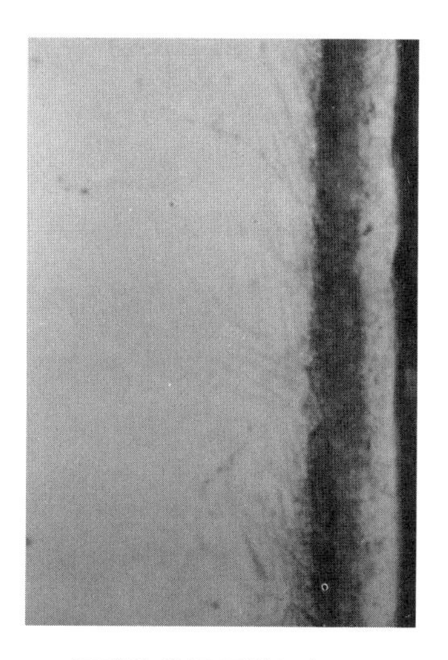

图 6.17　1Cr18Ni9Ti 钢硼化物层显微组织（200×）（书后附彩图）

1Cr18Ni9Ti 钢渗硼后可提高其耐磨性约 20 倍，该技术成功应用于石油化工机械中的喷头和阀杆，有助于企业取得良好的经济效益和社会效益。

6.3.3 铸铁渗硼

铸铁零件进行渗硼的主要目的是提高其耐磨性，包括抗腐蚀能力。对于同样类型的铸铁，当从铁素体铸铁变为铁素体－珠光体铸铁和珠光体铸铁时，硼化物层的厚度就会减小，这时渗硼层的结构也有些变化，即硼化物层的梳齿状结构变得不那么明显。白口铸铁的硼化物层没有梳齿状结构，铸铁中含有大量的碳和硅，而它们均为阻碍渗硼的元素。灰口铸铁硼化物层显微组织如图 6.18 所示。

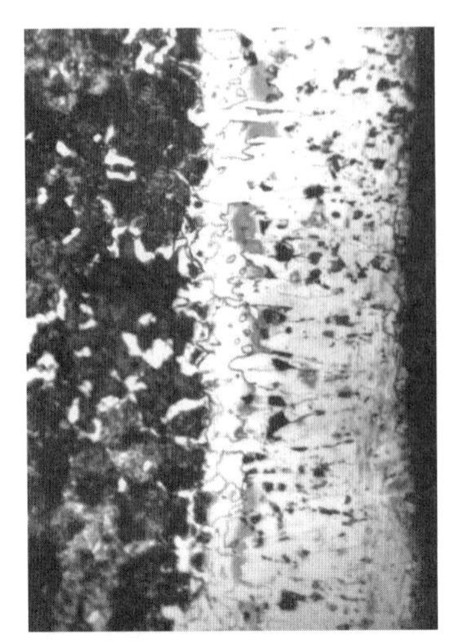

图 6.18　灰口铸铁硼化物层显微组织（150×）

灰口铸铁、可锻铸铁与球墨铸铁的渗硼层均由两个区域组成：具有梳齿状结构的硼化物层与含有 α 相、含硼渗碳体 $Fe_3(C,B)$ 和石墨的过渡区。过渡区的厚度与渗硼温度下硼在奥氏体中的渗入深度一致，并显著超过 α 相和 $Fe_3(C,B)$ 区域的厚度，在硼化物层中仍保留着原来的石墨。渗硼层的结构与相成分基本上取决于渗硼工艺（温度与时间）。硼化物层主要由硼化物 FeB 和 Fe_2B 组成，且硼化物层大部分是 FeB。可锻铸铁硼化物层显微组织如图 6.19 所示。图 6.20 中可锻铸铁硼化物层显微组织中浅蓝色为 FeB 相，黄色为 Fe_2B 相。

图 6.19　可锻铸铁硼化物层显微组织（150×）

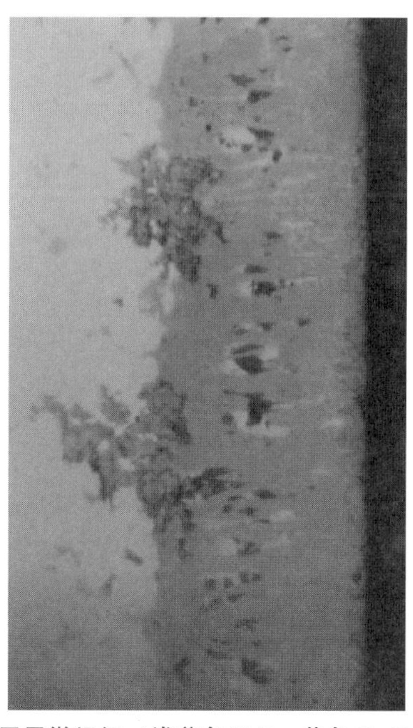

图 6.20　可锻铸铁硼化物层显微组织（浅蓝色 FeB + 黄色 Fe_2B）（400 ×）（书后附彩图）

渗硼可将铸铁在滑动摩擦条件下的耐磨性提高 1.5 ~ 4.0 倍。渗硼能提高铸铁的抗腐蚀能力。例如，在含有 200 mL 10% 硫酸水溶液和 50 g 颗粒直径0.32 mm 的河沙的腐蚀磨损介质中，灰口铸铁未渗硼试样的质量损失为0.3 g/cm^2，而渗硼试样的质量损失为 0.000 8 g/cm^2。因此，渗硼是保护铸铁避免在滑动干摩擦磨损和腐蚀磨损条件下发生损耗的有效方法。

6.4　其他钢铁及硬质合金渗硼

6.4.1　A3 钢渗硼

对基体力学性能要求不高，只需要提高耐磨性的零件选用价廉的 A3 钢渗硼是最佳选择。我国为德国的纺织机配件导板进行渗硼取得成功，出口产品 20 000 余件，深受德国厂商好评。A3 钢硼化物层显微组织如图 6.21 所示。由图可见，渗硼层为单相 FeB，硬度可达 HV1 300 以上，具有优良的抗磨损性能。

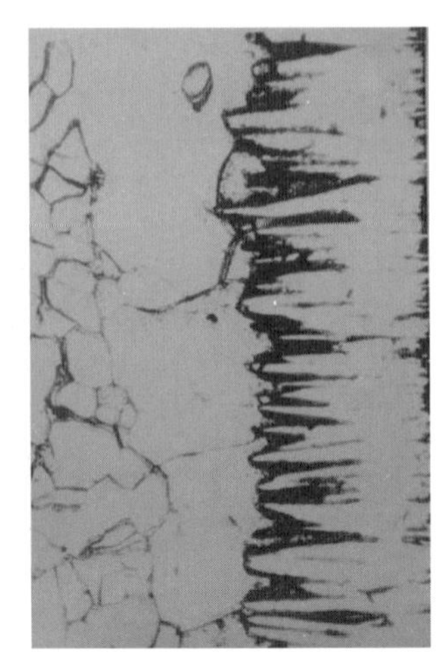

图 6.21 A3 钢硼化物层显微组织（400×）

6.4.2 38CrMoAl 钢渗硼

38CrMoAl 钢为氮化专用钢，通常采用氮化提高其表面硬度，但用它做热拔伸冲头时，使用寿命短。使其渗硼后，其使用寿命延长了 6 倍，产生了重大经济效益。渗硼工艺采用渗硼淬火、回火，不仅渗硼层保持完好，还使基体的力学性能达到了技术要求。38CrMoAl 钢硼化物层显微组织如图 6.22 所示。由图可知，渗硼层为 FeB + Fe_2B 双相组织，硬度高达 HV1 600 左右，因而使用寿命长。

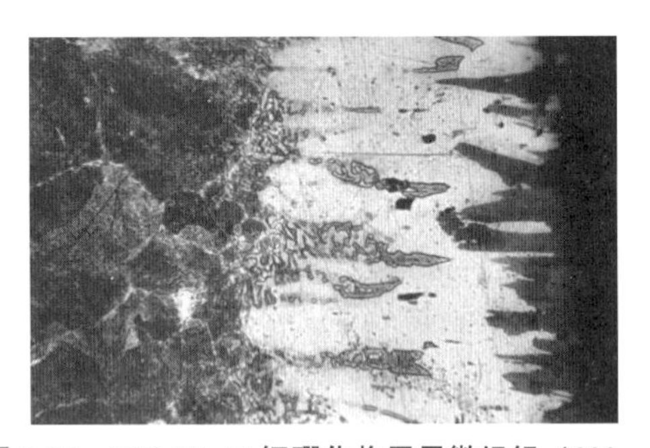

图 6.22 38CrMoAl 钢硼化物层显微组织（200×）

6.4.3 1Cr5Mo 钢渗硼

1Cr5Mo 钢是一种石油化工工业广泛使用的珠光体耐热抗腐蚀钢，常用于制造石油蒸馏设备的容器及管道，还用于制造热冲压模、燃油泵阀门零件。为了提高容器壳体耐磨性，通过对某企业1Cr5Mo钢壳体进行固体渗硼处理，并取得了成功，有效延长了其使用寿命。1Cr5Mo钢硼化物层显微组织如图6.23所示。

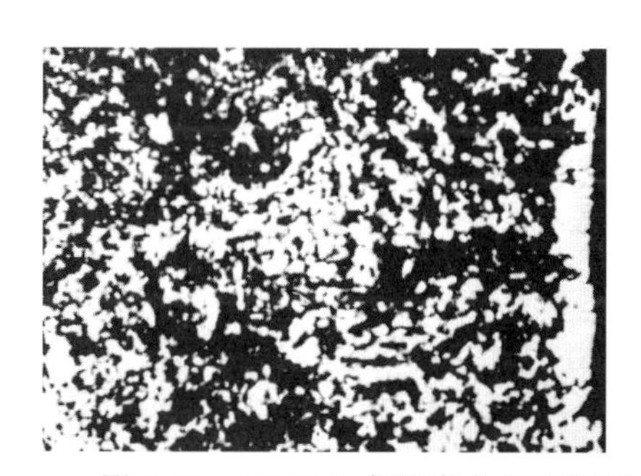
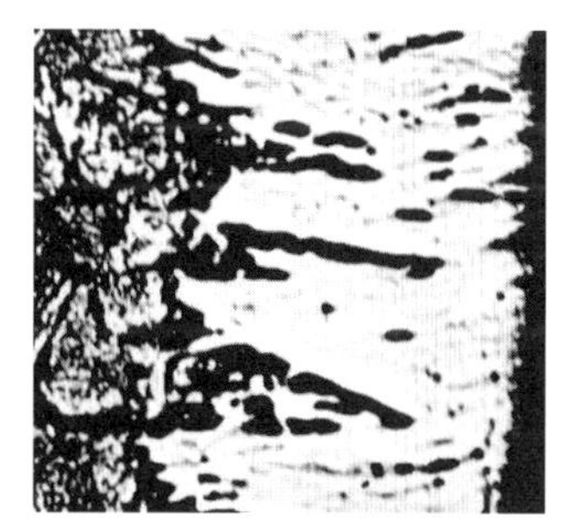

图6.23　1Cr5Mo钢硼化物层显微组织（左：50×；右：500×）

第 7 章 盐浴渗硼

盐浴渗硼工艺具有设备简单、用盐资源丰富、成本低、无公害等优点。因此，国内近几年已将盐浴渗硼大量应用在模具的热处理上。但是，盐浴渗硼工艺尚存在一些问题，如盐浴在较低温度（低于900 ℃）流动性差，工件粘盐现象严重，清洗较困难，以及盐浴对坩埚、挂具有较大的腐蚀等。

7.1 盐浴渗硼的成分

目前，国内大量试验研究应用了以硼砂为母液，以碳化硅、硅钙合金、硅铁、铝等为还原剂和以碳酸钠、碳酸钾、氟化钠、氟硅酸钠、氯化钠等为添加剂的各种配方。由于这些盐浴配方具有原料成本低、货源充足、流动性较好、残盐清洗较容易，以及用改变渗硼剂成分的做法就可控制渗硼层组织等优点，很多企业已将其应用于生产，并获得了显著效益。现将目前研究较为成熟并已用于生产的盐浴配方与应用效果列于表 7.1，盐浴渗硼介质的性质如表 7.2 所示。

表 7.1　盐浴配方与应用效果

序号	配方	应用效果
1	70% $Na_2B_4O_7$ +30% B_4C	渗硼能力强，价格昂贵
2	70% $Na_2B_4O_7$ +30% SiC	流动性差，获 Fe_2B 单相，应用少
3	80% $Na_2B_4O_7$ +20% SiC	效果好，获 Fe_2B 单相，难清洗
4	90% $Na_2B_4O_7$ +10% SiC	效果好，获 Fe_2B 单相，难清洗

续表

序号	配方	应用效果
5	70% $Na_2B_4O_7$ +20% SiC +10% NaCl	效果好，流动性改善，较易清洗
6	80% $Na_2B_4O_7$ + 13% SiC + 3.5% K_2CO_3 + 3.5% KCl	效果好，流动性改善，较易清洗
7	70% $Na_2B_4O_7$ + 20% SiC + 10% NaF（或 Na_2CO_3）	效果好，流动性改善，较易清洗
8	85% $Na_2B_4O_7$ +8.5% SiC +6.5% Na_2CO_3	效果好，流动性改善，较易清洗
9	90% $Na_2B_4O_7$ +10% 铝粉	盐浴活性大，渗硼能力强，盐浴偏析大，获 FeB + Fe_2B 双相
10	80% $Na_2B_4O_7$ +10% 铝粉 +10% NaF	盐浴活性大，渗硼能力强，盐浴偏析大，获 FeB + Fe_2B 双相
11	85% $Na_2B_4O_7$ +10% 铝粉 +5% NaCl	盐浴活性大，渗硼能力强，盐浴偏析大，获 FeB + Fe_2B 双相
12	75% $Na_2B_4O_7$ + 10% 铝粉 + 10% NaF + 5% KBF_4	盐浴活性大，渗硼能力强，盐浴偏析大，获 FeB + Fe_2B 双相
13	80% $Na_2B_4O_7$ +8% SiC +5% 硅钙合金粉 + 3.5% Na_2CO_3 +3.5% K_2CO_3	渗硼能力强，流动性较好，较易清洗
14	40% $Na_2B_4O_7$ +25% 硼酐（B_2O_3）+10% SiC + 5% 硅钙合金粉 +20% Na_2CO_3	渗硼能力强，流动性较好，较易清洗
15	40% $Na_2B_4O_7$ + 25% B_2O_3 + 10% Na_2CO_3 + 10% K_2CO_3 +15% 稀土	渗硼能力强，流动性较好，较易清洗
16	50% $Na_2B_4O_7$ + 10% SiC + 10% KCl + 20% Na_3AlF_6 +5% B_4C +5% Cr_2O_3	渗硼能力强，流动性较好，较易清洗
17	60% $Na_2B_4O_7$ +20% SiC +20% Na_2SiF_6	渗硼能力强，流动性较好，较易清洗
18	90% $Na_2B_4O_7$ +10% 钛粉	渗硼能力好，获 Fe_2B 单相

表 7.2 盐浴渗硼介质的性质

名称	分子式	分子量	含硼量/%	熔点/℃
硼砂	$Na_2B_4O_7 \cdot 10H_2O$	381.42	11.35	60.6 分解
脱水硼砂	$Na_2B_4O_7$	201.26	21.50	741
硼酸	H_3BO_3	61.81	24.69	分解
硼酐	B_2O_3	69.62	31.07	450
氟硼酸钠	$NaBF_4$	109.81	9.85	分解
氟硼酸钾	KBF_4	125.91	7.80	550 分解
碳化硼	B_4C	55.29	78.28	2 450

7.1.1.1 以硼砂为母液，以碳化硅为还原剂的配方

这类配方使用廉价的碳化硅为还原剂，配方简单，成本低廉，盐浴稳定性好，而且可以获得韧性较好的 Fe_2B 单相渗硼层，但盐浴流动性稍差，工件黏附残盐多，清洗较困难。这类配方如表 7.1 中的配方 2 ~8 和 17。

表 7.1 中配方 2 ~4 为无添加剂配方，这些配方因为黏度大、流动性差、工件黏附残盐多且难清洗，所以应用较少，一般多采用有添加剂的配方。

表 7.1 中配方 5 ~8 和 17 均为有添加剂的配方。

上述盐浴若在硼砂 + 碳化硅配方中，增加适量的添加剂（各种盐类），在不影响渗硼能力的情况下，可改善盐浴的流动性，并使黏附在工件上的残盐容易清洗。试验表明，添加剂的加入量不宜超过 20%，当加入量过多时（如大于 30%），渗硼能力将大大减弱，而且盐浴分层现象严重。因此，过多地添加氯化盐或中性盐是不适宜的。

7.1.1.2 以硼砂为母液，以铝为还原剂的配方

以铝为还原剂的配方见表 7.1 中的配方 9 ~12，其中配方 10、11 的渗硼效果好，应用较多。

以铝为还原剂的配方特点：配方原料价廉；盐浴流动性较好，活性强；无须频繁更换新盐；渗硼层组织为 $FeB + Fe_2B$ 双相组成，表面硬度高，但脆性较大。

此配方的缺点：盐浴偏析大，上下易分层，需要人工搅动；连续生产时，铝

易沉积在底部；熔融的铝严重腐蚀零件和坩埚。这是因为部分呈液态的铝和铁作用形成低熔点的 Fe－Al 共晶体。图 7.1 所示为铁－铝二元相图。

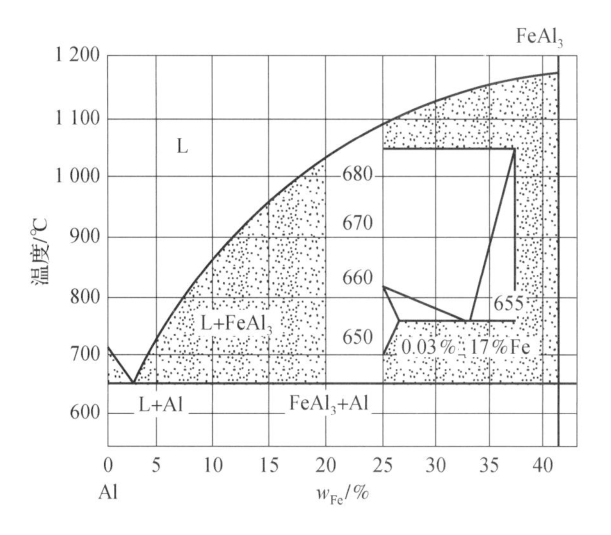

图 7.1　铁－铝二元相图

由图 7.1 可见，铁和铝形成的化合物 $FeAl_3$ 几乎不溶于铝中，且 $FeAl_3$ 和 Al 组成含铁约 1.85%、熔点为 655 ℃的共晶体，致使底部被严重腐蚀。因此，用铝作为还原剂时，必须注意盐浴的充分搅拌，不允许熔融状态的铝存在于盐浴中。由于此配方在渗硼过程中有反应物产生，需要经常捞渣，所以需要进一步改进。部分盐浴渗硼的工艺及效果如表 7.3 所示。

表 7.3　部分盐浴渗硼的工艺及效果

编号	配方（余量为硼砂）	钢号	渗硼工艺		厚度/mm	组织
			温度/℃	时间/h		
1	10% SiC	45	930	3	0.11	Fe_2B
2	20% SiC	45	960	6	0.11	Fe_2B
3	30% SiC	45	960	64	0.12	Fe_2B
4	20% SiC＋10% NaCl	20	950	3	0.13	Fe_2B
5	13% SiC＋{3.5% K_2CO_3；3.5% KCl}	20	950	3	0.12	Fe_2B

续表

编号	配方（余量为硼砂）	钢号	渗硼工艺		厚度/mm	组织
			温度/℃	时间/h		
6	20% SiC + 10% NaF	45	950	3	0. 10	Fe_2B
7	8. 5% SiC + 6. 5% Na_2CO_3	T10	950	5	0. 15	Fe_2B
8	10% 铝粉	45	950	6	0. 18	$FeB + Fe_2B$
9	20% 铝粉	45	950	6	0. 13	$FeB + Fe_2B$
10	10% 铝粉 + 10% NaF	45	950	6	0. 20	$FeB + Fe_2B$
11	8% SiC + 5% 硅钙合金粉 + Na_2CO_3 和 K_2CO_3 各 3. 5%	T10	930	3	0. 08	$FeB + Fe_2B$
12	10% 硅铁 + 1. 5% NaCl + 1. 5% Na_2CO_3	45	930	3	0. 13	Fe_2B
13	12% 硅铁 + 26% NaCl + 38% $BaCl_2$	45	950	4	0. 11	$FeB + Fe_2B$
14	10% 钛粉	20	950	6	0. 15	Fe_2B

7. 2　盐浴配方的选用与配制

7. 2. 1　配方的选用

盐浴成分与配比的选用，主要是根据工件的使用性能与工作条件来确定的。一般只要求表面耐磨性好，工作时不受冲击载荷的工件，可选用以铝为还原剂的盐浴配方；而在工作中不仅要求耐磨性好，还需承受较大冲击载荷的工件，宜选用以碳化硅、硅铁等为还原剂的配方。

选用盐浴配方还应综合考虑盐浴成分的经济性、工艺性和资源状况等因素。碳化硼、硼粉、氟硼酸盐和钛等材料目前价格昂贵，应尽量少用或不用。铝、碳化硅和硼砂组成的浴盐，原料经济、资源丰富、盐浴稳定，是应用得最多的配方。

7.2.2　配制方法

①对盐浴成分的要求。硼砂、中性盐一般采用工业纯即可。碳化硅必须用绿色的、黑色的无渗硼能力的材料。硅铁的含硅量要求在 75% 左右比较好。为了增大还原剂的总接触面积，充分发挥还原剂的作用，还原剂的粒度一般选用 200 目左右。但是，铝粉粒度以 20 ~ 80 目为宜，过细易烧损，过粗则易沉淀造成偏析，影响渗硼层的质量。

②盐浴配比。盐浴配比是按质量百分比计算的，如采用工业硼砂，则它的质量应为脱水硼砂的 1.9 倍。硼砂脱水可在 450 ~ 500 ℃下进行。对于碳化硅等还原剂，可在 140 ℃左右烘干，然后按比例称重加入。

③盐浴配制操作。初次配制盐浴可将坩埚加热到 500 ℃以上，再逐渐加入硼砂，不宜一次加入。加热使硼砂熔融，且边熔边加入，以防喷渣溢出。硼砂全部熔融后，再加入还原剂和添加剂的混合物，混合物也以少量多次加入为宜，同样边加边用不锈钢棒搅拌，防止盐浴偏析。待升温至所需温度后，保温半小时，再搅拌一次，这时才可以放入工件渗硼。

④盐浴的捞渣。渗硼过程中反应物产生的浮渣必须捞出，捞渣可在每次开炉后进行。每隔半小时至一小时将渗硼工件适当地上下移动，以保证渗硼层的均匀性。

⑤渗硼挂具。为了防止因盐浴腐蚀铁丝后烧断发生渗硼工件掉入炉内的事故，要用多股铁丝将工件绑牢；采用铁铬铝电阻丝做成挂钩；铁丝应完全埋入盐浴中，但不可用镀锌铁丝绑扎。如果只有镀锌铁丝，应先放在箱式电炉中加热去锌后再用，否则盐浴的渗硼能力将大幅降低。

⑥盐浴老化和新盐补充。盐浴在使用过程中，渗硼能力逐渐减弱的现象称为盐浴老化。为了保持渗硼能力，应定期按比例补加新盐或添加还原剂 SiC 等材料。这些材料的加入量要根据渗硼炉盐浴的容量、工件出炉时带走的损耗量和盐浴的老化程度来决定。一般每次开炉捞渣前应按原质量 10% 左右加入新盐，或采用每开 1 ~ 2 次炉后，按原还原剂质量的 1% 添加新还原剂的办法来保持盐浴的渗硼能力。

⑦渗硼工艺操作。工件入炉时，应防止堆积重叠和紧贴炉壁，以免盐浴流动

不畅，致使渗硼层不均匀。需要淬火的工件，当工件转入中温盐浴时（800～900 ℃），应尽量摆动，以消除工件表面的渗硼剂。淬火零件的保温时间一般按10～12 s/mm 计算。

⑧渗硼前工件的清理。工件渗硼前应清除油垢、铁锈，以免降低渗硼能力。采用下述配方，可一次除油除锈。

硫酸（密度为1.84 g/cm^3）	250～280 mL/L
硫脲	4～6 g/L
洗涤剂	10～30 mL/L

工件渗硼前，也可以不必专门进行去锈处理，因硼砂本身就是很好的脱氧剂，可以去除工件表面的氧化物。当然，渗硼前工件进行清洗，可以提高渗硼效率。

⑨渗硼后工件的清理。由于渗硼工件大部分采用渗硼后立即转入中性盐浴中加热淬火处理，所以工件渗硼后表面残留渗硼剂可以采用自来水煮沸1～2 h后，再用钢丝或者铜丝刷除的方法除掉。另外，也可使用5%～10% Na_2CO_3 水溶液煮1～2 h或用5%～10% NaOH水溶液煮30 min后刷除残盐。小孔中残盐，在出炉后马上通孔。

⑩渗硼的防护。为了防护模具局部避免渗硼，盐浴渗硼中也采用镀铜方法；对电解渗硼的局部防护，采用厚度大于0.15 mm的电镀铜层。

7.3 盐浴渗硼的设备与工艺

7.3.1 渗硼设备

盐浴渗硼尚无专用设备，目前多采用坩埚电阻炉，而且都是自制设备。电阻炉加热元件有两种：一种是用铁铬铝电阻丝烧制成的；另一种是碳化硅棒。这些外热式电阻炉，炉膛内安放盐浴坩埚。由于盐浴是很强的氧化物还原剂，液面与坩埚接触会发生强烈的腐蚀，所以盐浴的坩埚必须用不锈钢制作，且坩埚最好使用壁厚为8～10 mm的1Cr18Ni9Ti不锈钢板或钢管制作。

外热式坩埚盐浴渗硼炉，由于渗硼温度高（930～950 ℃）、时间长（4～6 h），所以电阻丝的使用寿命较短。为防止因电阻过载而易烧断的现象，最好采用在坩埚外插入热电偶的方法进行控温，而在坩埚内插入热电偶进行测温，这样既可控制炉丝温度的高低使其不宜烧断，又能保证坩埚内渗硼盐浴达到要求的渗硼温度。

为了提高盐浴的流动性，从而提高渗硼速度，有人使用过内热式电极盐浴渗硼炉，但因硼砂对耐火材料腐蚀严重而失败，不过这是一项有前途的理想渗硼设备，还可进一步试验。

7.3.2　渗硼工艺

目前盐浴渗硼广泛采用的渗硼温度为 930～950 ℃，保温时间为 4～6 h，其工艺及效果如表 7.3 所示。大量试验证明，渗硼温度是影响渗硼层厚度和质量的主要因素，随着渗硼温度的提高，渗硼速度加快，渗硼层厚度明显增加。

图 7.2 显示，在获得同一厚度的渗硼层时，采用较高的温度可以缩短保温时间，节约能源。但是温度不应超过 1 000 ℃，否则会导致渗硼层致密性变差，容易出现多孔渗硼层；温度也不宜过低，如低于 900 ℃，盐浴流动性变差，活性降低，渗硼速度过慢，并且粘盐严重。保温时间对渗硼层厚度也有一定影响，由图 7.3 可见，渗硼层厚度随保温时间的延长而增加。渗硼温度和保温时间的选择，还应综合考虑工件的材料、对变形的要求等条件来确定。

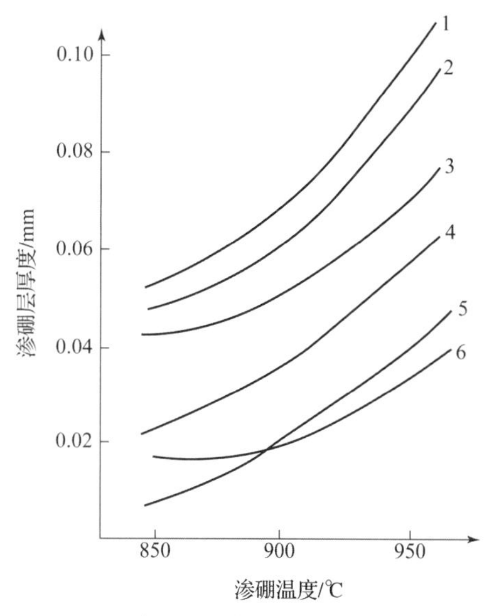

图 7.2　渗硼温度与渗硼层厚度的关系

1—15 钢；2—45 钢；3—T8 钢；4—CrWMn；5—Cr12；6—3Cr2W8V

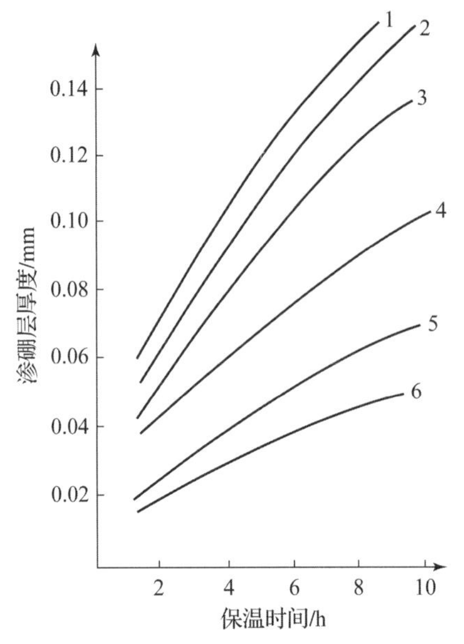

图 7.3 保温时间与渗硼层厚度的关系

1—15 钢；2—45 钢；3—T8 钢；4—CrWMn；5—Cr12；6—3Cr2W8V

7.3.3 坩埚腐蚀原理与预防措施

由盐浴渗硼的化学反应式可以看出，在以硼砂为主要成分的盐浴中，无论使用哪种还原剂，除了硼原子渗入钢铁中形成硼化物外，还有反应生成的氧化物存在于盐浴中。

7.3.3.1 盐浴对坩埚的腐蚀过程

经过仔细观察，盐浴对坩埚的腐蚀主要发生在盐浴液面附近，沿盐浴液面的坩埚内表面处常常被腐蚀成沟槽。其腐蚀的全过程可能由以下 4 个方面组成。

①在液面附近发生腐蚀，主要是空气中的氧气、二氧化碳和水蒸气与处于高温下的铁发生氧化反应所致，其化学反应将按下式进行：

$$2Fe + O_2 \xlongequal{} 2FeO$$

$$Fe + CO_2 \xlongequal{} FeO + CO$$

$$Fe + H_2O \xlongequal{} FeO + H_2 \uparrow$$

由于上述反应结果，在盐浴液面附近坩埚内壁上形成氧化铁层。

②氧化铁被渗硼反应产物还原，即坩埚在盐浴液面部位形成的氧化铁，不断

与 B_2O_3、SiO_2 等接触，将发生以下化学反应：

$$FeO + B_2O_3 = Fe(BO_2)_2$$

$$FeO + SiO_2 = FeSiO_3$$

$Fe(BO_2)_2$ 或 $FeSiO_3$ 因密度大而沉入炉底，致使坩埚继续被氧化，而氧化物又不断地被 B_2O_3、SiO_2 还原，从表面脱落下沉，因而加速了此部位的腐蚀。

③盐浴表面吸收空气中的氧气生成过氧化物，即渗硼反应中生成的 Na_2O、CaO 等氧化物密度较小，常常翻滚到液面上，部分被燃烧，但有一部分会再吸收空气中的氧气生成过氧化物。高温下，这些过氧化物又可分解出原子状态的氧，使坩埚进一步强烈氧化，加剧了腐蚀过程，其化学反应式过程如下。

a. 形成过氧化物的反应：

$$2Na_2O + O_2 \xrightarrow{\geqslant 600\ ℃} 2Na_2O_2$$

$$2CaO + O_2 \xrightarrow{\geqslant 600\ ℃} 2CaO_2$$

b. 过氧化物的分解：

$$Na_2O_2 \xrightarrow{\geqslant 800\ ℃} Na_2O + [O]$$

$$CaO_2 \xrightarrow{\geqslant 800\ ℃} CaO + [O]$$

c. 坩埚的剧烈氧化反应：

$$Fe + [O] = FeO$$

④熔盐与氧气作用产生腐蚀气体，并增加盐浴的氧化物，即为了提高盐浴的流动性，在盐浴中加入氯化盐，而加入的氯化盐与氧气接触会发生以下反应：

$$4NaCl + O_2 = 2Na_2O + 2Cl_2$$

氯气逸出液面与坩埚接触，又将发生以下反应：

$$2Fe + 3Cl_2 = 2FeCl_3$$

以上两个反应式说明，氯化盐加入后，不仅生成的氯气加剧坩埚的腐蚀，而且反应产物中形成氯化钠时的氧化反应也增加了坩埚的腐蚀。

综上所述，造成坩埚严重腐蚀的原因主要是盐浴液面和高温状态下的坩埚表面与空气接触后产生一系列氧化还原化学反应。

7.3.3.2　防止坩埚腐蚀的措施

为了使盐浴渗硼能成功地用于生产，人们采取了许多行之有效预防坩埚腐蚀的措施，具体列举如下。

1. 防止空气与盐浴的接触

从前面的分析可知，空气是造成坩埚腐蚀的主要原因之一。因此，防止坩埚腐蚀的最有效措施是防止空气与盐浴的接触，其措施有以下两种：

①通入氨气保护。使用带有炉盖的外热式坩埚盐浴渗硼炉，在炉盖上安装进、出管道，由氨气瓶直接向炉内供气，这样可以有效保护坩埚，延长其使用寿命。

②将坩埚置于井式渗碳炉中进行渗硼。将装有渗硼盐浴的不锈钢坩埚置于井式渗碳炉中加热，盐浴到达渗硼温度后，将工件放入盐浴中，盖好渗碳炉的炉盖进行保温渗硼。由于渗碳炉密封性较好，同样起到了隔绝空气的作用，可以较好地保护坩埚，延长其使用寿命。

2. 减轻坩埚腐蚀的其他措施

当使用的设备为外热式坩埚盐浴渗硼炉时，在既无同期保护条件又无密封装置的情况下，可采用以下措施减轻坩埚的腐蚀，延长其使用寿命。

①选用合适的材料制作坩埚。坩埚最好选用壁厚大于或等于 8 ~ 10 mm 的 1Cr18Ni9Ti 钢管或钢板焊制，虽然一次造价较高，但可长期使用。如果采用铸铁或低碳钢制造，虽然成本低，但耐蚀性差，坩埚寿命很短，因此不宜采用。还可以在空气与盐浴交界面部位加焊一圈不锈钢板，以保护坩埚。

②先将坩埚内壁渗硼。即使采用不锈钢坩埚，如不采取防腐措施，其寿命也不够长。通常，因硼化物具有较好的耐大气腐蚀性能，而且在高温下较稳定，故在进行零件渗硼前，可先将盐浴填满坩埚加热至渗硼温度，保温 2 ~ 3 h，取出部分熔盐降低液面后再进行零件渗硼，这样可减轻坩埚的腐蚀。

硼化物在高温下与空气长期接触也会被氧化破坏，如盐浴液面长期停留在一定位置上，会使此局部腐蚀加大，因此还应经常变更盐浴液面的位置，以延长坩埚的使用寿命。

③盐浴中尽量不使用氯化盐。为了提高渗硼盐浴的流动性，常加入一定量的中性盐。由于氯化盐能加速坩埚的腐蚀，因此建议尽量不使用这类盐。最好以碳酸盐为添加剂，常用的是 3.5% 碳酸钾和 3.5% 碳酸钠的混合剂，将其加入渗硼盐浴中，既可提高盐浴的流动性，又可延长坩埚的使用寿命。

7.4　盐浴渗硼原理

盐浴渗硼原理尚在深入研究之中，现将常用盐浴中的钢铁渗硼原理简要介绍如下。

7.4.1　盐浴成分的分解与还原

盐浴渗硼是利用硼砂作为供硼源。无水硼砂的分子式是 $Na_2B_4O_7$，含硼量为20%左右，在高温熔融状态和还原剂作用下，有活性硼原子产生。

由图 7.4 所示的各种氧化物的生成自由能来看，在 800～1 000 ℃，硅、钛、铝、镁、锂、钙的氧化物生成自由能，依次高于硼的氧化物生成自由能。这些元素都具有还原 B_2O_3 的能力，并且其能力是依次增加的。因此，这些元素若加入

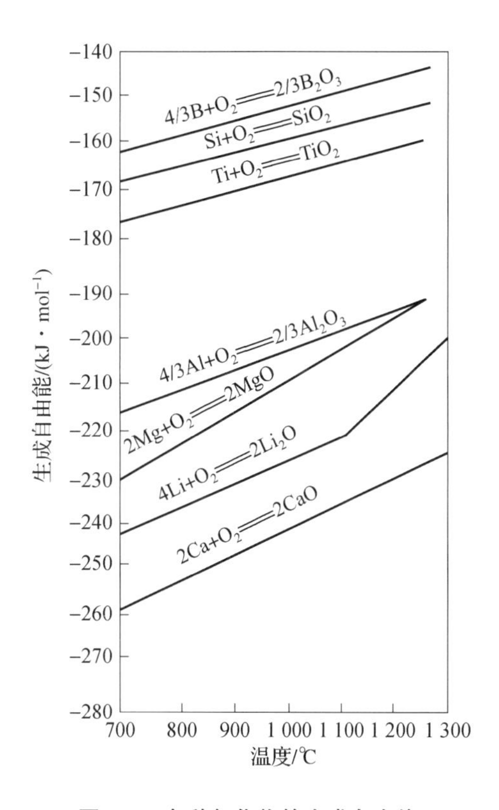

图 7.4　各种氧化物的生成自由能

熔融的硼砂中，都可以将 B_2O_3 中的硼原子还原出来，因为这些元素在高温下与氧的亲和力都大于硼与氧的亲和力。

①硼砂的部分热分解反应。

$$Na_2B_4O_7 \rightleftharpoons Na_2O + 2B_2O_3 \tag{7.1}$$

或

$$Na_2B_4O_7 \rightleftharpoons 2NaBO_2 + B_2O_3$$

上式中的反应产物 B_2O_3，当加入亲和力大于硼与氧的活泼元素时，其可以进一步被还原得活性［B］原子，如下式反应：

$$B_2O_3 + SiC = 2[B] + CO\uparrow + SiO_2$$

②硼砂与碳化硅的反应。

$$Na_2B_4O_7 + 2SiC = Na_2O \cdot 2SiO_2 + 4[B] + 2CO\uparrow \tag{7.2}$$

$$Na_2B_4O_7 + SiC = Na_2O \cdot SiO_2 + 4[B] + CO_2\uparrow + O_2\uparrow \tag{7.3}$$

上式中的［B］即游离状态的硼原子。式（7.2）中的 CO 还可与式（7.3）中的 O_2 进行以下反应：

$$O_2 + 2CO = 2CO_2 \tag{7.4}$$

由于此反应减弱了式（7.2）中 CO 的渗碳作用，因此可以认为渗硼盐浴无渗碳作用或渗碳作用极微。

③硼砂与铝的反应。

当以铝为还原剂时，硼砂与铝的反应如下：

$$Na_2B_4O_7 + 4Al = Na_2O + 2Al_2O_3 + 4[B] \tag{7.5}$$

上式中生成的 Al_2O_3 溶解在熔融 B_2O_3 中的量很少，在 100 mol 的 B_2O_3 中约溶解 0.72 mol 的 Al_2O_3；它在熔融硼砂中溶解析出的量也是很少的。Al_2O_3 的固态析出弥散分布在熔融的硼砂浴中，会使盐浴黏度略为提高，盐浴有逐渐但非显著的变稠倾向。

④硼砂与硅钙合金的反应。

当加入硅钙合金后，可将熔盐中反应产物 B_2O_3 中的硼原子还原出来，其反应式如下：

$$2B_2O_3 + 3Si \longrightarrow 3SiO_2 + 4[B]$$

$$B_2O_3 + 3Ca \longrightarrow 3CaO + 2[B]$$

当在配方中再加入一定量的碳酸盐时，其会与硅钙合金中的铝发生以下反应：

$$Al + Na_2CO_3 \longrightarrow Na_2AlO_2 + CO$$

其中，CO容易产生活性碳原子，对渗硼有促进作用。

7.4.2 吸附

高温下游离状态的活性硼原子与工件表面接触，被工件表面吸附，与铁原子生成硼化物，即

$$[B] + Fe = FeB$$

$$[B] + 2Fe = Fe_2B$$

7.4.3 扩散

硼原子吸附到工件表面后，在热运动作用下，开始向工件内部扩散。必须指出的是，硼在钢中的溶解度很小，只能形成稳定的硼化二铁（Fe_2B）和硼化铁（FeB）。当用SiC作还原剂时，产生的活性硼原子浓度始终保持在8%左右，工件表面不易造成大量硼原子堆集，因此容易得到单相Fe_2B渗硼层。

第8章 固体粉末渗硼

固体粉末渗硼技术于1969年后在世界各地开始工业应用的研究，它虽然是比较老的工艺，但初期也只是开展工业应用的研究，到1970年后才真正用于生产。这是因为1960—1975年国内外大量开展了液体渗硼的研究与应用。液体盐浴渗硼存在盐浴对坩埚腐蚀性大，容易黏附工件，并且残盐清洗十分困难等问题，阻碍了它的进一步发展。固体粉末渗硼不用特殊设备，可利用各种箱式电炉加热，渗硼后工件不用清洗，适用于各种形状、大小的工件，且操作方便，工艺简单。因此，固体粉末渗硼1977年后受到世界各国的重视，并深入开展了渗硼剂、渗硼工艺、渗硼原理和渗硼组织与性能的研究，使该工艺成为1980年后主要的渗硼方法，且大量应用于工业生产中。同时，该技术开始是在模具上应用成功，大幅延长了其使用寿命，到现在已广泛应用于各种要求耐磨性、耐蚀性和抗高温的工件上。

8.1 渗硼剂

8.1.1 渗硼剂的组成与作用

固体粉末渗硼剂一般由供硼剂、活化剂和填充剂组成，如表8.1所示。

8.1.1.1 供硼剂

供硼剂的作用是提供硼源。它在活化剂的催化下，可源源不断地提供硼原子，因此供硼剂是由含硼量较高的物质组成的。常用供硼剂的种类与性质如表8.2所示。

表 8.1　固体粉末渗硼剂

组分	原料名称	原料的组成与分子式
供硼剂	非晶质硼	B
	碳化硼	B_4C
	硼铁	Fe_mB_n
	硼砂	$Na_2B_4O_7$
	硼酐	B_2O_3
活化剂	氟硼酸盐	KBF_4、$NaBF_4$、$LiBF_4$ 等
	氟化物	KF、NaF、AlF_3、CaF_2、BaF_2 等
	碳酸盐	$(NH_4)_2CO_3$、NH_4HCO_3、Na_2CO_3
	硼氢化钾	KBH_4
	氯化铵	NH_4Cl
	冰晶石	Na_3AlF_6 或 Na_2SiF_6
	硫脲	$(NH_2)_2CS$ 或尿素［$(NH_2)_2CO$］
填充剂	碳化硅	SiC（绿色）
	碳	木炭、活性炭、石墨（C）
	三氧化二铝	Al_2O_3

表 8.2　常用供硼剂的种类与性质

种类	分子式	含硼量/%	熔点/℃
非晶质硼	B	95～97	2 450
碳化硼	B_4C	78	2 050
硼铁	Fe_mB_n	≥20	—
硼酐	B_2O_3	37	450
硼砂	$Na_2B_4O_7$	20	741

供硼剂中非晶质硼（硼粉）的含量很高，但因价格昂贵几乎不被采用。目前应用较多的是硼铁和碳化硼，而氟硼酸钾既是供硼剂又是良好的活化剂，几乎所有粉末渗硼剂中都离不开它。

8.1.1.2 活化剂

活化剂的主要作用是提高渗硼剂的活性，产生气态化合物，促进和加速渗硼的过程，是渗硼剂中必不可少的成分。

活化剂在渗硼温度下，应具有适宜的熔点、较高的离解压、低的活化能，即在渗硼开始一段时间内能保持一定的分解速度，而不是急剧分解。

常用活化剂的种类如表 8.1 所示。其中，氟硼酸盐应用较多，这是因为它的分解温度较低、活性好。它不仅起良好的催渗作用，而且是一种供硼剂，可提供硼原子。但因为其价格较贵，而且反应产物中存在轻微毒性的气体，所以加入量不宜过多，一般加入5%左右。碳酸盐因熔点较高（750 ℃以上分解），在渗硼剂中应用较少。另外，由于铵盐分解温度较低，易挥发，常用作较低温度（850 ℃）下的渗硼剂配方（如表 8.3 中 1、14 配方），其加入量也应该控制在 0.5%～1.0%。

氟硼酸盐不仅是活化剂，起到良好的催渗作用，也是一种供硼剂，在渗硼的过程中提供硼原子。在渗硼过程中，KBF_4 会很快分解产生活性硼原子，反应式如下：

$$KBF_4 \xrightarrow{550\ ℃} KF + BF_3 \uparrow$$

$$BF_3 + Fe = FeF_3 + [B]$$

8.1.1.3 填充剂

填充剂是渗硼剂中的载体，一般由惰性物质组成。它有以下三方面作用：一是使供硼剂、活化剂均匀分布其中；二是保持还原性气氛，以保持渗硼件表面的活性，保证渗硼过程的顺利进行，稳定渗硼层的质量；三是防止渗硼剂烧结，提高渗硼剂的松散性。

常用填充剂的种类如表 8.1 所示。其中，碳化硅（SiC）和三氧化二铝（Al_2O_3）应用最多，在渗硼剂中所占比例也最大，一般为 70%～80%。填充剂的选择很重要，当供硼剂和活化剂相同，使用不同的填充剂时，渗硼的效果会有较大的差别。这是因为填充剂不同时，所产生的气氛不同，所以对填充剂的作用应给予足够的重视。下面分别介绍各种填充剂的特性与作用。

①三氧化二铝（Al_2O_3）。Al_2O_3 是一种很稳定的氧化物，呈白色粉末状。它在渗硼过程中不参与化学反应，只起载体的作用。为了还原和破坏由箱内空气导致的工件表面生成的氧化膜，常加入少量的铵盐或活性炭，以便加速渗硼过程。

②碳化硅（SiC）。碳化硅填充剂兼有一定的催渗作用，可进一步提高渗硼剂的活性，是一种比较理想的填充剂，正被广泛采用，它的催渗原理如下。

当以硼铁、KBF_4 组成渗硼剂时，SiC 可按以下两式参与反应：

$$4BF_3 + 4FeB + 4SiC + 3O_2 = 2Fe_2B + 3SiF_4 + SiO_2 + 6[B] + 4CO$$

$$6KF + 4FeB + 3SiC + 6O_2 = 2Fe_2B + 3K_2SiO_3 + 2BF_3 + 3CO$$

其中，BF_3、KF 是由 KBF_4 分解产生的。

当以 B_4C、KBF_4 组成渗硼剂时，SiC 将按以下两式参与反应：

$$B_4C + 4O_2 = 2B_2O_3 + CO_2$$

$$4B_2O_3 + 3SiC + 6KF = 3K_2SiO_3 + 6[B] + 2BF_3 + 3CO$$

由上述各式均可看出，SiC 对渗硼是有一定促进作用的。为了使渗硼剂中保持一定数量的氧化性气氛，促使 B_4C 氧化，以 SiC 为还原剂的渗硼剂中可适当加入少量的碳酸盐，这样可产生二氧化碳，它可将硼铁中的硼、碳化硼氧化成 B_2O_3，加速渗硼过程。

③木炭、活性炭、煤粉。煤粉是烟煤粉（红煤粉），它含有较多的挥发成分（甲烷、苯、酚、萘）等，但主要是碳。采用木炭、活性炭、煤粉，主要目的是产生还原性气氛，保持钢铁表面的活性，促进硼原子的吸附与扩散。因为渗硼气氛中有氧气、二氧化碳等氧化性气体，工件表面会被氧化而形成 FeO 薄膜，降低其表面对硼原子的吸收能力，而且当活性硼原子被工件吸收后，也易被氧化成 B_2O_3 而填塞在晶格中，阻碍硼原子的扩散。

碳的作用就在于消除了工件表面铁的氧化膜，保证表面具有高的吸附和溶解硼原子的能力，从而促进渗硼过程。但过量的碳还有脱硼的作用，即在高温下，碳会夺取硼原子而形成 B_4C，降低渗硼能力，因此碳类成分的加入量应控制在 15% 以下。

8.1.2 渗硼剂的配制

8.1.2.1 渗硼剂中各成分的技术要求

1. 供硼剂

供硼剂中硼铁的含量应在20%以上，铝、硅含量应小于4%。若铝、硅含量过高，则会使渗硼层中出现变质层。呈褐色块状的硼铁使用时必须粉碎，其粒度为60～150目，过粗会影响渗硼剂的活性和渗硼层的均匀性。

碳化硼是工业磨料，呈黑色粒状，含硼量为78%，作为供硼剂应用时，其粒度最好在100目以上，常用150目。B_4C的粒度越细，不仅价格越高，渗硼效率也降低，同时太细的话透气性差，影响气体通畅。

若用硼砂作供硼剂，应先将工业硼砂（$Na_2B_4O_7 \cdot H_2O$）中的结晶水去除，可采用500 ℃左右烘干的方法脱水，用无水硼砂（$Na_2B_4O_7$）按比例称重配制即可。

2. 活化剂

活化剂一般多为化学试剂，也可选用价格更低的工业纯原料，但均应制成粉剂使用。在使用易挥发或易吸湿分解的活化剂（如铵盐类）时，渗硼剂配好后应密封存放，或者现用现配，以免活化剂挥发或吸水分解，影响渗硼的效果。

3. 填充剂

填充剂一般采用工业纯原料，其中碳化硅要选用绿色的，粒度应大于100目。在配制渗硼剂时，应将三氧化二铝经800 ℃充分熔烧，去除水分及杂质。木炭一般为块状，配制时，应粉碎成直径小于1～2 mm的颗粒，并进行烘干，去除水分。

8.1.2.2 混料与装箱

由于渗硼剂配方中各成分所占比例悬殊且粒度和密度均不相同，所以渗硼剂在按比例配好后，应进行充分混合。应将配好的渗硼剂置于混料机或研磨钵中进行混料，使其充分混合均匀。

混好后，即可将渗硼剂和渗硼工件装入普通低碳钢板焊制的铁箱中。装箱方法和固体渗碳相似，先在箱底铺上一层20～30 mm渗硼剂，然后再放入工件。工件与工件之间以及工件与箱壁之间应保持10～15 mm的间隙，然后填充渗硼剂，上层工件表面应覆盖 20 ~ 30 mm 厚渗硼剂，盖上箱盖，并用耐火泥或黄土泥密封。小型工件可按层排放在渗硼箱中，渗硼剂可按工件面积 1.5 ~ 2.5 g/cm^2 加入，并使工件之间保持一个必要、合理的最小间隙，以便在保证得到所需厚度的前提下获得最大的经济效益。对大型凹模的模腔进行渗硼时，因模具其他部分无须渗硼，为了节约渗硼剂并获得要求的渗硼层，可以只在模腔内填充渗硼剂。为了防止表面脱碳和影响渗硼效果，周围再用木炭填充。这样既可降低成本，又不影响渗硼效果。

为了便于出炉时直接淬火，装箱后箱子只需加盖，可以不密封，当然密封的渗硼箱比不密封的所获渗硼层要厚些。一定要采取热炉装箱，不可冷炉装箱随炉升温渗硼，以免 KBF_4 等活化剂过早分解，降低渗硼效果。

8.1.3　渗硼剂的重复使用

渗硼剂在使用一次后，其中的供硼剂、活化剂和填充剂都有部分消耗。虽然活化剂（如 KBF_4）几乎全部分解，但残留的和化学反应过程中产生的固态氟化物（如 K_3SiF_6、$KAlF_6$、KF 和 CaF_2 等）仍具有一定的催渗作用。因此，渗硼粉末介质可以重复使用。为了使旧渗硼剂的渗硼能力接近或达到新渗硼剂具有的渗硼能力，可以采取以下两种措施。

①在旧渗硼剂中添加一定数量的活化剂和供硼剂。按原渗硼剂的质量百分比含量向旧渗硼剂中添加活化剂和供硼剂，其渗硼能力可恢复到新渗硼剂渗硼能力的 85%~95%，但渗硼层中容易出现双相组织。渗硼剂可多次反复使用的优点主要是节约原材料，降低渗硼成本。

②在旧渗硼剂中按比例添加新的渗硼剂。新渗硼剂可按与旧渗硼剂质量1：1 的比例加入，至少应加入 1/3 的新渗硼剂，才能保证较强的渗硼能力。其优点是使用方便，可使用商品渗硼剂，简化生产工序。

8.1.4　固体粉末渗硼剂的选用

国内外常用的固体粉末渗硼剂种类繁多，目前部分国内外最新固体粉末渗硼工艺配方与效果列于表 8.3 中。

表 8.3 部分国内外最新固体粉末渗硼工艺配方与效果

序号	配方	渗硼工艺		厚度/μm	研究单位或国家	备注
		温度/℃	时间/h			
1	72% 硼铁（23% B）、6% KBF_4、2% NH_4HCO_3、20% 木炭	850	4	140	洛阳拖拉机研究所	45 钢
2	5% B_4C、5% KBF_4、10% Mn - Fe、80% SiC	850	4	165	沈阳机电学院（现沈阳工业大学）	45 钢
3	50% B_4C、33.7% SiO_2、16.3% NaF	850	3	180	日本铃木汽车公司	日专利 昭 51 - 21381
4	85% B_4C、8% AlF_3、5% $NaBF_4$、2% KBF_4	750	6	130	日本铃木汽车公司	日专利 昭 51 - 21381
5	66% B_4C、16% $Na_2B_4O_7$、10% KF、8% C	900	5	240	德国	申请日本专利 昭 51 - 21383
6	85% 硼铁（$w_B > 21\%$）、15% KBF_4	900	5	100	日本丰田中央研究所	—
7	40% ~ 80% B_4C、2% ~ 10% 石墨、1% ~ 4% $KHCO_3$、余量 KBF_4 等	900	5	95	美国休斯工具公司	美国专利 3922038
8	5% 硼铁（$w_B \geqslant 23\%$）、7% KBF_4、2% 活性炭、8% 木炭、78% SiC	900	5	95	洛阳拖拉机研究所	45 钢
9	10% 硼铁（$w_B < 14\%$）、7% KBF_4、2% 活性炭、8% 木炭、73% SiC	900	5	95	洛阳拖拉机研究所	45 钢

续表

序号	配方	渗硼工艺		厚度/μm	研究单位或国家	备注
		温度/℃	时间/h			
10	1% B_4C、7% KBF_4、2%活性炭、8%木炭、82% SiC	900	5	90	洛阳拖拉机研究所	45钢
11	2% B_4C、5% KBF_4、10% Mn－Fe、83% SiC	850	4	110	洛阳拖拉机研究所	45钢
12	7%硼铁（B＝24%）、3% KBF_4、12%煤粉、78% Al_2O_3	900	4	140	福州大学	45钢
13	15%～20%硼铁（w_B＜16%）、10% KBF_4、10% Mn－Fe、60%～65% SiC	850	4	100	沈阳机电学院（现沈阳工业大学）	45钢
14	20%硼铁（w_B≥23%）、5% KBF_4、5% NH_4HCO_3、70% SiC	850	4	4	山东工学院（现山东工业大学）	45钢
15	5% B_4C、5% KBF_4、90% SiC（具体配方不详，此为大概成分）	900	3	3	德国开普敦电熔炼设备厂	Ekabor 1、Ekabor 2、Ekabor 3仍有少量双相
16	3%硼铁、5% KBF_4、0.5% NH_4Cl、91.5% SiC	850	5	5	河北工学院（现河北工业大学）	T10钢
17	5% B_4C、5% KBF_4、2%活性炭、88% SiC	900	4	104	北京工业学院（现北京理工大学）	45钢、T10钢

渗硼剂的选用原则主要根据渗硼件的失效形式、受力状态来确定。对于工作中承受静压、因磨损而失效的工件，可选用活性大的渗硼剂。由于这类渗硼剂中供硼剂所占比例大，所以渗硼速度快且易获得高硬度的双相渗硼组织。这种组织表面硬度高，耐磨性好，但脆性大，容易剥落。对于要求表面具有高硬度，并承受较大冲击载荷或强大挤压应力的渗硼件，最好选用活性适中的渗硼剂。由于这类渗硼剂中供硼剂所占比例较小，所以渗硼速度较慢，但易获得单相 Fe_2B 渗硼层。这种组织渗硼层韧性好，使用中不易剥落，同时硬度仍可达到 HB1 290 ~ 1 700。当然，渗硼层的相组成还受渗硼材料、渗硼温度等因素的影响。正确选用渗硼剂可参考表 8.4。

表 8.4 渗硼剂中 B_4C 含量对各种钢渗硼层中 FeB 相的影响

钢号	$w_{B_4C}/\%$			
	2.5	5	7.5	10
15	□	□	◲	◨
45	□	□	◲	◨
42CrMo4	□	◲	◨	▣
60CrSiV	□	◲	◨	■
T10	□	◲	◨	■
9Cr2	□	◨	▣	■
Cr	▣	▣	■	■
4Cr13	■	■	■	■
1Cr18Ni9Ti	■	■	■	■

注：试验条件：900 ℃，5 h；□—无 FeB；◲—只有角上有 FeB；◨—FeB 呈个别梳齿状；▣—FeB 尚未形成连续封闭层；■—FeB 连续封闭层。

由表 8.4 可知，B_4C 含量越多，渗硼层中越容易出现 FeB 相。另外，它还与钢种有关，钢中合金元素含量越多，越容易出现 FeB 相。在高合金钢 4Cr13 和 1Cr18Ni9Ti 上，双相组织的形成是无法避免的。试验表明，B_4C 的含量为 2.5%~5% 时，对渗硼层厚度无显著影响。但当 B_4C 的含量增至 7.5%~10% 时，所有渗硼试样表面都很粗糙。渗硼层的结构也因 B_4C 含量不同而异，当 B_4C 含量为2.5%时，渗硼层比较致密，当 B_4C 含量为10%以上时，硼化物变粗，而且疏松严重。此外，渗硼温度过高或渗硼剂中添加过量的卤化物，渗硼层也容易出现双相和疏松。

8.2　渗硼工艺

渗硼工艺主要是控制渗硼温度与保温时间，其中渗硼温度是影响渗硼层质量的主要因素。

8.2.1.1　渗硼温度

固体粉末渗硼温度可在750～950 ℃选择。一般规律：随渗硼温度的升高，渗硼速度加快，保温时间可以相应缩短。某些渗硼剂虽然在750 ℃就有渗硼作用，但具有实用价值的渗硼温度一般为850～950 ℃，在这个温度范围内才具有足够的渗硼速度，可在较短时间内获得具有实用价值的渗硼层。如果想再缩短渗硼时间，可适当提高渗硼温度，但最高不能超过1 000 ℃。因为温度过高会引起晶粒粗大，影响基体的力学性能（高合金钢除外），同时温度过高还会使渗硼层疏松。温度低于800 ℃时，渗硼速度将明显下降，即使保温时间很长，仍难达到技术要求的渗硼层厚度，而且浪费能源。

渗硼温度对渗硼层厚度的影响如图8.1～图8.3所示，图8.1和图8.2是采用了表8.3中1号渗硼剂渗硼的结果，图8.3是8号渗硼剂渗硼结果。由图可知，当温度达到950 ℃时，渗硼层的厚度也可达到最大值，超过此温度，渗硼层厚度增加缓慢，甚至会下降。这是因为这时有硅的渗入，形成的α-Fe相阻碍了硼的扩散。

8.2.1.2　渗硼保温时间

渗硼保温时间一般为3～5 h，最长不超过6 h，就可以获得具有实用价值的渗硼层（0.07～0.15 mm）。保温时间不宜过长，因为过长的渗硼时间下，不仅渗硼层厚度增加不明显，而且易使基体材料的晶粒过分长大并浪费能源。应以渗硼箱温度达到炉温，即以目测渗硼箱表面加热达到的发光度（火色）与炉膛相同时开始计算保温时间。图8.4～图8.6所示为渗硼保温时间对渗硼层厚度的影响。

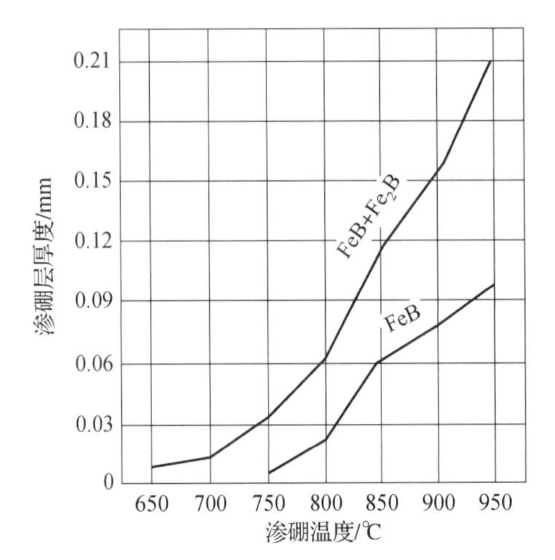

图 8.1 渗硼温度对渗硼层厚度的影响（45 钢采用 1 号渗硼剂，保温 5 h）

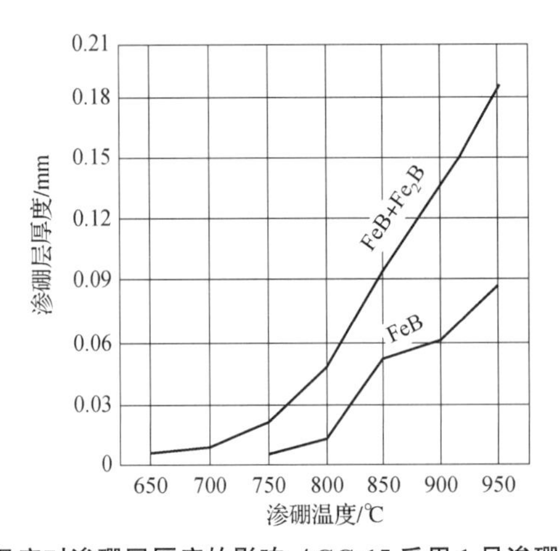

图 8.2 渗硼温度对渗硼层厚度的影响（GCr15 采用 1 号渗硼剂，保温 5 h）

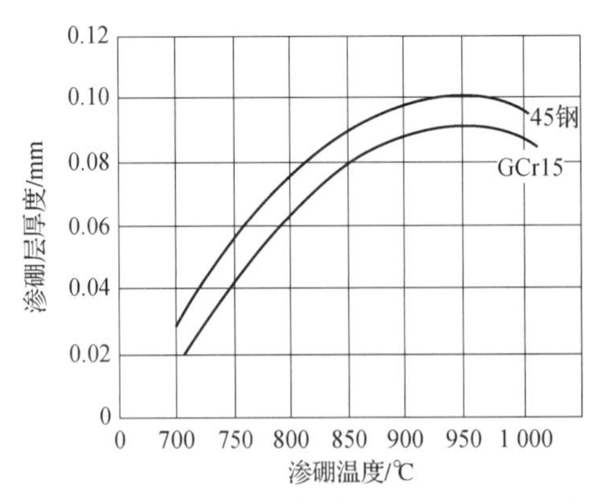

图 8.3 渗硼温度对渗硼层厚度的影响（采用 8 号渗硼剂，保温 5 h）

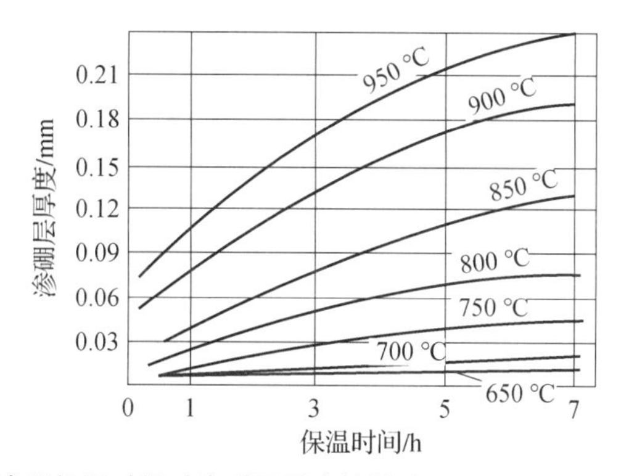

图 8.4　渗硼保温时间对渗硼层厚度的影响（45 钢采用 1 号渗硼剂）

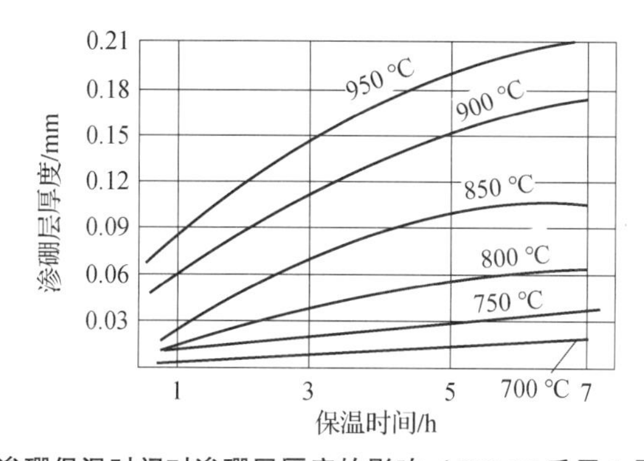

图 8.5　渗硼保温时间对渗硼层厚度的影响（GCr15 采用 1 号渗硼剂）

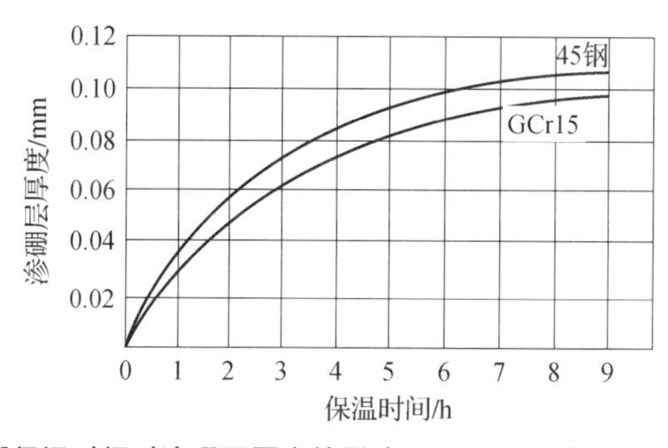

图 8.6　渗硼保温时间对渗硼层厚度的影响（采用 8 号渗硼剂，900 ℃渗硼）

8.2.1.3　渗硼后的冷却

工件经固体渗硼后，最好采用渗硼箱出炉空冷至 300～400 ℃以下，再开箱取出工件。这时渗硼件表面呈光洁的银灰色，而且低温开箱改善了工人的劳动条件，对环境的污染较小。对需要淬火及回火处理的渗硼件，为了简化工艺、节约能源，也可以在渗硼箱出炉后，立即开箱取出渗硼件进行直接淬火再回火处理。

但这样做，工人的劳动条件较差，废气对环境的污染较大。

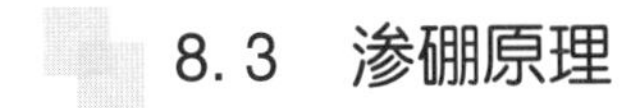

8.3 渗硼原理

8.3.1 化学反应

固体渗硼属于气态催化反应的气相渗硼。在高温下，供硼剂在活化剂的作用下形成气态硼化物，由于气态硼化物在钢铁工件表面不断化合与分解而释放活性硼原子，并不断地被零件吸附与扩散，其表面形成稳定的铁的硼化物层。可见，要搞清楚渗硼原理，首先应了解活化剂的作用原理。

8.3.1.1 氟硼酸钾的作用

氟硼酸钾具有很高的活性，它在530 ℃就会发生分解，直到800 ℃才分解完全。它分解出的气态和固态硼化物都是促进渗硼的重要物质，尤其是形成的气态BF_3，是提高渗硼剂活性和参与渗硼化学反应的最重要气体。在渗硼温度下，KBF_4分解过程如下：

$$KBF_4 \xrightarrow{>530\ ℃} KF + BF_3 \uparrow$$

BF_3在渗硼温度下会与硼铁或B_4C中因氧化而形成的B_2O_3发生强烈还原反应，生成低价的次氧化硼（B_2O_2），从而促进渗硼，即

$$2B_2O_3 + 2BF_3 = 3B_2O_2 + 3F_2 \uparrow$$

B_2O_2是极不稳定的氧化物，它会按下式进行分解并形成稳定的B_2O_3，同时释放活性硼原子，即

$$3B_2O_2 = 2B_2O_3 + 2[B]$$

由KBF_4分解出的KF还可以在氧的作用下和硼铁中的FeB进行下述化学反应，生成具有催化作用的BF_3，使渗硼剂保持一定的活性，为渗硼剂的重复使用提供了条件，即

$$6KF + 4FeB + 3SiC + 6O_2 = 2BF_3 + 2Fe_2B + 3K_2SiO_3 + 3CO$$

8.3.1.2 碳酸盐的作用

在固体渗硼化学反应中常常需要一定的氧化气氛，虽然渗硼箱中残存一部分

空气参与氧化反应，但因数量有限，难以在长时间渗硼过程中维持不变。为了不间断地提供一定量的氧化气氛，促进渗硼过程的连续进行，需要添加少量的碳酸盐。碳酸盐在高温下会发生分解，产生二氧化碳气体，它们的通式可写成

$$MCO_3 = MO + CO_2 \uparrow$$

二氧化碳可将硼铁中的硼、硼化铁和碳化硼氧化成 B_2O_3，加速渗硼过程。但是，碳酸盐不可加得过多，否则将阻碍渗硼的进行。

当以（NH_4)$_2CO_3$ 或 NH_4HCO_3 作活化剂时，其不仅可生成 CO_2 氧化气氛，而且分解出来的氨气（NH_3）在高温下仍可继续分解：

$$2NH_3 = N_2 + 3H_2$$

H_2 和渗硼剂中生成的 BF_3 在钢铁表面会发生下述化学反应而形成铁的硼化物：

$$2BF_3 + 3H_2 + 2Fe = 2FeB + 6HF$$

$$2BF_3 + 3H_2 + 4Fe = 2Fe_2B + 6HF$$

8.3.1.3 氯化盐的作用

在固体渗硼剂中，当使用氯化铵（NH_4Cl）作活化剂时，氯化铵在高温下会发生分解，即

$$NH_4Cl = NH_3 \uparrow + HCl \uparrow$$

HCl 和硼铁中的硼发生化学反应生成气态硼化物三氯化硼（BCl_3），即

$$2B + 6HCl = 2BCl_3 + 3H_2$$

BCl_3 与钢铁表面接触或与硼铁中的铁接触时，都会发生置换反应，析出硼原子，加速渗硼进程，即

$$BCl_3 + Fe = FeCl_3 + [B]$$

另外，BCl_3 与已形成的 Fe_2B 接触时，又会发生以下置换反应，使 Fe_2B 转变为 FeB，即

$$2BCl_3 + 5Fe_2B = 3FeCl_2 + 7FeB$$

由上式可见，当使用氯化盐作活化剂时，渗硼层不仅易形成双相，而且易形成孔洞和疏松层。这是因为 Fe_2B 的摩尔体积为 1.66×10^{-5} m^3/mol，FeB 的摩尔体积为 9.94×10^{-6} m^3/mol。当 Fe_2B 通过上式转变为 FeB 时，体积缩小 16.2%。

同时，反应产物中同时生成 $FeCl_2$，它的熔点为 677 ℃，而渗硼温度一般在 900 ℃以上，在此温度下 $FeCl_2$ 呈液态以至于挥发，冷却后渗硼层中形成孔洞。因此，当以 NH_4Cl 为活化剂时，要严格控制其加入量，一般加入 0.05% 左右较好，这时渗硼层中孔洞少，渗硼层致密性较好。

渗硼剂中加入硼铁和碳化硼为供硼剂时，其化学反应系统示意图如图 8.7 所示，前述反应式中产生的 B_2O_3 又能与 BF_3 和 SiC 反应产生 BF_2，而 BF_2 发生分解析出硼原子，如此周而复始地反应不停，向钢表面提供大量活性硼原子而实现渗硼。

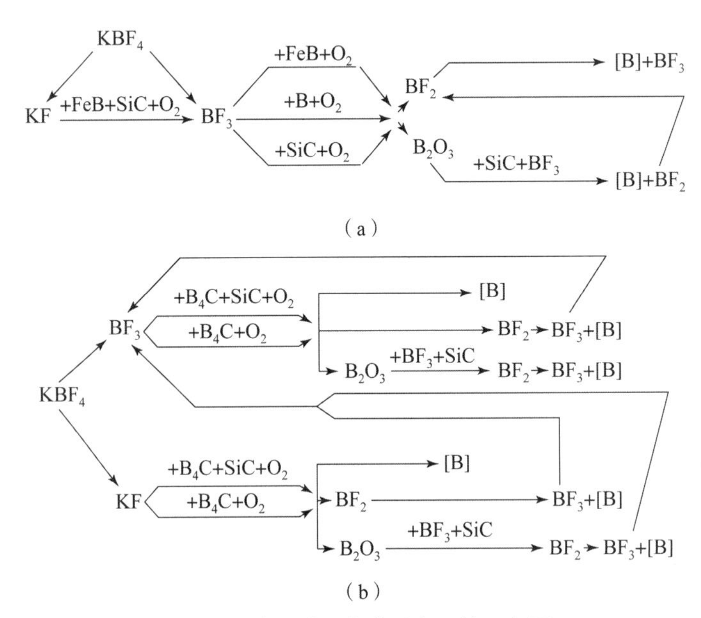

图 8.7 渗硼过程化学反应系统示意图

(a) B－Fe 型渗硼剂；(b) B_4C 型渗硼剂

8.3.2 渗硼层组织的生长及其变化

由于固体粉末法渗硼的渗硼剂是固态物质，而被渗金属又是完全处于渗硼剂中，因此被渗金属的所有表面均完全与固态粉末状的渗硼剂直接接触。与其他类似的化学热处理一样，渗硼剂中的硼原子以固态接触扩散的方式渗入金属表面。此外，大量试验证明，气态反应扩散的过渡方式也是另一种渗入途径。以氟硼酸钾为例，在高温下它很快按下式分解：

$$KBF_4 = KF + BF_3 \tag{8.1}$$

所得产物 BF_3 为被渗金属（如铁）吸附并发生置换反应，即

$$BF_3 + Fe \longrightarrow FeF_3 + [B] \tag{8.2}$$

置换反应所得到的新生硼原子与被渗金属化合，即

$$2Fe + [B] \longrightarrow Fe_2B \tag{8.3}$$

于是，通过式（8.1）、式（8.2）、式（8.3）的反应过程后，渗硼剂中的硼原子即渗入金属表面。

为了证实固体粉末中确实存在着气体反应扩散这一过渡方式，通过以下试验来验证：在渗硼罐中，将试样一部分插入粉末状渗硼剂中，其余部分则裸露在罐内的空间，并将渗硼罐严格密封；渗硼后分别对两部分渗硼层进行金相检测并互相对比。试验表明，当缸内的气氛具备足够的渗硼能力时，试样裸露部分的表面也形成了渗硼组织。

图 8.8、图 8.9 和表 8.5 为一组试验结果。图 8.8 为局部插入渗硼剂中渗硼的试样剖面宏观照片。图 8.9 为同一试样的插入部分［图 8.9（a）］及裸露部分［图 8.9（b）］的渗硼层组织。表 8.5 记录的是同一试样不同埋入（或露出）深（高）度渗硼层组织的金相检测结果。

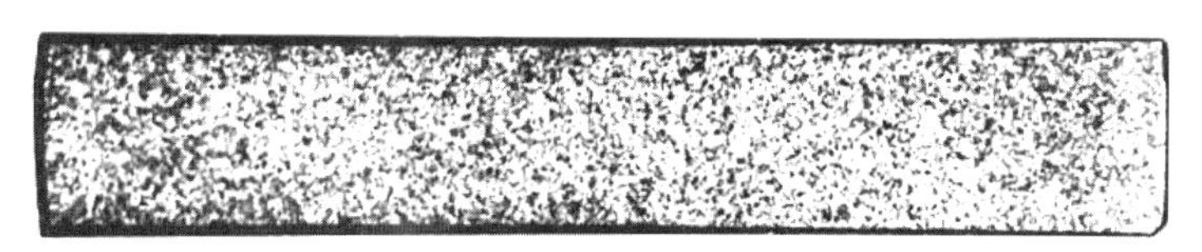

图 8.8　局部插入渗硼剂中渗硼的试样剖面宏观照片

（左边为插入部分，黑色边缘为表面渗硼层组织）

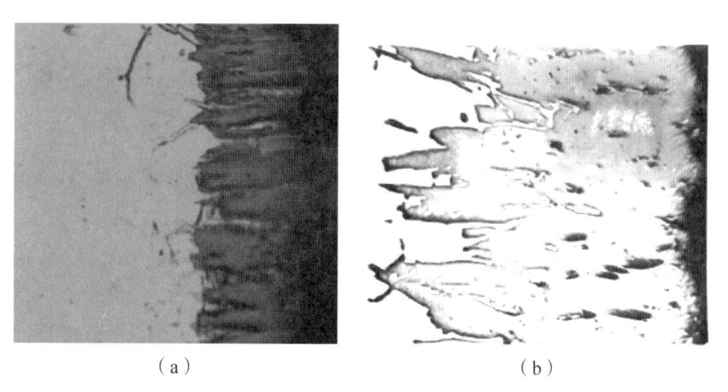

（a）　　（b）

图 8.9　局部插入渗硼剂中渗硼试件（20Ni3Mo）的渗硼层组织（250×）（染色基体未腐蚀）

（a）插入渗硼剂部分的渗硼层；（b）未插入渗硼剂部分的渗硼层

表8.5　同一试样不同埋入（或露出）深（高）度渗硼层组织的金相检测结果

埋入（或露出）深（高）度/mm	Fe_2B 相深度/mm				FeB 相深度/mm		
	晶尖深度		晶间接触深度		晶尖深度		晶间接触最小深度
	最大晶尖	最小晶尖	最小晶尖	最小深度	最大晶尖	最小晶尖	
-12	0.20	0.15	0.15	0.07	—	—	—
-10	0.22	0.15	0.15	0.09	—	—	—
-8	0.23	0.15	0.16	0.12	—	—	—
-6	0.26	0.16	0.18	0.12	—	—	—
-4	0.26	0.17	0.19	0.12	—	—	—
-2	0.26	0.19	0.19	0.14	—	—	—
0	0.27	0.24	0.22	0.16	0.04	0.02	孤立单齿
2	0.8	0.24	0.22	0.16	0.12	0.06	0.03
4	0.33	0.26	0.22	0.16	0.15	0.10	0.06
6	0.33	0.27	0.27	0.20	0.20	0.10	0.07
8	0.35	0.26	0.30	0.22	0.21	0.12	0.07
10	0.36	0.26	0.32	0.22	0.21	0.12	0.09
12	0.38	0.31	0.31	0.26	0.21	0.12	0.10

注：埋入（或露出）深（高）度：所测得渗硼层在渗硼时的位置与渗硼剂表面的间距，表面处为0，埋入距离为正，露出距离为负。Fe_2B 相深度是指距离试样表面的深度，其他表中亦如此。

从图8.8、图8.9及表8.5中可以看出：

①不管试样是否与固态粉末状的渗硼剂直接接触，整个试样的所有表面都具有一定深度的渗硼层。接触的表面可以认为是由存在固态接触扩散的过渡方式而造成的，而不接触的表面只能通过气体从渗硼剂中获得硼原子。由不接触的表面也存在渗硼层这一事实，只能认为固态粉末法渗硼确实存在气态反应扩散的过渡方式。

②插入渗硼剂的部分试样表面的渗硼层深，存在含量高的 FeB 相；裸露的那部分试样表面的渗硼层浅，不存在含硼量高的 FeB 相。显然，插入渗硼剂中的部

分试样表面硼的渗入能力要比裸露的部分试样表面强。由此可以推断：试样插入部分的表面附近具有更强的渗硼能力，显然是因为除了和裸露部分的表面一样存在气态扩散方式外，同时还存在固态接触扩散的过渡方式。此外，试样各部位上的渗硼能力是随着它的埋入深度不同而存在差别的，且随着埋入深度的增加，渗硼能力逐渐增加。然而到一定深度后，渗硼能力就不再增加。金属经过渗硼处理后，其表面得到的渗硼层中经常出现的相组织为 FeB、Fe_2B、$Fe_3(C,B)$，以及 α 或 γ 铁的固溶体，这些组织在含硼量和晶体结构类型上都是互不相同的。

关于渗硼层中相组织的形成过程，目前存在两种观点：一种认为渗硼层中的组织是随着各相含硼量的高低，由低向高依次转变而形成的，这里称为依次转变生长理论；另一种则认为各相同时成核，而渗硼时渗硼能力的强弱则影响各相晶核的成长，由此可称为同时成核生长理论。

许多试验证明，渗硼层的相组织的形成符合同时成核生长理论。分析渗硼时间对渗硼层的影响也可以证实前述论点。依据依次转变生长理论，短时间的渗硼层应该只存在含硼量低的 α 或 γ 相，到一定时间后，部分 γ 相才转变成含硼量较高的 Fe_2B，再过一段时间后，Fe_2B 相才转变成含硼量高的 FeB 相，因而时间不长的试样的渗硼层应该只存在低硼相，间或有次高硼相。但是不应该有高硼相，只有经过一定时间后，渗硼层中才会是低硼相、次高硼相、高硼相同时存在。

然而，查看表 8.6 中的数据，结果并非如此，即在经过较短时间后，渗硼层中已存在 FeB 相和 Fe_2B 相。此外，依次转变生长理论没有说明渗硼能力的影响，因而它无法解释只出现 FeB 相的渗硼层或只出现 Fe_2B 相的渗硼层，以及不出现硼化物层的渗硼层生长等事实。

表 8.6　同一渗罐同时装入、不同时间取出试件的渗硼层的金相检测结果

渗硼时间/h	Fe_2B 相深度/mm			FeB 相最大晶尖深度/mm
	最大晶尖	最小晶尖	晶间接触最小深度	
2.5	0.14	0.09	0.08	0.03
4.5	0.17	0.10	0.04	0.02
6.5	0.24	0.13	0.08	0.06

续表

渗硼时间/h	Fe_2B 相深度/mm			FeB 相最大晶尖深度/mm
	最大晶尖	最小晶尖	晶间接触最小深度	
8.5	0.28	0.16	0.10	0.05
10.5	0.32	0.16	0.10	0.08
12.5	0.33	0.16	0.08	0.02
14.5	0.36	0.16	0.08	—
16.5	0.37	0.18	0.10	—
18.5	0.38	0.20	0.08	—
20.5	0.41	0.20	0.10	—
22.5	0.44	0.20	0.10	—
24.5	0.46	0.18	0.10	—
26.5	0.46	0.18	0.10	—

以仅出现 Fe_2B 相的渗硼层为例，渗硼过程初期的渗硼层存在 Fe_2B 相或同时还存在少量的 FeB 相，但最终的渗硼层并不存在 FeB 相，而是只存在单一的 Fe_2B 相。这用依次转变生长理论是难以解释的。如果采用同时成核生长理论来解释，生成单一 Fe_2B 相的渗硼层应该如下所述：渗硼过程一开始，过渡到被渗金属表面的硼原子一部分在铁的 α 相中固溶扩散，另一部分硼原子立即在被渗金属表面同时形成 Fe_2B、FeB 晶核。

根据硼原子的过渡速度和硼在 α 相中的固溶扩散速度差值的大小对 Fe_2B 相和 FeB 相生长的有利与否判断，有利者则迅速长大，不利者则长大缓慢或不增长。在固体粉末法渗硼过程中，渗硼能力是逐渐下降的。若开始时就存在只有利于 Fe_2B 相生长的硼原子过渡速度，则在时间增长的过程中，绝不会变得有利于 FeB 相生长。反之，若开始时存在最利于 Fe_2B 相生长而不十分有利于 FeB 相生长的硼原子过渡速度，那么在时间增长的过程中，随着渗硼剂渗硼能力的下降，硼原子的过渡速度变得只有利于 Fe_2B 相的生长而不利于 FeB 相的生长，且已生成的 FeB 相也要发生变化而变成 Fe_2B 相。这一为大量试验所证实的推论显然用同时成核生长理论可以圆满地解释，从而也为获得单一 Fe_2B 相的渗硼层的成功实践提供了正确的解释。

渗硼时，一定的渗硼能力会得到一定类型的渗硼层，而各种类型渗硼层的基本差别就在于它的硼化物相中 FeB 和 Fe_2B 在渗硼层中所占的比例不同。

在渗硼过程中，当渗硼能力发生变化后，渗硼层的相组织也会发生变化，即硼化物相 FeB 和 Fe_2B 可以互相转变。通过以下试验可证实这一点：当用渗硼层只存在单一 Fe_2B 相的试样再经渗硼能力很强的渗硼剂进行第二次渗硼时，渗硼层中一定会出现 FeB 组织。这说明 Fe_2B 相在渗硼能力变强后，可以变成 FeB 相。同理，当用渗硼层中存在双相的试样再经渗硼能力较低的渗硼剂第二次渗硼时，渗硼层中的 FeB 相一定会减少，直至全部消失。

此外，还可以采用高温真空扩散退火处理的方法，把具有双相渗硼层试样的渗硼层中的 FeB 消除而转变成 Fe_2B。由此可以看出，渗硼层中的 FeB 相在渗硼能力变弱时是完全可以转变成 Fe_2B 相的。固体粉末的渗硼能力是逐渐下降的，当它的渗硼能力下降到一定程度并经过一定时间后，其渗硼层中的相组织也会发生变化。从表 8.6 中可以看到，在某配方渗硼过程中，初期的渗硼层中存在 FeB 相，然而经过 14 h，甚至更长时间后，FeB 相完全消失而变成单一的 Fe_2B 相渗硼层。

由上面渗硼层组织的形成、生长及其变化可以得到以下结论：一是固体粉末法渗硼的硼原子是以固态接触扩散和气态反应扩散两种过渡方式从固体粉末渗硼剂过渡到被渗金属表面的；二是在渗硼过程开始时，过渡到被渗金属表面的硼原子立刻与被渗金属同时形成各种含硼相组织的晶核；三是根据渗硼能力的大小，视其对各种类型晶核生长的有利与否的程度，各类型晶核依不同的生长速度生长；四是在渗硼过程中，固体粉末法渗硼的渗硼能力逐渐下降，各种相组织的生长速度也在逐渐改变，且随着渗硼能力的下降，高硼相的生长有利条件变差，故生长速度也逐渐降低，以至于出现“负”值，它们的生长过程也就逐渐停滞下来直至消失。因此，渗硼层的组织取决于对渗硼进程的控制。

8.3.3　获得单相渗硼层的可能途径

要想使渗硼工艺得到广泛应用，探讨获得单一 Fe_2B 相的渗硼层的可能途径便成了渗硼研究工作中的一项重要任务。基于固体粉末法渗硼过程中渗硼能力的变化和渗硼层组织的形成、生长及变化试验，当采用固体粉末法渗硼工艺时，恰当地选择渗硼工艺参数，并配制合适的渗硼剂，就可使机械零件经过渗硼处理后，其工作表面得到的是单一 Fe_2B 相的渗硼层。

获得单一 Fe_2B 相渗硼组织的可能途径有以下两种：

①使整个渗硼过程由始至终只有 Fe_2B 相的形成与长大；

②渗硼过程的起始和中途在渗硼层中可以存在一定数量的 FeB 相，然而在过程终了时，一定要使 FeB 相完全转变成 Fe_2B 相。

显然，如果在整个渗硼过程中，它的渗硼能力都只利于 Fe_2B 相的生长而不利于 FeB 相的生长，那么在渗硼过程终了时，被渗金属表面的渗硼层必然会是单一的 Fe_2B 相组织。固体粉末法渗硼的渗硼能力具有随时间增加而逐步下降的特征。因此，只要它初期的渗硼能力只利于 Fe_2B 相的生长而不至于生成 FeB 相，那么后期的渗硼能力绝对不会超过初期的渗硼能力，其渗硼层中是绝不会生成 FeB 相的。因此，只要保证初期的渗硼能力不出现双相硼化物，这样的固体粉末法渗硼工艺就有可能获得单一 Fe_2B 相的渗硼层。需要注意的是，不能使选择的渗硼工艺在渗硼过程后期的渗硼能力低到不利于 Fe_2B 相的生长，而有利于 B 在 α 铁中固溶的程度，否则在最表层会出现硬度很低的脱硼组织，这就会使渗硼层所具有的良好耐磨性完全丧失。表 8.7 和图 8.10 列举了在整个渗硼过程中渗硼能力都保持着只形成单一 Fe_2B 相组织的固体粉末法渗硼时，几种钢种的试验数据和各钢种的渗硼层显微组织。从表中的数据和相应的显微组织可以看出，渗硼过程进行到 1 h 时，渗硼层是单一的 Fe_2B 相组织，这说明试验中所用的渗硼工艺在渗硼过程的初期有利于单一 Fe_2B 相组织的形成；当渗硼过程进行到 8 h 后，常见的几种钢种的单一 Fe_2B 相的渗硼层，其晶尖深度均已达 0. 16 mm 以上。

表 8.7　全过程的渗硼能力只形成单一 Fe_2B 相的试验数据

序号	试样材质	Fe_2B 相深度/mm			Fe_2B 相最大晶尖深度/mm
		最大晶尖	最小晶尖	晶间接触最小深度	
1	20Ni3Mo 渗碳	0. 06	0. 045	0. 02	—
2	20CrNiMo 渗碳	0. 06	0. 04	0. 02	极个别处有孤立单晶 0. 01
3	A3	0. 26	0. 12	0. 06	—

续表

序号	试样材质	Fe_2B 相深度/mm			Fe_2B 相最大晶尖深度/mm
		最大晶尖	最小晶尖	晶间接触最小深度	
4	20	0.22	0.14	0.06	—
5	45	0.20	0.12	0.05	—
6	T8	0.156	0.12	0.06	—
7	T10	0.16	0.10	0.04	—
8	40Cr	0.20	0.08	0.05	—
9	65Mn	0.18	0.10	0.04	—
10	GCr15	0.162	0.104	0.05	—
11	20Ni3Mo 渗碳	0.16	0.08	0.028	—
12	20CrNiMo 渗碳	0.16	0.10	0.06	—

注：序号 1、2 两组数据为渗硼 1 h 试验结果的检测数据，列在表中以说明本渗硼工艺过程初期的渗硼能力大小；其余各组试样的渗硼时间都是 8 h。

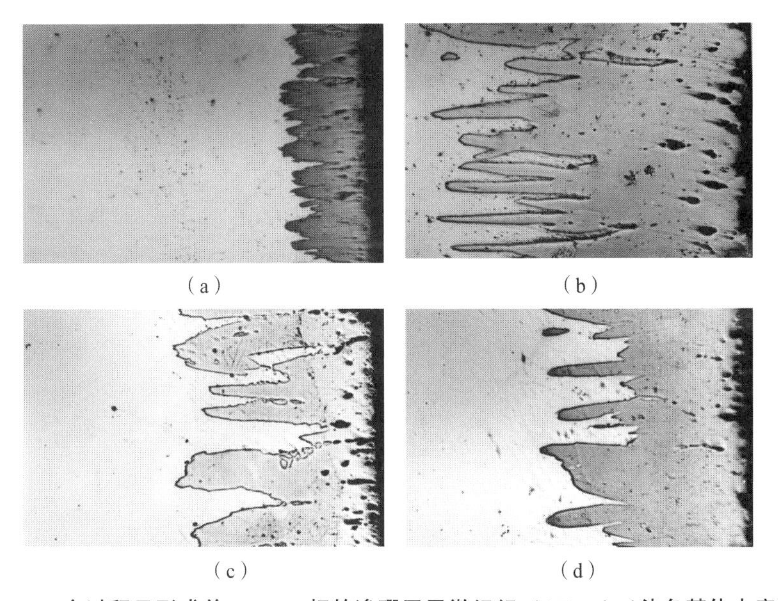

（a）　（b）

（c）　（d）

图 8.10　全过程只形成单一 Fe_2B 相的渗硼层显微组织（250×）（染色基体未腐蚀）

（a）20Ni3Mo 渗碳，保温时间 1 h；（b）A3，保温时间 8 h；

（c）GCr15，保温时间 8 h；（d）20Ni3Mo 渗碳，保温时间 8 h

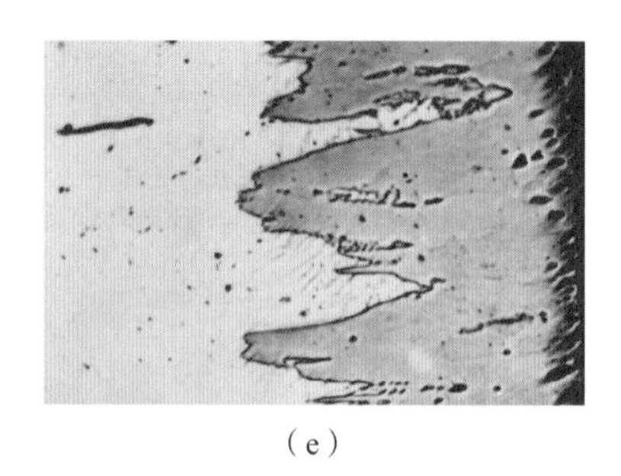

（e）

图 8.10　全过程只形成单一 Fe_2B 相的渗硼层显微组织（250×）（染色基体未腐蚀）（续）

（e）20CrNiMo 渗碳，保温时间 8 h

在固体粉末法渗硼过程中，如果初期的渗硼层中存在 FeB 相，那么在渗硼过程中，随着时间的增加，渗硼能力逐渐下降，FeB 相也就发生长大→停止→收缩的变化。当渗硼过程进行到一定程度后，FeB 相会完全消失，从而使处理的零件渗硼层是单一 Fe_2B 相组织，如图 8.11 和表 8.8 所示。因此，获得单一 Fe_2B 相渗硼层的第二种可能途径的处理方法为选择合理的渗硼工艺参数，使渗硼过程初期渗硼层中存在的 FeB 相能够在渗硼过程终了时全部消失，从而使终了的渗硼层是单一 Fe_2B 相组织。这种渗硼工艺的渗硼过程初期渗硼能力比较强（硼化能大于 8.83% B），渗硼层中出现了 FeB 相。然而，在渗硼过程进行一段时间后，渗硼能力减弱，几种常用的钢种都获得了单一的 Fe_2B 相渗硼层。同样，使用这种可能途径进行固体粉末法渗硼时，既要注意使工艺参数保证渗硼过程终了时渗硼层中初期形成的 FeB 相全部消失，同时也要注意不要使渗硼过程过长，渗硼能力下降得过低而在表面层出现硬度不高的软组织。

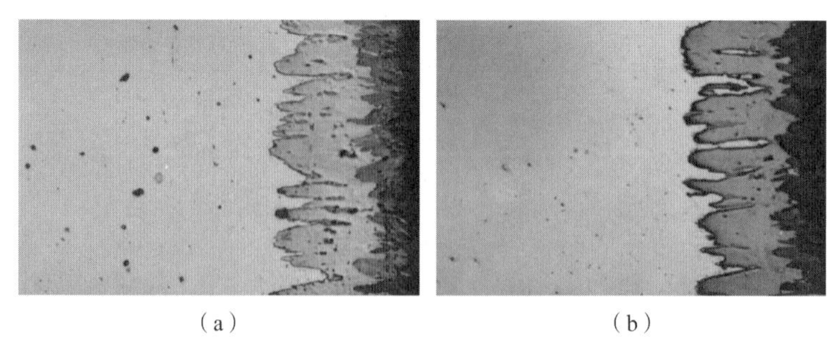

（a）　　　　　　　　　　　　（b）

图 8.11　存在 FeB 相向 Fe_2B 相转变的获得单相渗硼层的渗硼层显微组织（250×）（染色基体未腐蚀）

（a）20Ni3Mo 渗碳，保温时间 1.5 h；（b）20CrNiMo 渗碳，保温时间 1.5 h

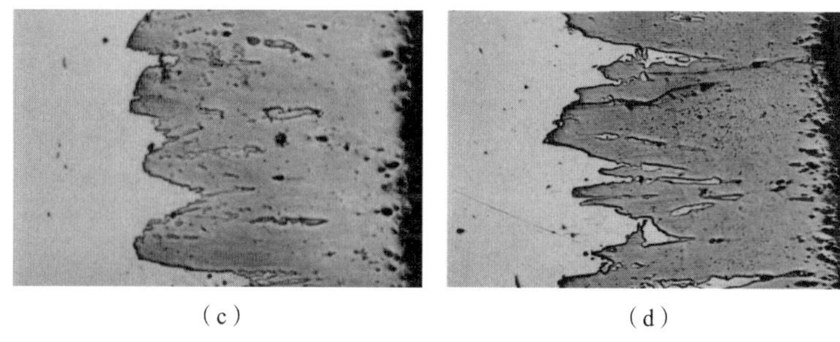

（c）　　　　　　　　　　　（d）

图 8.11　存在 FeB 相向 Fe_2B 相转变的获得单相渗硼层的渗硼层显微组织（250×）（染色基体未腐蚀）（续）

（c）20Ni3Mo 渗碳，保温时间 10 h；（d）20CrNiMo 渗碳，保温时间 10 h

表 8.8　渗硼过程中存在 FeB 相向 Fe_2B 相转变的获得单一 Fe_2B 相渗硼层的试验数据

序号	试样材质	Fe_2B 相深度/mm			Fe_2B 相最大晶尖深度/mm
		最大晶尖	最小晶尖	晶间接触最小深度	
1	20Ni3Mo 渗碳	0.09	0.07	0.035	0.04
2	20CrNiMo 渗碳	0.09	0.06	0.035	0.04
3	A3	0.28	0.13	0.07	—
4	20	0.29	0.15	0.07	—
5	45	0.23	0.17	0.08	—
6	T8	0.22	0.14	0.10	—
7	T10	0.20	0.12	0.08	—
8	40Cr	0.24	0.19	0.07	—
9	65Mn	0.16	0.09	0.05	—
10	GCr15	0.16	0.12	0.04	—
11	20Ni3Mo 渗碳	0.19	0.13	0.07	—
12	20CrNiMo 渗碳	0.19	0.12	0.08	—

注：序号 1、2 两组数据为渗硼 1.5 h 的试验结果；其余各组试样的渗硼时间均为 10 h。

上面所述是一次性固体粉末法渗硼获得单一 Fe_2B 相渗硼层的两种可能途径。复合处理法也可以利用渗硼能力的变化，从而使渗硼层中的相组织发生变化，获得单一 Fe_2B 相。这样的可能途径也有以下两种。

①两次渗硼法。这是一种人为造成渗硼能力发生明显改变的两段渗硼法。首先，用一种渗硼能力比较强的渗硼工艺使被渗零件表面获得一层双相渗硼层。其次，再用渗硼能力比较弱的渗硼工艺对被渗零件进行第二次渗硼处理。这样，被渗零件表面初次渗硼的渗硼层中存在的 FeB 相在第二次渗硼过程中经过一段时间后就会完全消失，最终被渗零件表面就是单一 Fe_2B 相的渗硼层。这种方法的条件是第二次渗硼时渗硼能力必须十分低，否则就不会发生 FeB 相向 Fe_2B 相的转变。尽管第二次渗硼的渗硼能力已经比初次低了很多，然而渗硼层中最初形成的 FeB 相要经过一段时间后才能完全消失。从这一点上也可以说明，FeB 相向 Fe_2B 相的转变是一个逐渐变化的过程。图 8.12 所示为 20Ni3Mo 渗碳试样两次渗硼法的渗硼层显微组织。表 8.9 所示为两次渗硼法获得的单相渗硼层试验数据。

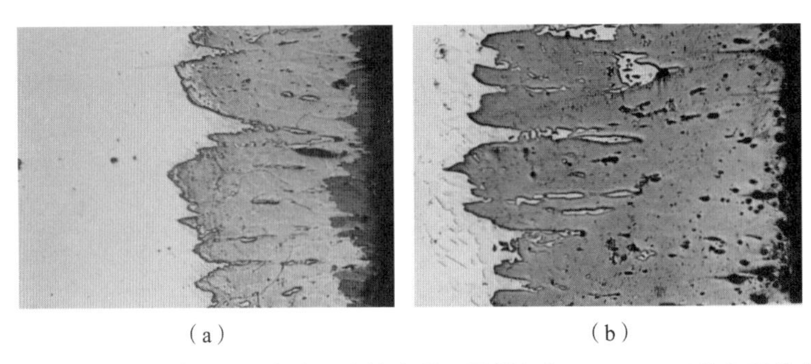

（a）　　　　　　　　（b）

图 8.12　20Ni3Mo 渗碳试样两次渗硼法的渗硼层显微组织（250×）（染色基体未腐蚀）

（a）第一次渗硼 4 h；（b）第二次渗硼 8 h

表 8.9　两次渗硼法获得的单相渗硼层试验数据

渗硼阶段	渗硼剂配方/%			渗硼温度/℃	渗硼时间/h	Fe_2B 相深度/mm			Fe_2B 相最大晶尖深度/mm
	SiC	$NaAlF_4$	B_4O			最大晶尖	最小晶尖	晶间接触最小深度	
第一次	94	3	3	950	4	0.14	0.08	—	0.06
第二次	98	0.5	1.5	950	3	0.18	0.10	—	0.07
					5.5	0.21	0.14	0.07	个别孤立晶尖 0.04
					8	0.24	0.14	0.10	—
					10	0.26	—	—	—

②真空扩散法。在两次渗硼法中，把第二次渗硼时的渗硼能力调整得越低，那么第一次渗硼时渗硼层中的 FeB 相消失得也越快。如果把渗硼能力降低到零，那么就得到了使渗硼层中的 FeB 消失得最快的消失速度。高温真空条件可以认为是一种渗硼能力为零的状况，用它来对已经获得双相渗硼层的零件进行再处理，就可以在最短的时间内使双相渗硼层变成单一 Fe_2B 相的渗硼层。由此可知，真空扩散法其实只不过是一个再扩散相变过程，此时渗硼能力为零。图 8.13 所示为先渗硼后真空扩散法处理的渗硼层显微组织。表 8.10 所示为具有双相的渗硼层经真空扩散法处理后的金相检测数据。由此可见，真空扩散法可以获得单一 Fe_2B 相渗硼层，且真空扩散法比一般的两次渗硼法缩短了渗硼时间。

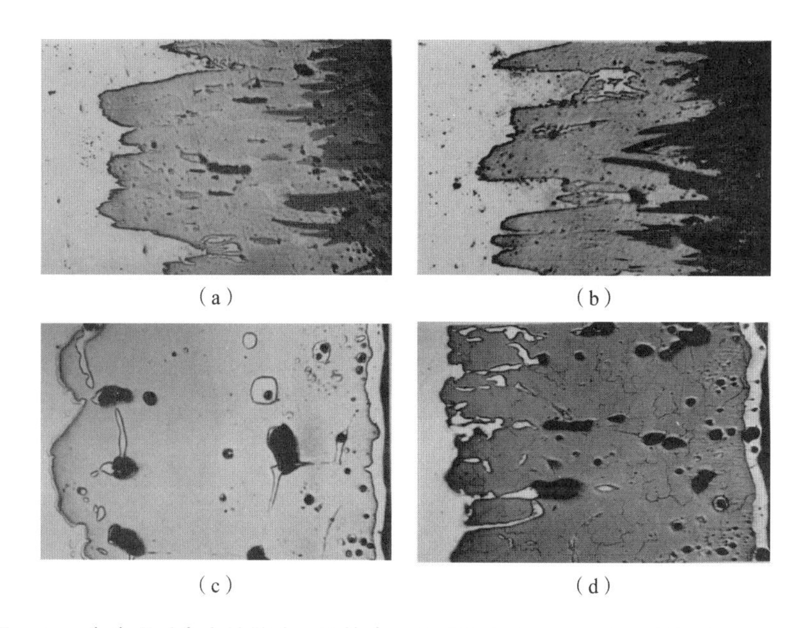

图 8.13　先渗硼后真空扩散法处理的渗硼层显微组织（250×）（染色基体未腐蚀）

（a）20Ni3Mo 渗碳后仅渗硼处理；（b）20CrNiMo 渗碳后仅渗硼处理；

（c）20Ni3Mo 渗碳后渗硼处理后，再经 1 050 ℃真空扩散法处理；

（d）20CrNiMo 渗碳后渗硼处理后，再经 1 050 ℃真空扩散法处理

表 8. 10　具有双相的渗硼层经真空扩散法处理后的金相检测数据

试验编号	试样编号	材质	处理次数	处理工艺	硼化物层				表层孔洞	$Fe_3(C,B)$相的形状及分布	备注
					硼化物相	最深齿尖（距表面）/mm	最浅齿尖（距表面）/mm	晶间接触区的最小深度/mm			
1	4117	20Ni3Mo 渗碳	1	固体渗硼	Fe_2B	0. 22	0. 16	0. 10	有	呈须块状，在晶间处	—
					FeB	0. 12	0. 08	—			
			2	再经 1 050 ℃ 3 h 真空扩散法处理	Fe_2B	0. 28	0. 21	0. 18	有，在晶间处大而集中	呈须块状，在晶间处	最表层有不连续的脱硼组织
2	8117	20CrNiMo 渗碳	1	固体渗硼	Fe_2B	0. 22	0. 14	0. 10	有，较多	呈须块状，在晶间处	—
					FeB	0. 12	0. 06	—			
			2	再经 1 050 ℃ 3 h 真空扩散法处理	Fe_2B	0. 24	0. 24	0. 16	有，明显增大	呈须块状，在晶间处	—
					FeB	—	—	—			

续表

试验编号	试样编号	材质	处理次数	处理工艺	硼化物层				表层孔洞	$Fe_3(C,B)$相的形状及分布	备注
					硼化物相	最深齿尖（距表面）/mm	最浅齿尖（距表面）/mm	晶间接触区的最浅深度/mm			
3	4115	20Ni3Mo 渗碳	1	固体渗硼	Fe_2B	0.192	0.10	0.04	有	—	—
					FeB	0.06	—	—			
			2	再经 950 ℃ 2 h 真空扩散法处理	Fe_2B	0.22	0.14	0.06	较多	呈点块状、须块状，在晶间处	—
4	8113	20CrNiMo 渗碳	1	固体渗硼	Fe_2B	0.192	—	0.08	有，较多	—	—
					FeB	0.09	0.07	—			
			2	再经 950 ℃ 2 h 真空扩散法处理	Fe_2B	0.22	0.144	—	多	—	—
					FeB	—	—	—			

第9章 固体膏剂渗硼

固体膏剂渗硼是在固体粉末渗硼的基础上发展起来的。它是将粉末渗硼剂加上黏结剂制成膏状，涂在需要渗硼的工件表面上，将工件装入渗硼箱中，并用木炭或者置于感应器中（工件无须装箱）进行感应加热渗硼的一种工艺方法。

9.1 渗硼膏剂的配比与制备

渗硼膏剂是由供硼剂和活化剂组成，并用黏结剂制膏。常用渗硼膏剂成分与配比如表9.1所示。

表9.1 常用渗硼膏剂成分与配比

种类	名称	分子式	技术条件	配比/%
供硼剂	碳化硼	B_4C	工业纯，≥150目	10~70
活化剂	冰晶石	Na_3AlF_6	工业纯，粉状	10~50
	氟化钙	CaF_2	工业纯，粉状	40~80

表中所列配比是在一个比较宽的范围内，且在此范围内均可实现渗硼，但具体配比要综合考虑采用的加热条件、渗硼工件用材等因素来确定。膏剂常用配方与渗硼效果如表9.2所示。

表9.2　膏剂常用配方与渗硼效果

编号	配方	渗硼工艺		厚度/mm	钢号
		温度/℃	时间/h		
1	70% B_4C +30% Na_3AlF_6	950	4	0.14	20
2	60% B_4C +40% Na_3AlF_6	950	4	0.12	20
3	50% B_4C +50% Na_3AlF_6	950	4	0.10	T10
4	10% B_4C +10% Na_3AlF_6 +80% CaF_2	930	4	0.11	45
5	50% B_4C +35% CaF_2 +15% Na_2SiF_6	950	4	≥0.1	45
6	50% B_4C +25% CaF_2 +25% Na_2SiF_6	950	4	≥0.1	45

膏剂的制作方法：按选用渗硼剂的含量比例称重配料后，再进行充分混料与研细，然后加入黏结剂制成膏糊。常用的黏结剂有松香（30%）-酒精（70%）溶液、文具胶水、聚乙烯醇水溶液和硅酸乙酯水溶液等。

膏剂的涂敷方法：在渗硼件去锈除油清洗干净后，将膏剂手工涂于其表面，并用手压实使其贴紧工件。涂层厚度为1～2 mm，经自然干燥或在≤150 ℃的烘箱中烘干后便可装箱。

渗硼箱内先铺垫一层厚20～30 mm经预先充分焙烧的三氧化二铝，再将渗硼件轻轻放入箱内，用三氧化二铝将箱填满，盖上箱盖，并用水玻璃调制的耐火土或黄土泥将缝隙密封，然后装入已升温至渗硼温度的箱式电炉中进行渗硼。

9.2　渗硼工艺参数

膏剂渗硼常用温度为930～950 ℃，保温时间为3～6 h。渗硼温度过高或保温时间过长，生产连续FeB相越多，渗硼层脆性增大；渗硼温度过低或保温时间过短，则渗硼层过薄而无实用价值。渗硼温度及保温时间对渗硼层厚度的影响如表9.3、图9.1和图9.2所示。

表 9.3　渗硼温度与保温时间对渗硼层厚度的影响

渗硼温度/℃	保温时间/h	渗硼层厚度/mm			
		20 钢		T8 钢	
		1 号配方	2 号配方	1 号配方	2 号配方
950	2	0.12	0.09	0.08	0.06
	4	0.14	0.12	0.12	0.10
	6	0.17	0.14	0.15	0.13
	8	0.18	0.17	0.17	0.15
900	4	0.11	0.09	0.08	0.07
1 000	4	0.16	0.13	0.12	0.11
1 100	4	0.25	0.20	0.18	0.17

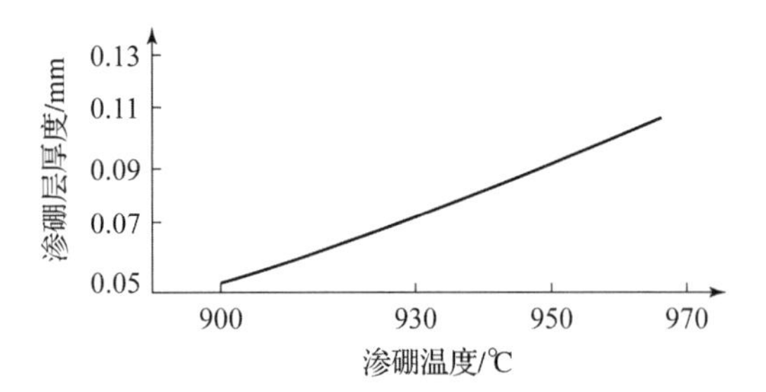

图 9.1　渗硼温度对渗硼层厚度的影响

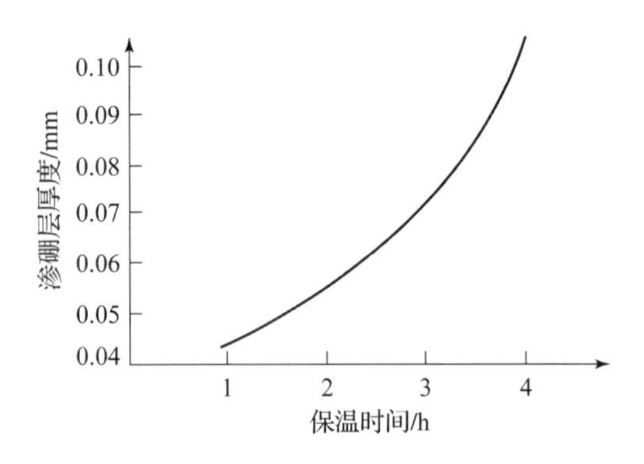

图 9.2　保温时间对渗硼层厚度的影响

9.3　渗硼件的局部防护

固体膏剂渗硼可用作局部渗硼，成本较低；固体粉末渗硼都用作整体渗硼，但不需要渗硼的部位可进行局部防护。防渗涂料可用 Cr_2O_3 并用水玻璃调成糊状，涂于无须渗硼部位。这种方法防渗硼效果好，工艺简单，成本低廉。

Cr_2O_3 之所以能有效防止渗硼，其主要原因是其与活性硼原子发生以下化学反应，消除了硼原子进入防渗硼层：

$$Cr_2O_3 + 4[B] = 2CrB + B_2O_3$$

9.4　无保护固体膏剂渗硼

渗硼技术在国内外已广泛用于机械制造、工模具、石油化工等各个领域，但目前所采用的渗硼方法均为装箱保护的固体粉末渗硼或固体膏剂渗硼。此类方法存在工艺较复杂、浪费能源等问题。为了简化渗硼工艺，节约能源，降低渗硼成本，开展了本节的研究工作，为渗硼技术应用创新思路。

9.4.1　渗硼膏剂的研究

为寻求不装箱的无保护膏剂，作者参考国内外渗硼文献，并根据本单位近十年的研究经验，选定了采用膏剂无保护渗硼工艺。

渗硼膏剂的主要成分：供硼剂选择含硼量高、易采购的碳化硼；活化剂选用价廉的氟铝酸钠、氟硅酸钠、硼酐和氟硼酸钾、硼砂等；黏结剂选用硅酸钾、硅酸钠及纤维素等复合剂。

渗硼膏剂应具有以下性能：

①无毒，易涂敷，干后有一定强度；

②在高温下不崩不裂，不流化；

③活性好，能在较短的时间内产生较高的硼势；

④在高温下对工件无腐蚀、无氧化作用；

⑤渗硼后残膏易脱落和清洗。

9.4.2 渗硼工艺

无保护渗硼膏剂涂于试样表面，涂层厚度为 2 ~ 3 mm，经 150 ~ 200 ℃烘干后，直接放入加热到渗硼温度的空气电炉中进行渗硼。

9.4.2.1 渗硼温度对渗硼层厚度的影响

渗硼温度为 890 ~ 950 ℃，渗硼时间为 3 h，渗硼材料为 40Cr 钢，其试验结果如表 9.4 所示。

表 9.4 40Cr 钢渗硼温度与渗硼层厚度关系

渗硼温度/℃	870	890	910	930	950
渗硼层厚度/mm	0	0.02	0.06	0.12	0.15

由表 9.4 可以看出，930 ℃渗硼速度快，超过 930 ℃渗硼层厚度增加减慢。合适的渗硼温度为 930 ~ 950 ℃。

9.4.2.2 渗硼、保温时间对渗硼层厚度的影响

渗硼材料为 40Cr 钢，渗硼温度为 930 ℃，渗硼、保温时间为 1 ~ 5 h，其试验结果如表 9.5 所示。由表可见，渗硼速度较有保护的快，每小时≥0.03 mm，一般保温 3 h 即可达到 0.1 mm 以上。

表 9.5 40Cr 钢渗硼、保温时间与渗硼层厚度关系

渗硼、保温时间/h	1	2	3	4	5
渗硼层厚度/mm	0.03	0.06	0.10	0.12	0.13

9.4.2.3 渗硼膏剂的脱落性能

为了使此工艺达到实用性，对渗硼后残膏脱落性能进行试验，以便寻求一种渗硼速度快、残膏易清除的渗硼膏剂，为此做了以下两种试验。

1. 渗硼膏剂成分对残膏脱落性能的影响

渗硼膏剂在渗硼过程中会形成低熔点的化合物，如 KF、B_2O_3 等，易和工件黏合在一起，去除困难。为了解决此问题，只能向渗硼膏剂中加入难熔的 Al_2O_3、SiC、碳粉等添加剂，试验结果如表 9.6 所示。试验条件是 930 ℃，渗硼 3 h。由

表 9.6 可见，随着添加剂增加而渗硼层厚度减薄，残膏脱落性能则较好。因此，添加一定量的添加剂，对改善其工艺有好处。

表 9.6　膏剂成分对残膏脱落性能的影响

序号	添加剂含量/%	渗硼层厚度/mm	残膏脱落性能
1	0	0.15	差，需锤击才脱落
2	10	0.13	差，需锤击才脱落
3	20	0.10	较好，轻击即落
4	30	0.08	较好，轻击即落

2. 渗硼后的冷却方法对残膏脱落性能的影响

试样同样采用 930 ℃渗硼 3 h，然后以空冷、油冷、水冷方法检测残膏脱落性能。渗硼膏剂采用含 20% 添加剂的配方，涂层厚度为 2 mm。由表 9.7 可见，无保护固体膏剂渗硼后，以水冷的残膏脱落性能最好，因此无保护固体膏剂渗硼特别适合碳钢、低合金钢渗硼后直接淬火的工件，不仅渗硼速度快，而且残膏可以自行脱落。即使对需要油淬的工件，最后以采用水淬油冷的双液淬火法为妥。

表 9.7　冷却方法对残膏脱落性能的影响

序号	渗硼层厚度/mm	冷却方法	残膏脱落性能
1	0.10	空冷	较差
2	0.10	油冷	较好
3	0.10	水冷	完全脱落

9.4.3　渗硼组织性能

经无保护固体膏剂渗硼后，可以获得与其他渗硼方法相同的渗硼组织，只是获得硼化物类型受渗硼膏剂成分、工艺参数的影响。

9.4.3.1　渗硼膏剂成分对渗硼组织性能的影响

渗硼膏剂成分的供硼剂比例越大，而添加剂的量减少时，硼化物中出现的 FeB 量增加，试验结果如表 9.8 所示。由表 9.8 可以看出，对于 40Cr 等中碳低合金钢，有单相渗硼膏剂与双相渗硼膏剂两个品种。

表 9.8 渗硼膏剂成分对渗硼组织性能的影响

编号	供硼剂含量/%	渗硼层厚度/mm	组织	硬度 $HV_{0.1}$
PG－1	50	0.15	$FeB + Fe_2B$	1 630～2 100
PG－2	45	0.13	$FeB + Fe_2B$	1 630～2 100
PG－3	40	0.11	Fe_2B	1 570
PG－4	35	0.09	Fe_2B	1 420
PG－5	30	0.07	Fe_2B	1 420

9.4.3.2 渗硼温度对渗硼组织性能的影响

为了确定渗硼温度对渗硼组织的影响，本研究选用了渗硼温度为 870～950 ℃，间隔为 20 ℃的渗硼试验，试验结果列于表 9.9。由表 9.9 可知，在 890～930 ℃温度范围内，40Cr 钢均获得单相 Fe_2B（渗硼膏剂为 PG－3），在 950 ℃时有少量 FeB 出现。

表 9.9 渗硼温度对渗硼组织性能的影响

编号	渗硼温度/℃	渗硼层厚度/mm	组织	硬度 $HV_{0.1}$
1	870	0	无硼化物	—
2	890	0.02	Fe_2B	1 310
3	910	0.06	Fe_2B	1 610
4	930	0.12	Fe_2B	1 630
5	950	0.15	$FeB + Fe_2B$	1 530～2 100

9.4.3.3 渗硼保温时间对渗硼组织性能的影响

渗硼膏剂仍采用 PG－3，渗硼温度为 930 ℃，渗硼保温时间为 1～5 h，试验结果如表 9.10 所示。由表 9.10 可见，渗硼保温时间 1～3 h 获得 Fe_2B 单相，大于 4 h 获得 $FeB + Fe_2B$ 双相。无保护固体膏剂渗硼可以在短时间内获得具有实用价值的均匀硼化物层，较其他渗硼方法更加简单实用。无保护渗硼工艺特别适用于渗硼后直接淬火工件，不仅操作方便，而且残膏脱落性能也较理想。无保护固

体膏剂渗硼组织由 Fe_2B 单相或 $FeB+Fe_2B$ 双相构成，其形成条件与渗硼膏剂成分、钢的成分、渗硼温度和渗硼保温时间有关。

表 9.10 渗硼保温时间对渗硼组织性能的影响

编号	渗硼保温时间/h	渗硼层厚度/mm	组织	硬度 $HV_{0.1}$
1	1	0.03	Fe_2B	1 530
2	2	0.06	Fe_2B	1 610
3	3	0.10	Fe_2B	1 670
4	4	0.12	$FeB+Fe_2B$	1 610～2 010
5	5	0.13	$FeB+Fe_2B$	1 600～1 980

9.5 固体膏剂渗硼原理

9.5.1 以 B_4C 为供硼剂时的化学反应

在渗硼温度下，渗硼膏剂中的 B_4C、Na_3AlF_6 和 CaF_2 会进行以下化学反应，从而析出硼原子：

$$2Na_3AlF_6+3B_4C+9O_2 = 3Na_2O+Al_2O_3+2B_2O_3+2[B]+6BF_2+3CO_2$$

$$2Na_3AlF_6+2B_4C+4O_2 = 3Na_2O+Al_2O_3+4BF_3+4[B]+2CO$$

$$CaF_2+B_4C+O_2 = CaO+3[B]+BF_2+CO$$

产物中的 BF_2、B_2O_3 和 B_2O_2 还可按下式参与反应，从而析出硼原子：

$$3BF_2 = 2BF_3+[B]$$

$$5B_2O_3+B_4C = 7B_2O_2+CO$$

$$B_2O_2+2Fe+C = 2FeB+CO_2$$

$$3B_2O_2 = 2[B]+2B_2O_3$$

$$2BF_3+2B_4C+4O_2 = 2[B]+3BF_2+2B_2O_3+2CO_2$$

反应产生的硼原子被钢铁表面吸附和扩散而形成硼化物层。

9.5.2 以硼铁为供硼剂的化学反应

$$Fe_mB_n + O_2 \longrightarrow B_2O_3 + Fe_mB_n$$

$$12NaF + 4B + 3O_2 = 6Na_2O + 4BF_3$$

$$FeB + 2B_2O_3 + BF_3 = 3B_2O_2 + FeF_3$$

B_2O_2 是不稳定的，故会发生分解，从而析出硼原子：

$$3B_2O_2 = 2B_2O_3 + 2[B]$$

第10章
其他渗硼方法

高频感应加热渗硼是近些年来发展起来的新工艺，国外以俄罗斯研究较早，报道较多。明克维奇首先研究高频感应加热膏剂渗硼并获得成功，但关于渗硼工艺未见详细报道。我国目前对感应加热渗硼工艺的研究刚刚起步，还未见有相关的资料报道。渗硼组织进行共晶化处理是提高渗硼层韧性，从而防止渗硼层脆性剥落的有效措施，目前国内外均有报道。

我们研究了在高频感应加热条件下，将涂有渗硼膏的工件置于感应器中，在空气中进行渗硼－共晶化复合处理新工艺。

10.1　高频感应加热渗硼

10.1.1　试验方法

试验是在260型高频感应加热设备上进行的，功率为60 kW，频率为250 kHz，采用XCT－101型温度控制器输入输出回路和热电偶进行温度控制。

①试样。试样材料为20、45、T8、T10、40Cr、GCr15和CrWMn钢，尺寸为ϕ20 mm×20 mm。

②膏剂成分。供硼剂为B_4C、硼铁和B_2O_3等；活化剂为KBF_4、Na_3AlF_6、CaF_2和NaF等；黏结剂由30%松香酒精溶液、明胶和文具胶等组成；填充剂为木炭、SiC和Al_2O_3等。

③工艺。渗硼：900～1 000 ℃，3～10 min；共晶化：1 100～1 200 ℃，5～20 s。

10.1.2 高频感应加热渗硼试验结果

10.1.2.1 渗硼温度与渗硼层厚度的关系

在45钢表面涂敷渗硼膏剂，将其高频感应加热至920～1 000 ℃，保温3 min，测得的渗硼温度与渗硼层厚度关系如图10.1所示。由图10.1可知，提高渗硼温度可以显著增加渗硼层厚度，但当加热温度超过1 100 ℃时，渗硼层将发生熔化而使工件表面变粗糙。因此，渗硼温度应低于1 050 ℃。

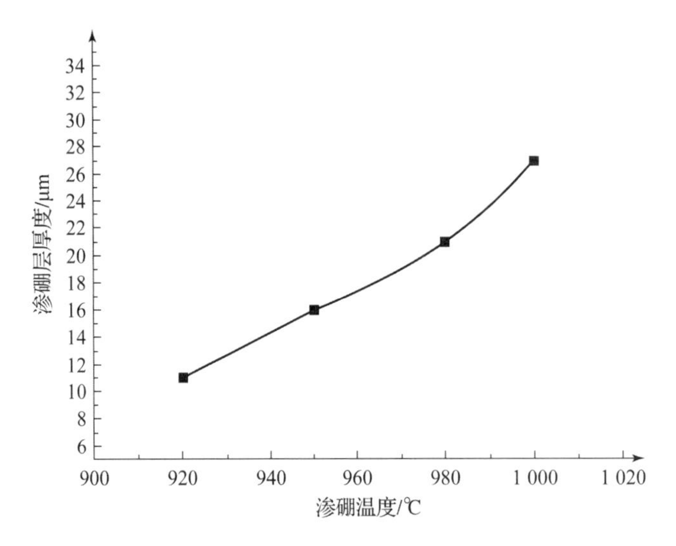

图10.1 45钢的高频感应加热渗硼温度与渗硼层厚度关系

T10钢经高频感应加热后的渗硼层显微组织如图10.2所示。其硼化物层具有典型的梳齿状结构，以单相Fe_2B为主。

10.1.2.2 渗硼保温时间与渗硼层厚度的关系

将45钢高频感应加热至950 ℃并保温不同时间，测得的渗硼保温时间与渗硼层厚度关系如图10.3所示。由图10.3可知，随着保温时间的延长，渗硼层厚度增加，但当保温时间超过9 min后，渗硼层厚度增加缓慢。

图 10.2　T10 钢经高频感应加热后的渗硼层显微组织（500×）（书后附彩图）

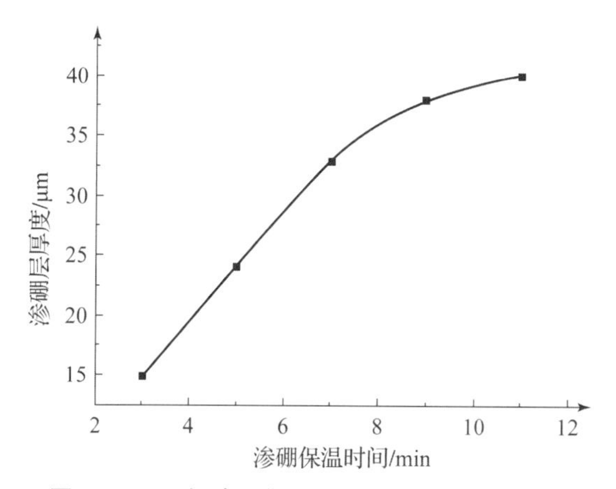

图 10.3　45 钢渗硼保温时间与渗硼层厚度关系

10.1.2.3　钢中含碳量对渗硼层厚度的影响

试验采用 20、45、T8 和 T10 钢，渗硼温度均为 950 ℃，渗硼保温时间均为 3 min。含碳量对钢的渗硼层厚度的影响如图 10.4 所示。

由图 10.4 可知，随着钢中含碳量的增加，渗硼层厚度稍有降低，但下降的幅度较电炉加热渗硼小得多。其原因是，虽然钢中的碳会阻碍硼的扩散，但在高频感应加热渗硼时，加热速度快，加热温度高，奥氏体晶粒尚未粗化，硼的扩散速度提高，抵消了部分碳对硼扩散的阻力。

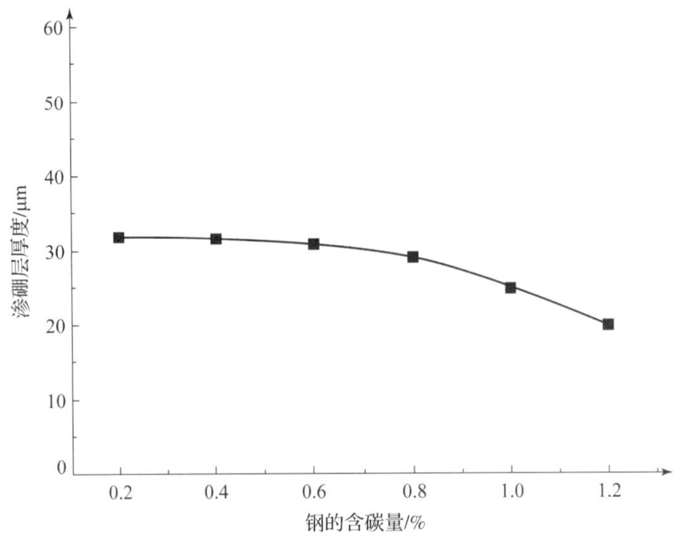

图 10.4 含碳量对钢的渗硼层厚度的影响

10.1.2.4 渗硼层组织

高频感应加热渗硼的渗硼层显微组织一般由单相 Fe_2B 或双相 $Fe_2B + FeB$ 组成。当渗硼温度高或渗硼保温时间长时，易获得双相渗硼层。当钢中碳或合金元素含量高时，也容易形成双相渗硼层。

图 10.5 所示为 45 钢 950 ℃保温 7 min 后的渗硼层显微组织，表面黑色梳齿状物为 FeB，浅灰色梳齿状物为 Fe_2B。

图 10.5 45 钢 950 ℃保温 7 min 后的渗硼层显微组织（400 ×）

对渗硼层进行 X 射线结构分析证实了上述结果。X 射线结构分析设备为全自动 APD－10 型 X 射线衍射仪，Cu 靶，40 kV，40 mA，步进扫描，每步 0.05°/min，自动发散狭缝，纸速 2 cm/min，20、45 和 T8 钢渗硼层的 X 射线衍射图如图 10.6 所示。

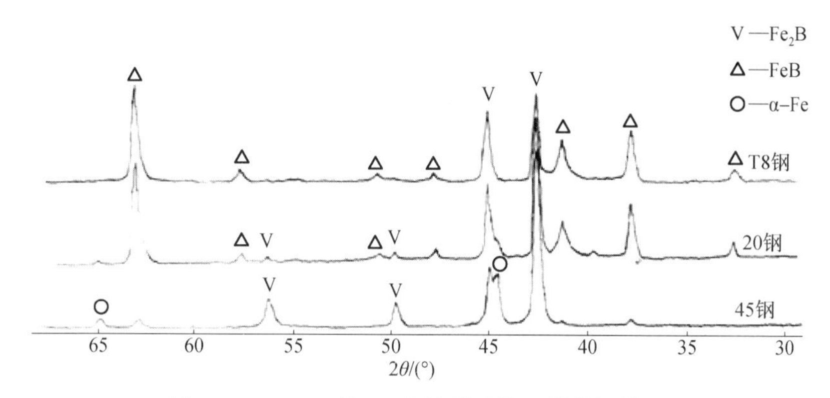

图 10.6　20、45 和 T8 钢渗硼层的 X 射线衍射图

10.2　渗硼层的共晶化处理

10.2.1　粉末渗硼后高频感应加热共晶化处理

采用 20、45、T8 和 T10 钢进行试验，经粉末渗硼后，得到的渗硼层为 Fe_2B 单相，渗硼层厚度为 120～150 μm；再将渗硼试样表面涂上膏剂，高频感应加热至 1 100 ℃以上，停留 10～15 s 进行共晶化处理，结果如表 10.1 所示。由表 10.1 中渗硼层厚度的变化可知，经共晶化处理后，渗硼层总厚度增加了近 1 倍。

表 10.1　渗硼层共晶化处理结果

编号	钢号	表面质量	组织特征	渗硼层厚度/μm
1	20	光洁无变形	Fe_2B + 鱼骨状共晶体	232
2	45	光洁无变形	Fe_2B + 菊花状共晶体	272
3	T8	光洁无变形	Fe_2B + 菊花状共晶体	287
4	T10	光洁无变形	Fe_2B + 菊花状共晶体	297

T10 钢粉末渗硼后，再经过 1 100 ~ 1 150 ℃不同时间的高频感应加热共晶化处理，得到的共晶化处理时间与共晶层厚度关系如图 10.7 所示。由图 10.7 可知，共晶层厚度随共晶化处理时间的延长而增加，而硼化物外壳则减薄。只有工件具有一定厚度的硼化物外壳时，其才能保持表面光洁。因此，当 T10 钢粉末渗硼层厚度为 100 ~ 150 μm 时，在 1 100 ℃进行共晶化处理 10 ~ 15 s 最合适。

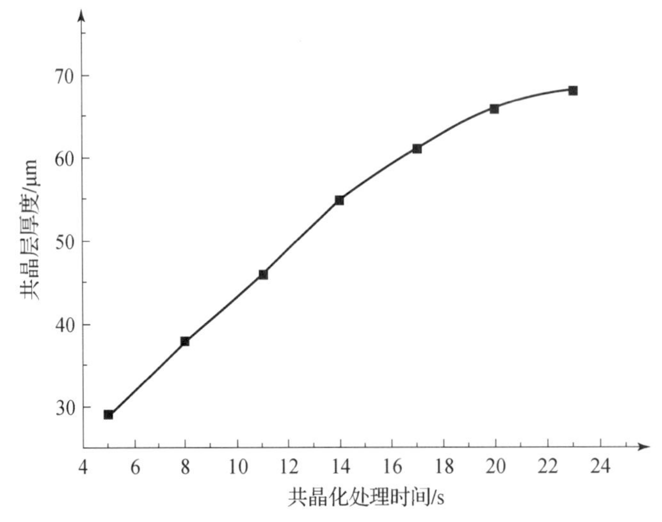

图 10.7　T10 钢粉末渗硼后的共晶化处理时间与共晶层厚度关系

10.2.2　高频感应加热渗硼 – 共晶化处理

渗硼和共晶化处理是采用高频感应加热连续进行的，即先进行 950 ~ 1 000 ℃保温 2 ~ 10 min 的高频感应加热渗硼处理，随后继续升温至 1 100 ~ 1 150 ℃保温 3 ~ 15 s 共晶化处理，即经一次加热而获得共晶层。T10 钢经上述高频感应加热渗硼 – 共晶化处理结果如表 10.2 所示。高频渗硼后共晶化处理时间与共晶层厚度关系如图 10.8 所示。

表 10.2　T10 钢高频感应加热渗硼 – 共晶化处理结果

编号	共晶化处理时间/s	表面质量	组织特征	共晶层厚度/μm
103	3	光洁无变形	Fe_2B + 少量共晶体	12
105	5	光洁无变形	Fe_2B + 1/3 共晶体	15

续表

编号	共晶化处理时间/s	表面质量	组织特征	共晶层厚度/μm
107	7	光洁无变形	Fe_2B + 1/2 共晶体	20
109	9	光洁无变形	Fe_2B + 2/3 共晶体	32
111	11	光洁无变形	Fe_2B + 3/4 共晶体	40

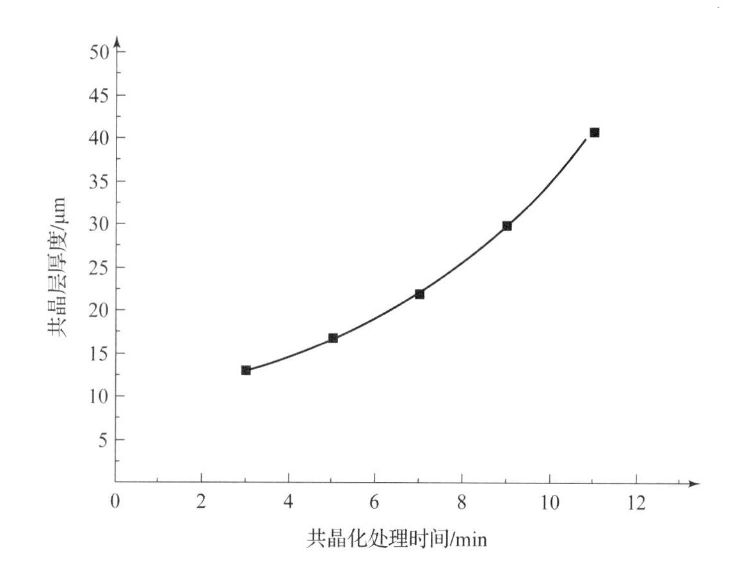

图 10.8 T10 钢高频感应加热渗硼后共晶化处理时间与共晶层厚度关系

由上述试验结果可知，随着共晶化处理时间的延长，共晶层厚度增加，而最外层的 Fe_2B 外壳随之减薄。当共晶化处理时间超过 15 s 后，Fe_2B 发生局部或全部熔化而使试样表面粗糙，呈铸造状态，增加了表面粗糙度。因此，T10 钢的最佳共晶化处理时间为 7 ~ 10 s。

10.2.3 渗硼 – 共晶化处理后的组织

渗硼层的显示方法：采用 4% 硝酸酒精和铁氰化钾、亚铁氰化钾、氢氧化钾（简称三钾试剂）浸蚀。渗硼层经三钾试剂浸蚀后，FeB 呈棕色，Fe_2B 呈浅黄色。

碳钢经渗硼 – 共晶化处理后，其渗硼层组织由表及里为梳齿状 Fe_2B 和共晶区，且共晶区的组织形态随钢中含碳量的不同而变化，梳齿状 Fe_2B 也较未共晶化处理的渗硼层的硼化物平坦。图 10.9 所示为 20 钢渗硼 - 共晶化处理空冷后的显微组织，其共晶体为鱼骨状（三钾试剂浸蚀）。图 10.10 所示为 T10 钢渗硼 - 共晶化处理空冷后的显微组织，其共晶体呈菊花状。

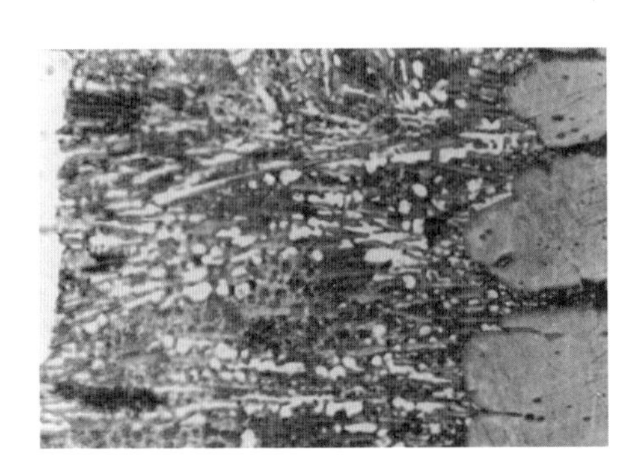

图 10.9　20 钢渗硼 - 共晶化处理空冷后的显微组织（500 ×）（书后附彩图）

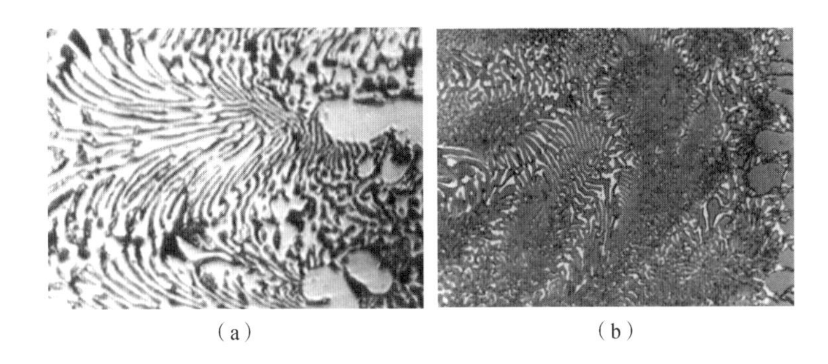

（a）　　　　　　　　　　　　（b）

图 10.10　T10 钢渗硼 - 共晶化处理空冷后的显微组织（500 ×）

（a）4% 硝酸酒精浸蚀；（b）三钾试剂浸蚀

由图 10.9、图 10.10 可知，钢的渗硼 - 共晶化处理层组织有两类：一类为奥氏体 + Fe_2B 空冷到室温形成的索氏体 + Fe_2B，如 20 钢共晶化处理后的组织中鱼骨的白色部分为 Fe_2B，黑色部分（基体）为 $\alpha + Fe_3C$（索氏体）；另一类为奥氏体 + $Fe_3(C,B)$空冷到室温形成的索氏体 + $Fe_3(C,B)$，并包有 Fe_2B（白色块状），如 T10 钢菊花状共晶体中的白色部分为 $Fe_3(C,B)$，黑色部分为索氏体（$\alpha + Fe_3C$），白色球状或块状为 Fe_2B。图 10.10（b）为 T10 钢渗硼共晶区用三钾试剂浸蚀后的组织，与图 10.10（a）为相同部位，图中白色部分为索氏体，深色部分

为 $Fe_3(C,B)$ 深色球，块状为 Fe_2B 相。

为了进一步弄清共晶区组织的相结构，将 T10 钢、45 钢试样表面的硼化物层磨去，对共晶区进行了 X 射线相结构分析，其衍射图如图 10.11 所示。由图 10.11 可知，共晶区是由 $Fe_3(C,B)$、Fe_2B 和 $\alpha-Fe$ 组成的，同时还有未熔的 FeB 相。

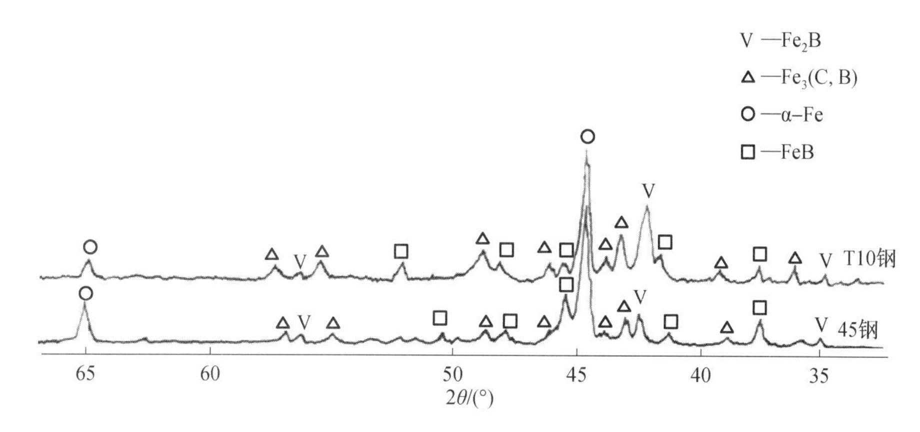

图 10.11　T10 钢、45 钢渗硼－共晶化处理后的共晶区 X 射线衍射图

10.3　渗硼－共晶化机制

10.3.1　渗硼过程中的物理化学反应

在渗硼温度下，钢铁表面获得一定厚度的渗硼层。首先是渗硼介质通过一系列的化学反应，提供足够的活性硼原子，形成一定的浓度梯度，才能使硼原子向钢中扩散，或与铁进行反应扩散而形成硼化物。依据热力学第二定律，以自由能为判据，对下述化学反应过程的自由能进行计算后得知，渗硼过程中的化学反应是会自发正向进行的，因为此反应过程的自由能均为较大的负值。下面分两种情况进行探讨。

10.3.1.1　以碳化硼、硼酐为主要成分的膏剂

当采用这种膏剂进行渗硼试验时，加热温度较高、保温时间很短便可获得渗硼层。这类膏剂可能是按下述化学反应实现渗硼的，反应式后面括号内的数据为自由能（单位：J）。

碳化硼与铁进行反应扩散而形成碳化物：

$$B_4C + 4Fe = 4FeB + C \quad (-46.811) \tag{10.1}$$

$$B_4C + 8Fe = 4Fe_2B + C \quad (-45.67) \tag{10.2}$$

碳化硼在硼酐的催化下形成次氧化硼：

$$B_4C + 5B_2O_3 = 7B_2O_2 + CO\uparrow \quad (-495.95) \tag{10.3}$$

$$B_2O_2 + 2Fe + C = 2FeB + CO_2\uparrow \quad (-42.30) \tag{10.4}$$

B_2O_2 是极不稳定的化合物，会自发分解而析出硼原子：

$$3B_2O_2 = 2[B] + 2B_2O_3 \quad (-193.20) \tag{10.5}$$

碳化硼和氧也可能发生氧化还原反应，从而析出硼原子：

$$B_4C + O_2 = 4[B] + CO_2 \quad (-81.90) \tag{10.6}$$

10.3.1.2 以碳化硼、冰晶石、氟化钙等为主要成分的膏剂

在这种膏剂中，碳化硼为供硼剂，冰晶石、氟化钙为活化剂，碳化硼不仅会按式（10.1）~式（10.3）进行化学反应，在活化剂的催化下，也会按下述化学反应式进行反应而实现渗硼。由于高频感应加热渗硼是在空气中进行的，所以空气中的氧也会参与反应。

$$2Na_3AlF_6 + 3B_4C + 9O_2 = 3Na_2O + Al_2O_3 + 2B_2O_3 + 2[B] + 6BF_2 + 3CO_2 \quad (-519.11) \tag{10.7}$$

$$2Na_3AlF_6 + 2B_4C + 4O_2 = 3Na_2O + Al_2O_3 + 4[B] + 4BF_3 + 2CO \quad (-61.10) \tag{10.8}$$

$$CaF_2 + B_4C + O_2 = CaO + 3[B] + BF_2 + CO \quad (-55.17) \tag{10.9}$$

式（10.7）和式（10.9）反应产物中的 BF_2 不稳定，还会继续分解：

$$3BF_2 = 2BF_3 + [B] \quad (-85.67) \tag{10.10}$$

为了进一步查明上述反应是否按计算结果正向进行，对上述两种膏剂渗硼后的残膏进行了 X 射线结构分析，以碳化硼、硼酐为主要成分的膏剂的 X 射线衍射图如图 10.12 所示，以碳化硼、冰晶石、氟化钙等为主要成分的膏剂的 X 射线衍射图如图 10.13 所示。由图 10.12 可知，反应产物中含有 B_2O_3、B_4C、$\alpha-Fe$ 等物质。由图 10.13 可知，反应产物中含有 B_2O_3、B_4C、CaO、Na_2O、Al_2O_3 等物质。反应过程中产生的气态物质，因条件所限未进行收集和分析。

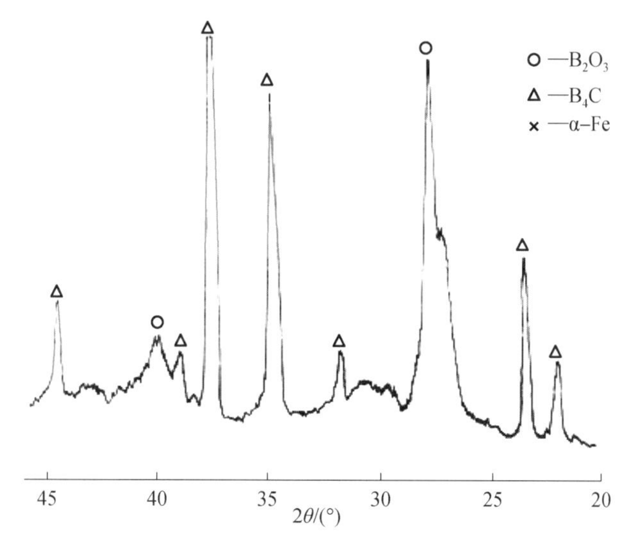

图 10.12 以碳化硼、硼酐为主要成分的膏剂的 X 射线衍射图

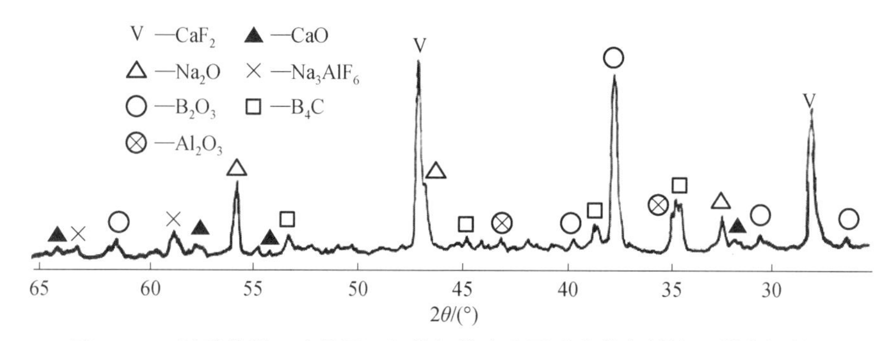

图 10.13 以碳化硼、冰晶石、氟化钙等为主要成分的膏剂的 X 射线衍射图

10.3.2 渗硼和共晶化的物理冶金原理

10.3.2.1 高频感应加热快速渗硼的原理

高频感应加热渗硼时，因加热温度高，加热速度快（≥50 ℃/s），可以在很短的时间内获得一定厚度的渗硼层，其速度比电炉加热渗硼快 10 倍以上。分析认为，高频感应加热能实现快速渗硼的主要原因可能有以下几点。

①膏剂短时间内产生的“硼势”高。膏剂中 B_4C 含量比粉末渗硼剂的高，在高温下发生化学反应的速度快，因热量是由钢铁表面向膏剂传递，渗硼的化学反应首先在钢铁表面发生，可以在很短的时间内提供大量硼原子，使钢铁表面的硼浓度迅速增高，从而形成较高的“硼势”，在钢铁表面形成很大的浓度梯度，

增大了硼原子向钢铁内部扩散的驱动力，由菲克定律可知，浓度梯度增加会加速硼原子的扩散。

②加热温度高增大了硼原子的扩散系数。高频感应加热渗硼是在950～1 000 ℃进行的，渗硼温度较普通炉中加热渗硼的高50～100 ℃。由于加热温度高，硼原子在钢中的扩散系数增大，由菲克定律可知，加热温度是影响扩散系数的主要因素。此外，因加热温度高，渗硼过程中硼的浓度高，使化学反应扩散容易进行，这也增加了原子扩散的驱动力，加快了硼化物的形成速度。

③高频感应加热速度快，奥氏体晶粒细。高频感应加热速度极快，钢的奥氏体形成是在一个温度范围内完成的，因其形核率高，晶粒长大速度较慢，使钢的临界点升高（图10.14），所以形成的奥氏体晶粒非常细小，晶界面积大幅增加，而硼原子又具有正吸附效应，扩散首先在晶界进行，使硼的扩散速度增大。例如，加热速度由5 ℃/min提高到50 ℃/s时，晶界面积增加3倍，而原子的扩散速度可增加7倍。

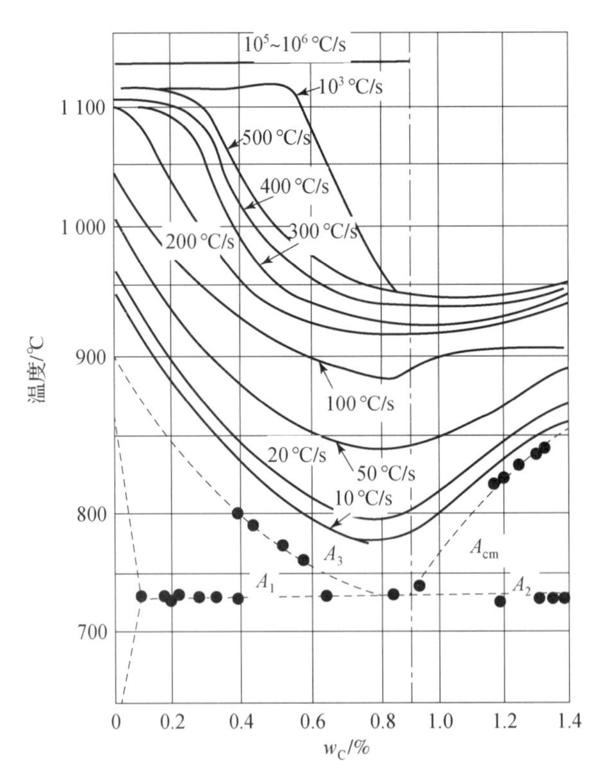

图10.14 加热速度对钢的临界点的影响

④高频感应加热时，金属表面活度大。高频感应加热渗硼时，因电流频率高，钢铁表面首先被加热至高温，并始终在强磁场中加热，使本来就存在晶格畸变、晶体缺陷多、能量较高的表面活度进一步增大，而这种金属表面在与硼原子接触时，容易吸收硼原子进入晶体中，降低表面能量，加速了硼原子的渗入。

⑤高频振荡磁场中产生磁致伸缩效应。高频感应加热渗硼时，工件在高频振荡磁场中产生磁致伸缩效应，加速了金属点阵的振动，扩张了晶粒边界，对硼原子的渗入和扩散十分有利，从而大大缩短了渗硼时间，达到快速渗硼的目的。

10.3.2.2　渗硼 - 共晶化处理时渗硼层的形成过程

高频感应加热渗硼 - 共晶化处理之所以获得成功，是因为渗硼速度快，在较短的时间内，钢铁表面便可形成一定厚度的梳齿状硼化物，使硼化物与基体之间的过渡区成分发生改变，且碳和硼的扩散，形成了 α - Fe、$Fe_3(C,B)$、Fe_2B 的三相共存区。铁 - 碳 - 硼三元相图的投影如图 10.15 所示。

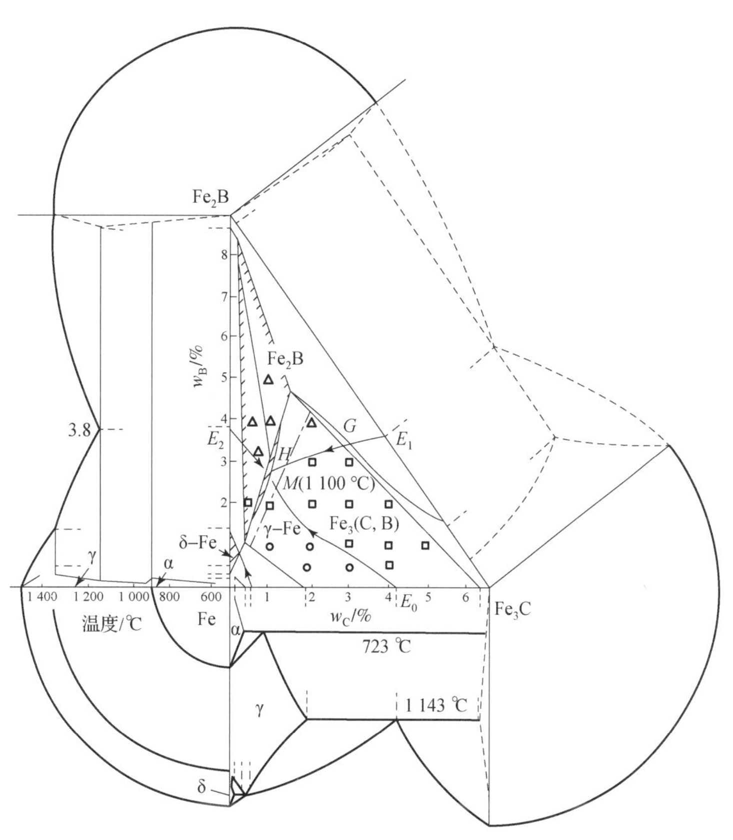

图 10.15　铁 - 碳 - 硼三元相图的投影

图 10.15 中 $\alpha-Fe$、Fe_3C 和 Fe_2B 三相构成的三角形的三个边分别存在 $L \rightleftharpoons \gamma-Fe+Fe_2B$，$L \rightleftharpoons Fe_2B+Fe_3C$ 和 $L \rightleftharpoons Fe_3C+\gamma-Fe$ 三个二元共晶反应，其共晶温度均高于 1 140 ℃。当 Fe、C、B 三个组元形成合金时，因 Fe_3C 具有较大的溶硼能力，会形成铁和硼的复合碳化物 $Fe_3C_{0.4}B_{0.6}$ 或 $Fe_3C_{0.3}B_{0.7}$，从而使溶有硼的 $Fe_3(C,B)$ 单相区深入到相图内部，使总的反应成为包共晶反应。图 10.16 所示为 T10 钢共晶区与硼化物连接处的组织。

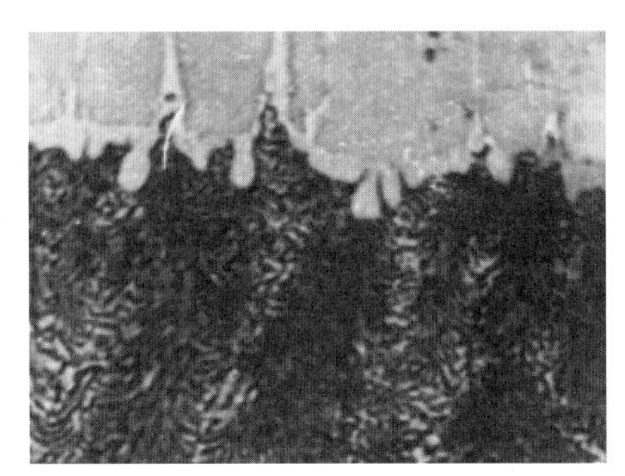

图 10.16　T10 钢共晶区与硼化物连接处的组织（600×）

由图 10.16 可知，在硼化物的前沿，向基体发展的白色相是 $Fe_3(C,B)$。包共晶温度为 1 100 ℃或更低，当加热到此温度时，在硼化物与基体交接处便会发生包共晶反应 $Fe_3(C,B)+\gamma-Fe \rightleftharpoons L$，形成液相。当中碳钢或高碳钢渗硼时，因在梳齿状硼化物的齿间或齿顶会形成较多的 $Fe_3(C,B)$ 相，这是一种与 $\gamma-Fe$ 高温共存的平衡相，所以只要将渗硼试样继续加热到 1 100 ℃左右，其便会与 $\gamma-Fe$ 反应形成液相。若继续升高温度或延长保温时间，$\gamma-Fe$ 和 Fe_2B 便不断溶入液相，使液相持续增厚，在随后冷至室温的过程中，就会获得一定厚度的共晶或包共晶渗硼层。

共晶化处理也是一个硼的扩散过程。当 $\gamma-Fe+Fe_3(C,B) \rightleftharpoons L$ 形成一部分液相后，液相区的扩散过程是 γ 相（奥氏体）和 Fe_2B 逐渐向液相溶入的过程，该过程如图 10.17 所示。

设共晶化温度为 T，液相与 Fe_2B 相的界面平衡温度为 a，与 $\gamma-Fe$ 相界面平衡温度为 b，液相的两个界面存在浓度差（$a>b$），必然导致硼原子从 a 温度界面向 b 温度界面扩散，从而破坏了原来的相间平衡。为了维持平衡，只能依靠 Fe_2B 和 γ 相的不断溶入，使液相区不断扩大。如果温度和时间控制得当，在硼化物与基体交接处便会获得包有一层完整硼化物外壳的共晶组织，如图10.18所示（三钾试剂浸蚀）。

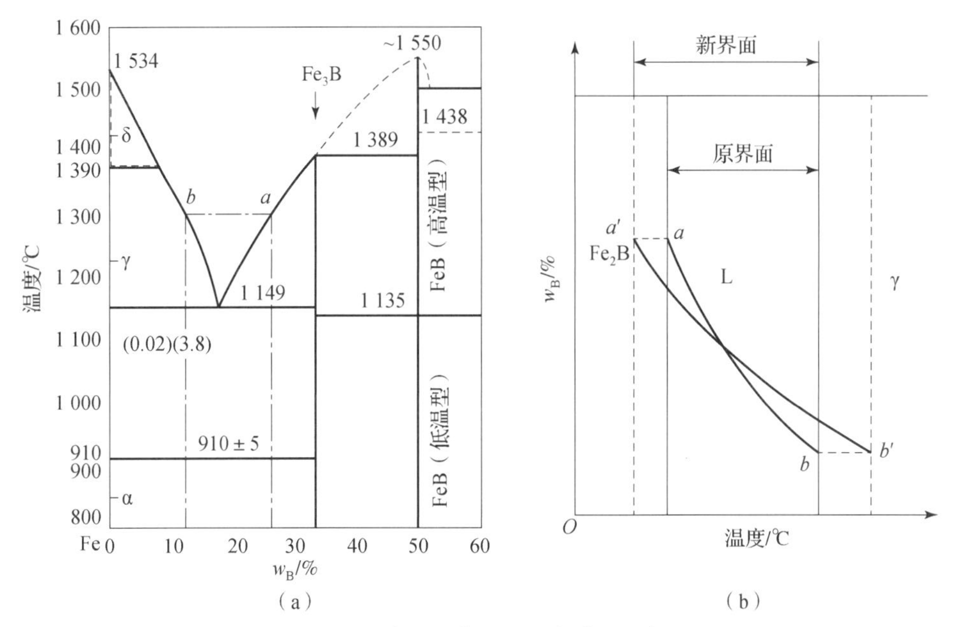

（a） （b）

图10.17 渗硼层共晶区形成过程示意图

（a）Fe－B系相图；（b）界面变化

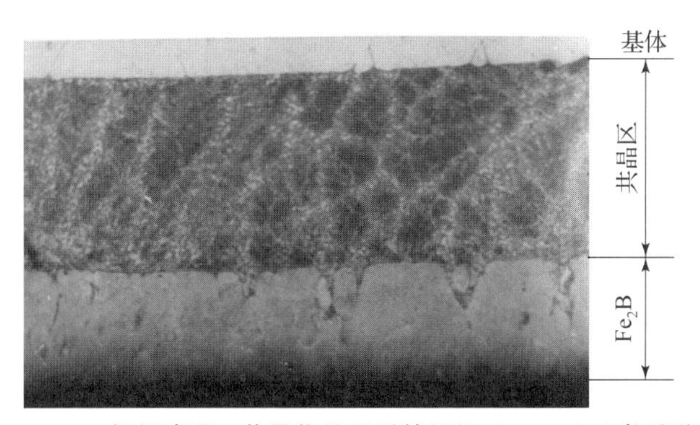

图10.18 T10钢经渗硼－共晶化处理后的组织（500×）（书后附彩图）

对高碳钢进行渗硼－共晶化处理时，由于在硼化物与基体交接处形成的$Fe_3(C,B)$量多，其使三相共存区的熔点更低，而硼化物熔点高，所以液相向基体和硼化物方向同时扩展的速度不同，向基体扩展的速度比向硼化物扩展快得多，这种特点为获得包一层完整硼化物外壳的共晶组织的共晶化处理提供了方便。

综上所述，采用以 B_4C、B_2O_3、冰晶石、氟化钙等为主要成分的膏剂，可以实现在高频感应加热条件下的快速渗硼和共晶化处理。采用 950 ~ 1 000 ℃、保温 3 ~ 5 min 的高频感应加热渗硼工艺，可获得深度≥30 μm 的梳齿状渗硼层。渗硼后可继续加热至 1 100 ~ 1 150 ℃、保温 5 ~ 15 s 进行共晶化处理，获得≥60 μm 的包有完整硼化物外壳的共晶型渗硼组织。高频感应加热渗硼 - 共晶化处理具有工艺简单、操作方便、处理时间短、节约资源和便于实现自动化生产等优点，特别适合形状简单、单件或小批量生产的工件。渗硼 - 共晶化处理后获得的渗硼层，具有硬度较高、耐磨性优良、韧性好、不易剥落的特点，能提高钢承受磨损、冲击的能力，延长在高温条件下工作的工模具的寿命，是很有发展前途的工艺。

10.4 气体渗硼

10.4.1 气体渗硼简介

气体介质最为活泼，可以在比较低的温度下进行渗硼，且渗硼速度快，工件渗硼后无须清洗，便于自动化生产，因此气体渗硼一般比其他渗硼方法优越。但是，因气体制备与保存较困难，且存在有毒和爆炸的危险性，所以目前尚未用于生产。

气体渗硼用的气体及其特性列于表 10.3 中，可供试验时参考。

表 10.3 气体渗硼用的气体及其特性

气体种类	分子式	熔点/℃	沸点/℃	理论含硼量/%	备注
氟化硼	BF_3	-129	-101	16.0	遇湿气则分解
氯化硼	BCl_3	-107	13	9.2	
溴化硼	BBr_3	-46	90	4.3	
乙硼烷	B_2H_6	-166	-53	39.0	毒性较强，对湿气敏感
三甲基硼	$(CH_3)_3B$	-162	-20	19.4	
三乙基硼	$(C_2H_5)_3B$	-95	95	11.0	

10.4.1.1　三氯化硼渗硼工艺简介

在管式电阻炉中，将（5%～10%）BCl_3 +（90%～95%）H_2 通入管内。其中，BCl_3 为供硼剂，而氢气为载气，这两种气体均需净化处理后使用。

炉温为 930～950 ℃，经 3 h 渗硼后可获 0.25 mm 硼化物层。使用这种气体进行渗硼时应注意以下几个问题。

①经此种介质渗硼后，试样表面容易被腐蚀，表面粗糙度显著提高，同时硼化物层内易形成孔洞，使硼化物层容易发生脆性剥落。

产生孔洞的原因是渗硼反应中形成了 $FeCl_2$，即发生了以下反应：

$$2BCl_3 + 5Fe = 2FeB + 3FeCl_2$$

$$BCl_3 + 3/2H_2 + Fe = FeB + 3HCl$$

$$2HCl + Fe = FeCl_2 + H_2\uparrow$$

上述反应随温度的升高而加速，当在 900 ℃以上渗硼时，会大量形成 $FeCl_2$。同时，因 $FeCl_2$ 的熔点只有 677 ℃，沸点是 1 027 ℃，因此在渗硼温度下的 $FeCl_2$ 以液态存在并会部分挥发，而在冷却后会形成孔洞。

②以 $BCl_3 + H_2$ 渗硼时，由于 BCl_3 和 H_2 的密度相差近 20 倍，所以同一炉试样上的硼化物厚度并不均匀。为了提高渗硼层的均匀性，最好采用喷射管使两种气体在入炉前充分混合均匀，并在渗硼过程中变换进出的位置，这样可以提高渗硼层的均匀性。

③用 $BCl_3 + H_2$ 渗硼后，钢铁表面易获得 $FeB + Fe_2B$ 双相硼化物层，而这种硼化物层脆性大，使用中易发生剥落。

10.4.1.2　乙硼烷渗硼工艺简介

该工艺设备也是采用管式电阻炉，在 5.3% $B_2H_6 + H_2$ 混合气或在 1.1% B_2H_6 + Ar 混合气中进行渗硼。其中，氢气和氩气为载气，乙硼烷为供硼剂。

渗硼温度为 850～1 000 ℃，纯铁经 6 h 渗硼后可获得 0.05～0.10 mm 硼化物层。该硼化物层由单相 Fe_2B 组成，韧性较好。

乙硼烷在 500 ℃以上发生分解析出硼原子，按以下化学反应实现渗硼：

$$B_2H_6 = 2[B] + 3H_2$$

$$2Fe + B = Fe_2B$$

10.4.2 以三氯化硼为供硼剂研究渗硼工艺

10.4.2.1 渗硼工艺试验

气体渗硼试验研究试样材料为45钢，试样为 $\phi16\ \mathrm{mm}\times4\ \mathrm{mm}$ 的圆片，表面均经磨削加工。

气体渗硼用气体有供硼剂 BCl_3、反应气 H_2（纯度99.7%）以及排气用气 N_2（纯度99.999%）。

H_2 气流量采用质量流量计控制；N_2 和 BCl_3 气流量采用浮子流量计控制；利用称重法标定 BCl_3 流量。

试验设备为自制的18 kW井式气体炉，装有钢制炉罐，炉罐尺寸为 $\phi200\ \mathrm{mm}\times700\ \mathrm{mm}$。

试验设备装有密封系统、加热系统、测控温系统、供气系统和排气系统。

1. 工艺参数的选择

工艺参数的选用原则是选择对试验结果有较大独立影响的参数。改变非控制条件，选择相同的工艺参数，应得到相同的结果。

温度、时间和压力是独立的工艺参数，这是毫无疑义的。气体渗硼一般均在常压下进行，本研究的全部试验也均在常压下进行。

许多有关气体渗硼的文献均用流量 D（单位：mL/min 或 L/h）和 BCl_3 浓度 C 作为气氛的控制参数，其存在无可比性，即在不同炉膛截面积情况下，采用相同的流量和浓度所得的试验结果相差很大。

为消除炉膛尺寸影响，本研究采用流速 v 和 BCl_3 浓度 C 作为气氛控制参数。流速 v 可表示为

$$v=\frac{D}{60A}$$

其中，v 的单位为cm/s；D 的单位为mL/min；A 的单位为 cm^2。

流速可定义为单位时间气体在流动方向上流经的距离。

本研究试验中，所采用的工艺参数为温度 T、时间 τ、流速 v 和浓度 C。

2. 工艺试验结果及分析

本工艺试验是在设备必须保证良好的密封、良好的排气效果和残留 H_2O、O_2

量在所要求的范围内进行的。本研究着重解决的问题之一是要在获得良好的渗硼层情况下尽量减少 BCl_3 的用量，以达到降低成本、减少污染的目的。本研究用浓度 C 和 H_2 的流速 v 来衡量 BCl_3 的用量，即用浓度 C 和 H_2 的流速 v 的乘积 vC 表示 BCl_3 用量，单位为 $mL/(s \cdot m^2)$。因此，获得良好渗硼层情况下，尽量降低 vC。

1）流速的影响

本研究中，当 BCl_3 的浓度为 4.6% 时，流速对渗硼层质量的影响如表 10.4 所示。

表 10.4　流速对渗硼层质量的影响（T=900 ℃，τ=1 h）

检测指标	流速/($cm \cdot s^{-1}$)				
	0.05	0.07	0.10	0.13	0.15
($FeB + Fe_2B$) 厚度/μm	40	42	45.1	45.8	46.7
FeB 厚度/μm	0.77	17.6	21.4	22	22.5
m_o/(×1 000)	0.58	0.81	2.6	2.8	2.9
Δm/mg	2.5	6.9	20.70	20.90	21.35
m_{BA}/mg	15.67	20.90	23.11	23.52	23.99
m_B ($\Delta m/m_{BA}$)	0.159	0.33	0.896	0.889	0.89
渗硼层类型	C	B	B	B	B

注：m_o 为实际增重与原始质量之比；Δm 为实际增重；m_{BA} 为理论增重；m_B 为实际增重与理论增重之比。下文中的含义相同。

图 10.19 和图 10.20 分别为流速对 m_B 和渗硼层厚度的影响。结果表明，流速过低，渗硼层疏松严重，孔洞较多，因此 m_B 很小，且渗硼层不均匀（图 10.21）。当流速升至 0.1 cm/s 后，渗硼层就较为致密，这是因为流速过低，炉内气氛换气次数低，气氛提供的活性硼原子少，渗硼层致密度降低，随着流速的提高，炉内活性硼原子增加，渗硼层厚度和 m_B 均增加。当流速大于 0.13 cm/s 时，进一步提高流速，炉内气氛更换次数增加，炉内 BCl_3 分解反应加快，提供更多的活性硼原子。另外，渗硼层内获得的硼原子量同时还受扩散的控制，

其使 m_B-v、$\delta-v$ 曲线变得平缓，渗硼层质量趋于稳定，渗硼层厚度增加幅度也开始减少。因此，同时考虑到渗硼的经济性，选用流速 0.10～0.13 cm/s 较为合理。

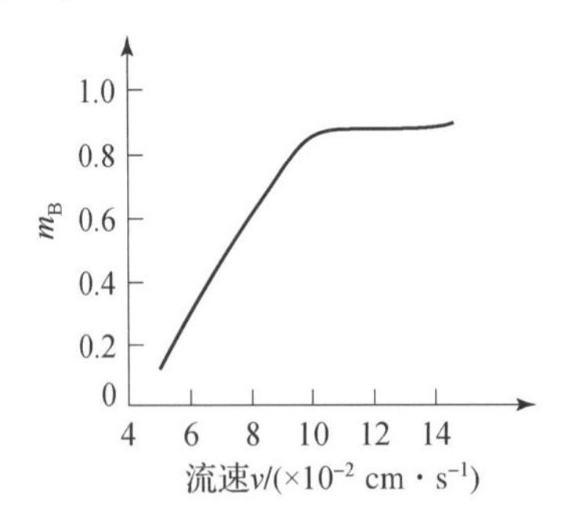

图 10.19 流速对 m_B 的影响

（C=4.6%，T=900 ℃，τ=1 h）

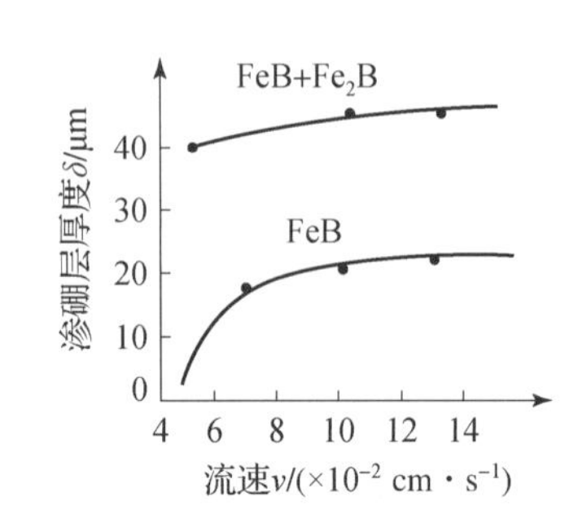

图 10.20 流速对渗硼层厚度的影响

（C=4.6%，T=900 ℃，τ=1 h）

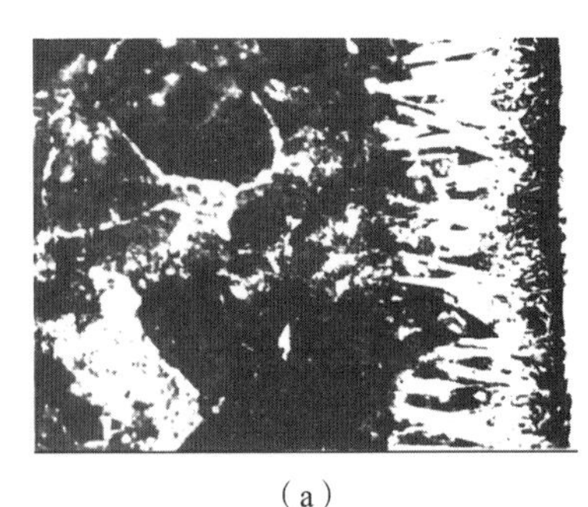

（a）

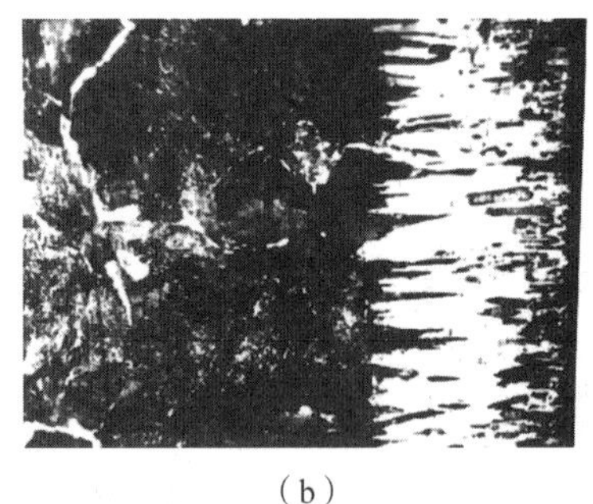

（b）

图 10.21 流速对渗硼层组织的影响（C=3%，T=900 ℃，τ=2 h）

（a）v=0.07 cm/s；（b）v=0.13 cm/s

2）浓度的影响

图 10.22 给出了 BCl_3 浓度对 m_{BA} 和 Δm 的影响。由图 10.22 可以看出，随着浓度的增加，Δm 趋于 m_{BA}，即 m_B（$m_B=\Delta m/m_{BA}$）增大，腐蚀减轻。

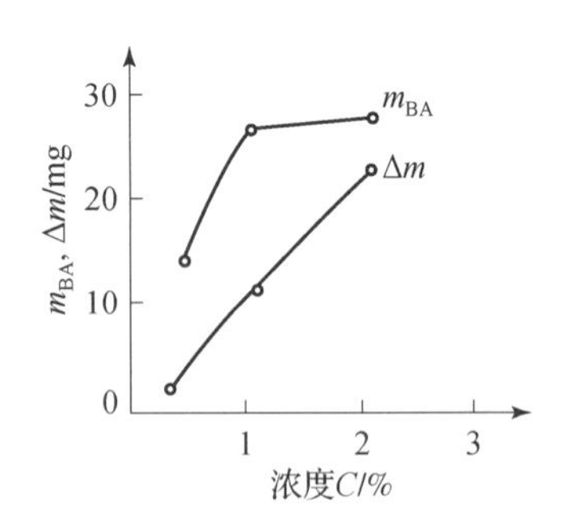

图 10.22 BCl_3 浓度对 m_{BA} 和 Δm 的影响

为研究 BCl_3 浓度对渗硼层厚度的影响，做了在 900 ℃，1 h，v=0.1 cm/s 情况下 BCl_3 浓度对渗硼层厚度的影响试验，试验结果如表 10.5 所示。图 10.23 和图 10.24 分别为 BCl_3 浓度对 m_B 和渗硼层厚度的影响。

表 10.5　BCl_3 浓度对渗硼层质量的影响（$T=900$ ℃，$\tau=1$ h，$v=0.1$ cm/s）

检测指标	浓度 C/%			
	1.54	3	4.62	7.66
（$FeB+Fe_2B$）厚度/μm	27.5	35.4	45.14	48
FeB 厚度/μm	5.5	10.12	20.4	23.5
m_o/（×1 000）	0.92	1.8	2.6	2.8
Δm/mg	50.90	196.68	463.12	564.03
m_{BA}/mg	4.2	12	20.04	22.78
m_B（$\Delta m/m_{BA}$）	12.12	16.39	23.11	24.76
渗硼层类型	C	B	B	B

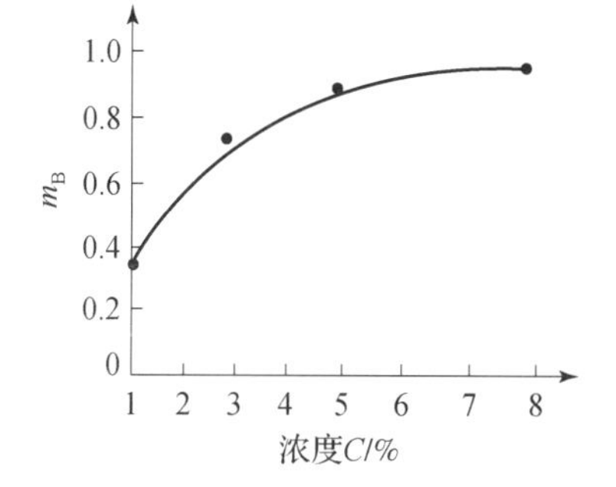

图 10.23　BCl_3 浓度对 m_B 的影响

（$T=900$ ℃，$\tau=1$ h，$v=0.1$ cm/s）

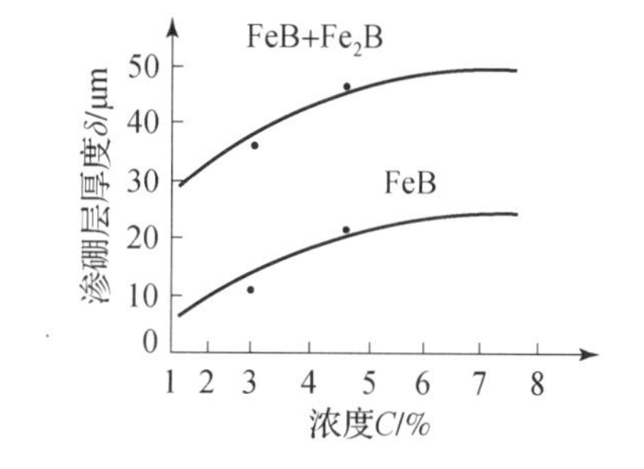

图 10.24　BCl_3 浓度对渗硼层厚度的影响

（$T=900$ ℃，$\tau=1$ h，$v=0.1$ cm/s）

从试验结果可以看出，BCl_3 浓度增加，使 m_B、m_o 及渗硼层厚度均增加。浓度大于 4.6% 后，曲线变化平缓。从图 10.25 可以看出，在较低 BCl_3 浓度下，孔洞较多，渗硼层不均，而增加浓度，渗硼层均匀、致密。

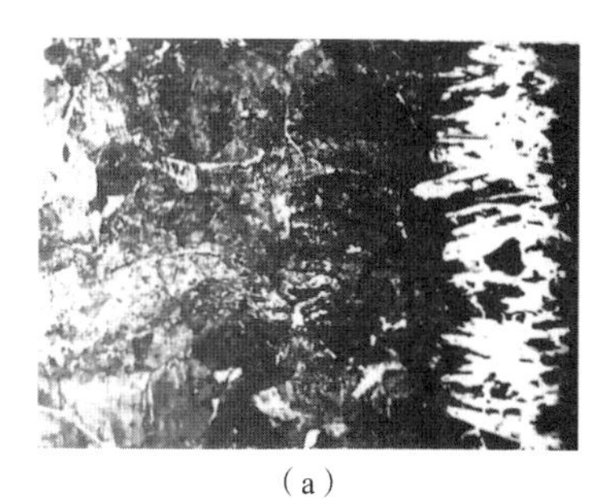

（a）

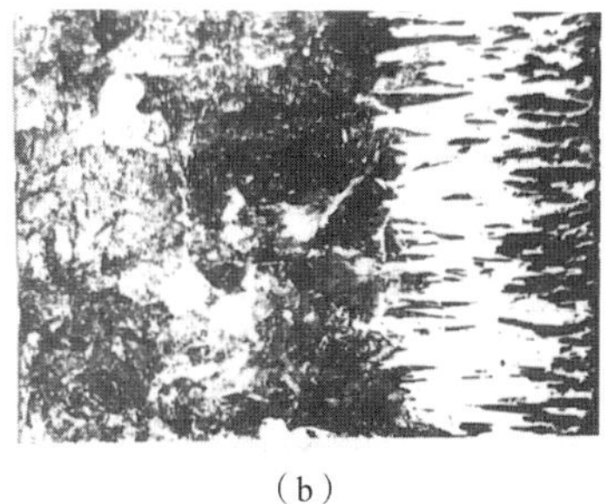

（b）

图 10.25　BCl_3 浓度对渗硼层组织的影响（$T=900$ ℃，$\tau=2$ h，$v=0.1$ cm/s）

（a）$C=1.54\%$；（b）$C=4.6\%$

以上结果说明，在本试验所用 BCl_3 浓度范围内，BCl_3 浓度增加，渗硼层厚度增加，渗硼层致密度提高。温度一定时，反应物中活化分子数是一定的，单位体积的活化分子数和单位体积反应物分子的总数成正比，也就是和反应物的浓度成正比。因此，BCl_3 浓度增加，化学反应速度增加，活性硼原子量增加，这样表面很快形成渗硼层。当 BCl_3 浓度增加到一定程度，表面硼原子已达饱和，渗速就受扩散的控制，因而增加 BCl_3 浓度的作用就不明显了。

当仅采用 BCl_3 而不加 H_2，或采用很高的 BCl_3 浓度，则易产生 $FeCl_2$，导致孔洞产生。本研究中，由于 BCl_3 浓度范围（1.54%~7.65%）很低，而整个气氛中 H_2 的含量很高，所以在此范围内增加 BCl_3 量只会增加渗硼层的致密度，减少孔洞，增加渗硼层厚度。

本研究还在流速为 0.13 cm/s 时做了 BCl_3 浓度对 m_o 的影响试验。在此流速下，增加 BCl_3 浓度同样提高渗硼层质量，如图 10.26 所示，图中同时画出了流速为 0.1 cm/s时 BCl_3 浓度对 m_o 的影响曲线。从图中可以看出，在不同流速下，需选用不同的 BCl_3 浓度，才能获得相近的渗硼层。在本试验的流速范围内，增加流速，可以提高 m_o 值。因此，在气体渗硼过程中，严格控制流速和浓度之间的配比关系是十分重要的。

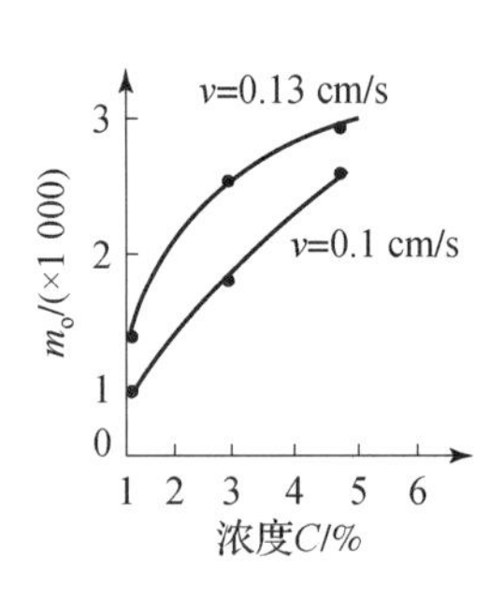

图 10.26 在不同流速下 BCl_3 浓度对 m_o 的影响

综上所述，在流速为 0.1 cm/s 时，选择 BCl_3 浓度为 4.62%，而在流速为 0.13 cm/s 时，选择 BCl_3 浓度为 3% 可获得良好的渗硼层。

3）温度对渗硼层的影响

本研究也探讨了渗硼层厚度与温度之间的关系。研究表明，当温度超过 1 000 ℃时，渗硼层厚度下降。这可能是由于温度过高，超过了气氛中 BCl_3 的分解温度，BCl_3 在与工件接触之前就大量分解产生没有活性的“死硼”，致使气氛的渗硼能力大大减弱，因而使渗硼层厚度和 m_o 下降。

因此，本研究在 800~900 ℃做了温度对渗硼层质量的影响试验，其结果如表 10.6 所示，温度对渗硼层厚度、m_o、m_B 的影响分别如图 10.27、图 10.28、图 10.29 所示。在本试验范围内，随温度（800~900 ℃）的提高，渗硼层厚度明显增加，但随着温度提高，渗硼层的致密度有所下降。这是因为温度的增加对扩散影响较大，扩散系数随温度的提高呈指数关系增加。因此，提高渗硼层温度，加快了硼原子在渗硼层中的扩散速度，m_o 也增加较快。但温度的提高，同时会使金属的平衡空位浓度提高，并加快空位的扩散，引起空位的聚集。空位基团易超过临界尺寸，降低渗硼层致密度，产生孔洞和疏松，因而使 m_o 下降。因此，渗硼温度不宜过高。

表 10.6　温度对渗硼层质量的影响（C=4.6%，τ=1 h，v=0.1 cm/s）

检测指标	温度/℃		
	800	850	900
（FeB + Fe_2B）厚度/μm	18.46	21.62	45.14
FeB 厚度/μm	5.7	8.22	21.4
m_o/（×1 000）	1.32	1.48	2.6
Δm/mg	8.3	9.4	20.04
m_{BA}/mg	8.68	10.35	23.11
m_B（$\Delta m/m_{BA}$）	0.956	0.908	0.867
渗硼层类型	C	B	B

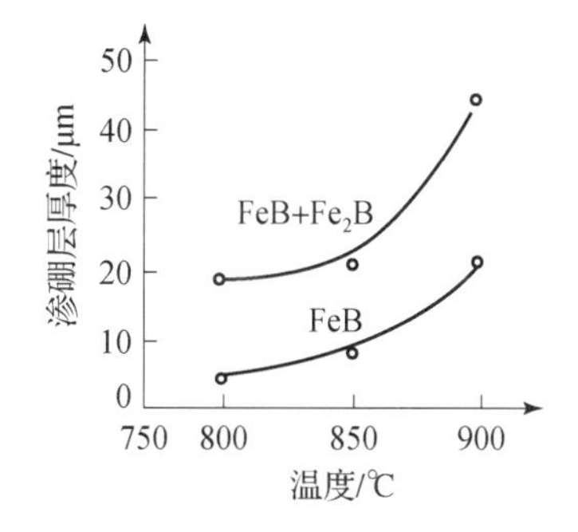

图 10.27　温度对渗硼层厚度的影响

（C=4.6%，τ=1 h，v=0.1 cm/s）

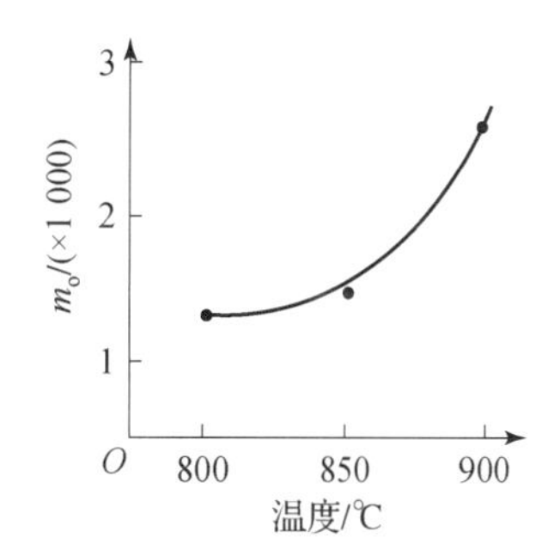

图 10.28　温度对 m_o 的影响

（C=4.6%，τ=1 h，v=0.1 cm/s）

4）渗硼保温时间对渗硼层质量的影响。

本研究在 900 ℃做了 0.5～5 h 的试验，流速为 0.1 cm/s，浓度为 4.6%，其结果如表 10.7、图 10.30 和图 10.31 所示。从图 10.30 中可以看出，m_B 在开始时较小，随着保温时间的延长，短时间内增长较快，后一段时间变化缓慢。保温时间在4~5 h时，m_B 趋于1。这是因为，开始时保温时间短，渗硼层中硼原子进入得较少，不够致密，因而 m_B 较小。随着保温时间的推移，形成完整的铁硼化物后，致密度提高，而且致密的硼化物对硼原子的扩散也有一定的阻碍作用，因而使表面生成致密度高的渗硼层，m_B 增加。从图10.31中可以看出，渗硼层厚度在开始阶段增长较快，但随着保温时间的增加，渗硼层厚度增加缓慢。由图10.32可以看出，保温时间短，渗硼层不致密，齿的峰谷差较大；保温时间延长，渗硼层致密度高且均匀。

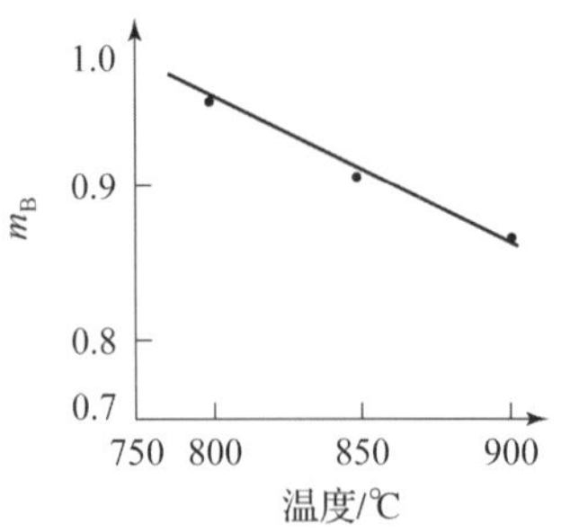

图10.29 温度对 m_B 的影响
(C=4.6%，τ=1 h，v=0.1 cm/s)

表10.7 保温时间对渗硼层质量的影响

检测指标	保温时间/h				
	0.5	1	2	3	5
($FeB+Fe_2B$) 厚度/μm	16.61	45.14	80	110	128.5
FeB厚度/μm	4.4	21.4	38	46	59
m_o/(×1 000)	0.63	2.6	6.1	8.1	9.8
Δm/mg	4.5	20.04	36.58	50.52	60.3
m_{BA}/mg	7.62	23.11	40.74	54.1	64.2
m_B ($\Delta m/m_{BA}$)	0.59	0.867	0.898	0.934	0.939
渗硼层类型	C	B	B	B	B

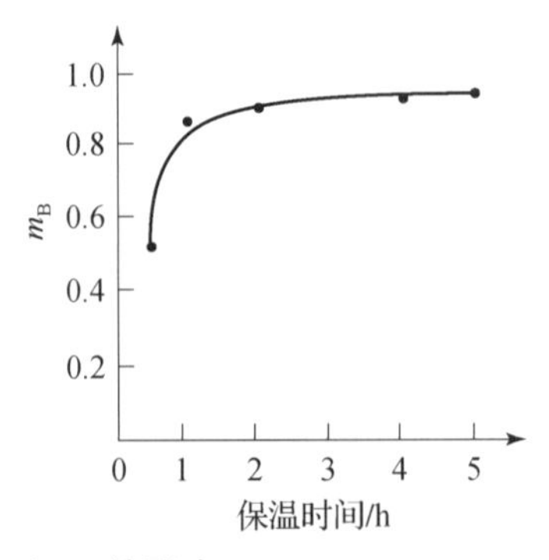

图10.30 保温时间对 m_B 的影响(C=4.6%，T=900 ℃，v=0.1 cm/s)

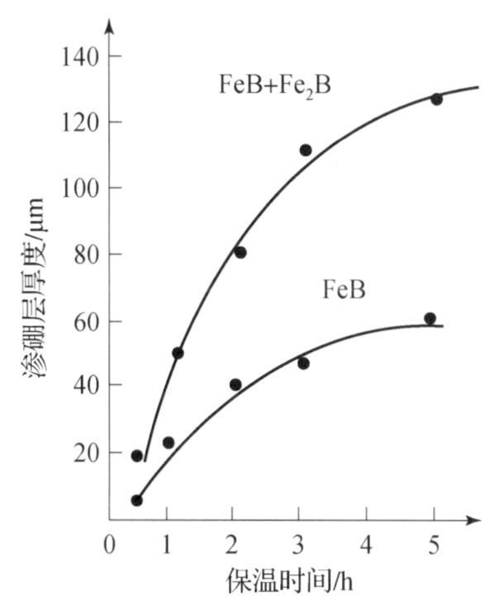

图10.31 保温时间对渗硼层厚度的影响（$C=4.6\%$，$T=900$ ℃，$v=0.1$ cm/s）

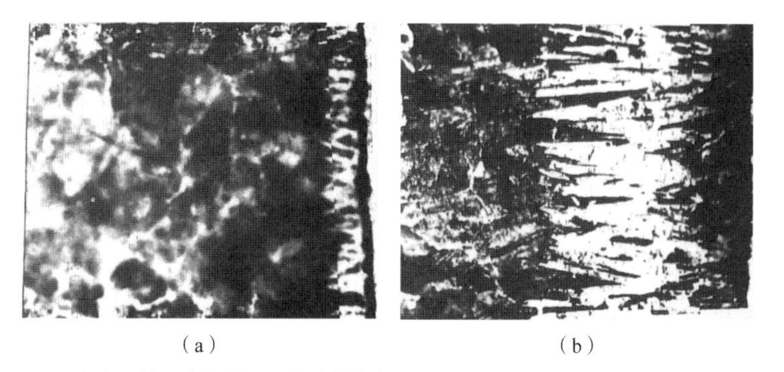

图10.32 保温时间对渗硼层组织的影响（$C=4.6\%$，$T=900$ ℃，$v=0.1$ cm/s）

(a) $\tau=0.5$ h；(b) $\tau=5$ h

综上工艺参数的试验结果，优选出在 $\phi200$ mm×700 mm 炉罐气体渗硼炉内进行的气体渗硼工艺为：

①$T=900$ ℃，$\tau=2\sim3$ h，$v=0.1$ cm/s，$C=4.62\%$；

②$T=900$ ℃，$\tau=2\sim3$ h，$v=0.13$ cm/s，$C=3.0\%$。

5）单相 Fe_2B 渗硼层的获得

上述气体渗硼工艺获得的渗硼层为 FeB + Fe_2B 双相组织。众所周知，双相渗硼层脆性较大，容易剥落，这对于在很多工况下服役的工件无疑是个很大的缺陷。单相 FeB 层性能较好。获得单相渗硼层，这在固体渗硼中早已得到解决，其方法主要是降低硼势。但是，用气体渗硼的方法直接获得单相 FeB 层，一般认为是困难的。目前未曾见到工业条件下用气体直接获得单相 Fe_2B 层的报道。本研究曾采用固体渗硼降低硼势的方法降低 BCl_3 浓度，未能成功。其试验结果显示，试样表层生成连续孔洞，不连续的 Fe_2B 相嵌镶在孔洞周围。这说明，要想利用气体渗硼获得单相渗硼层，必须解决前期气氛的腐蚀。用 BCl_3+H_2 进行气体渗硼，渗硼层的质量主要取决于气氛中 H_2O 和 O_2 含量。要想获得良好的渗硼层，必须严格控制气氛中的 H_2O 和 O_2 含量。

试验证明，在保证渗硼层质量的情况下，气氛中一定含量的 H_2O 和 O_2 对应一定的临界 BCl_3 浓度。当 H_2O 和 O_2 含量一定时，BCl_3 浓度若小于临界浓度，渗硼层会出现连续孔洞。在本研究中，相对于设备的 H_2O 和 O_2 含量的临界 BCl_3 浓度为3.0%；若 BCl_3 浓度小于3.0%，渗硼层就会产生腐蚀。因此，企图利用大幅降低 BCl_3 浓度的方法获得单相 Fe_2B 层是不可能的。

本研究方法是采用两段法，即强渗段和弱渗段。第一阶段（强渗段），采用较高的 BCl_3 浓度，使钢铁表面迅速被一层致密的硼化物层所覆盖，从而利用硼化物的高抗腐蚀性能有效地克服腐蚀，这就防止了在进一步渗硼过程中孔洞的产生。通过控制保温时间，可控制强渗段形成的渗硼层厚度。第二阶段（弱渗段），大幅降低 BCl_3 浓度，延续较长时间，即可获得单相 Fe_2B 层。因此，利用气体渗硼法，通过两个阶段渗硼是可以在工业规模下直接获得单相 Fe_2B 层的，其具体工艺参数如下：

加热温度900 ℃，流速0.1 cm/s；强渗段：BCl_3 浓度 C_1 为6%～8%，保温时间 τ 为45 min；弱渗段：BCl_3 浓度 C_2 为1%～2%，保温时间 τ 为75 min。

本研究表明，利用上述工艺可获得75～90 μm的单相 Fe_2B 层。

10.4.2.2 结论

①研究了 BCl_3+H_2 气体渗硼在工业条件下的应用工艺，用很少的 BCl_3 用量获得高质量渗硼层，使气体渗硼成本降低，污染减小，为 BCl_3+H_2 气体渗硼在工业条件下的应用创造了条件。

②在所用设备条件下，推荐以下获得较理想双相渗硼层工艺条件：$v=0.1$ cm/s，$C=4.6\%$，$T=900$ ℃，$\tau=2\sim3$ h 或 $v=0.13$ cm/s，$C=3\%$，$T=900$ ℃，$\tau=2\sim3$ h。在可比条件下，BCl_3 用量是国内研究用量的1/171～1/56，是国外实验室条件下最低用量的1/16～1/7.5。

③在所用设备条件下，采用两段法可直接获得单相 Fe_2B 层。

10.5　离子渗硼

离子渗硼是近年来在离子氮化基础上发展起来的一种渗硼方法。这种化学热处理是利用异常放电特性区（EF 区）来实现的。异常放电的特点是电流强度随电压升高而增加，随电极周围的空间减少而下降。在这种电场内，主要发生电离作用，气体离子被加速，并向阴极轰击。这样使阴极（零件）加热并把气体中的硼原子注入钢铁零件的表面，从而实现渗硼。

因此，只要选用合适的反应气体，正确控制各种参数，就能按照离子轰击原理进行渗硼处理。离子渗硼的设备可利用离子氮化设备经改进后使用。离子渗硼装置示意图如图 10.33 所示。

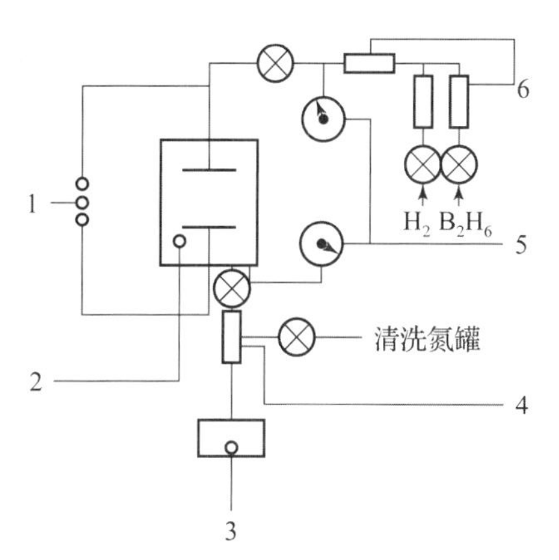

图 10.33　离子渗硼装置示意图

1—电机；2—反应器；3—一级泵；4—液氨瓶；5—压力表；6—气体流量计和混合器

10.5.1.1　乙硼烷离子渗硼工艺

参数根据气体中放电性能确定，即含有低压气体的两极之间施加一个直流电压，使两极之间能够建立辉光放电状态。因此，要建立和维持辉光放电状态，主要取决于电压与气氛对渗硼层厚度和组织的影响以及温度、时间对渗硼层厚度的影响。

1. 渗硼气氛流量的选择

渗硼反应器中的气体成分与气体的流量有直接关系。气体的总流量 $D_{总}$ 是氢

气流量 D_{H_2} 与乙硼烷流量 $D_{B_2H_6}$ 之和，即

$$D_{总} = D_{B_2H_6} + D_{H_2}$$

当反应器中总压强 p 为 3 Torr①，渗硼温度为 850 ℃，保温时间为 2 h，材料为低碳钢，$D_{总}$ 为 100 L/h、75 L/h、50 L/h、25 L/h 时，渗硼层厚度与乙硼烷流量的关系如图 10. 34 所示。

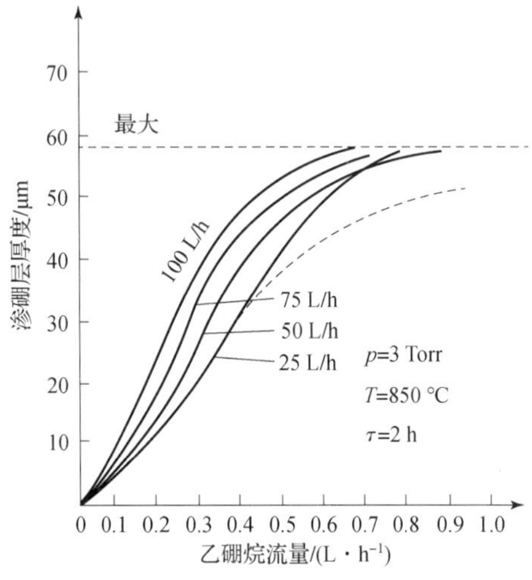

图 10. 34 渗硼层厚度与乙硼烷流量的关系

渗硼层组织也是随气体流量的变化而改变的，如图 10. 35 所示。一般渗硼层中 FeB 厚度小于 1/3 渗硼层厚度，FeB 最大厚度为渗硼层厚度的 70% 。

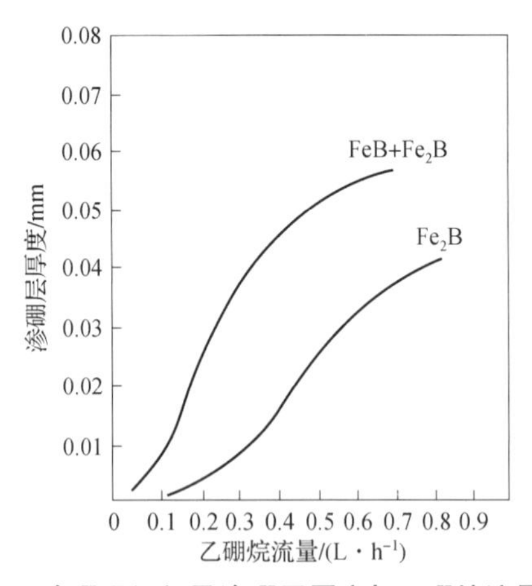

图 10. 35 渗硼层组织及渗硼层厚度与乙硼烷流量的关系

① 1 Torr = 1. 333 22 × 10^2 Pa。

2. 渗硼温度与保温时间的选择

离子渗硼除了应合理地选择气氛外，还应选择合适的温度与保温时间。图10.36列出了不同的渗硼温度下，渗硼层厚度与保温时间的关系。由图10.36可以看出，在高温（850～950 ℃）下，渗硼速度与固体渗硼速度相似；在低温（600～700 ℃）下，低碳或低合金钢保温2～10 h后可获0.01～0.04 mm厚的渗硼层。这说明，乙硼烷离子渗硼在较低温度时渗硼速度比其他渗硼方法快，效果好。

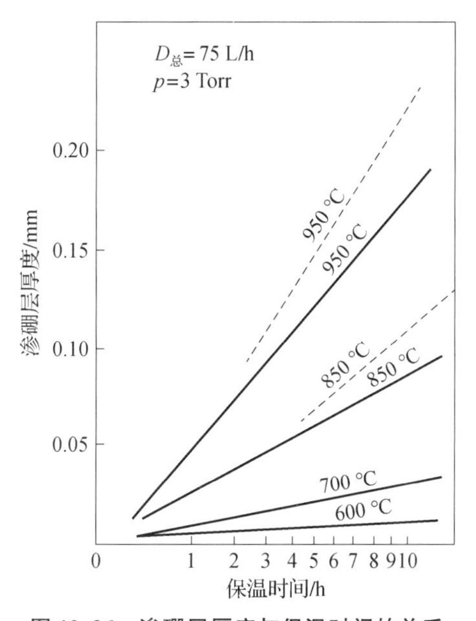

图10.36　渗硼层厚度与保温时间的关系

离子渗硼具有可以较方便地控制渗硼层的相组成，渗硼温度低，保温时间短，节约气体和能量消耗低等优点，是一种很有希望的渗硼工艺。

10.5.1.2　三氯化硼离子渗硼

离子渗硼使用的气源也可以是三氯化硼，载气体仍为氢气。这种离子渗硼，由于气体活性高，加热速度快，所以可节约能源。

三氯化硼离子渗硼装置是由抽成真空的反应罐、电源和冷却系统组成的，其示意图如图10.37所示。在此设备中，当罐内压力为7～20 Torr，电流为200～800 mA，电压为400～700 V，加热温度为900 ℃时，20钢经40 min渗硼，可获0.07 mm厚的硼化物层，其组织为$FeB+Fe_2B$双相梳齿状组织。如选择适当的离子硼参数，可以比较方便地调节渗硼层的相组成，大大缩短渗硼时间。

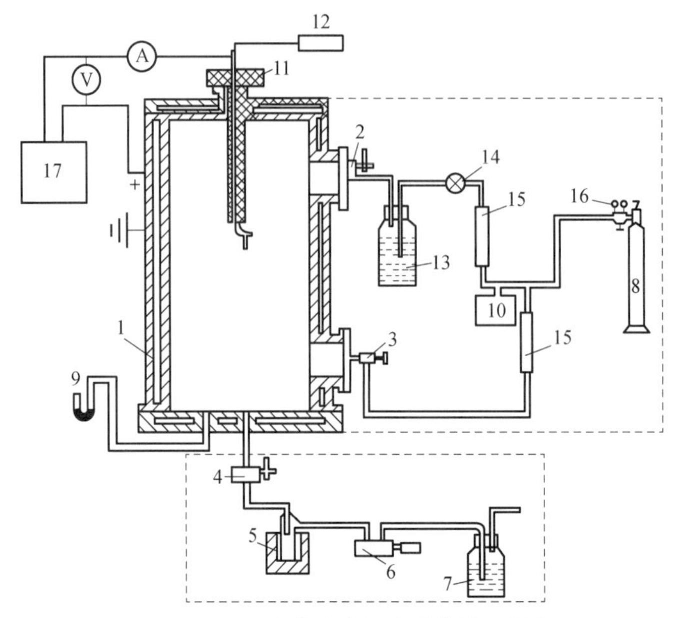

图 10.37 三氯化硼离子渗硼装置示意图

1—反应罐；2—BCl_3；3—H_2 或 Al 进口；4—真空阀；5—气水分离器；6—真空泵；7—废气过滤器；8—气瓶；9—真空计；10—压力缓冲器；11—阴极；12—热电偶；13—盛氯化物的容器（BCl_3）；14—供给载气的阀；15—流量计；16—减压阀；17—电源

10.6 真空渗硼

随着真空热处理的发展，实际已开始进行真空渗硼的研究与应用。真空渗硼是将含硼的混合物粉料放入炉中，将工件埋入粉末中，然后抽真空，同时将炉温升至一定温度，保温一定时间，即可实现渗硼。由于真空渗硼不一定要使用价格昂贵、有毒性的气体渗硼介质，且真空渗硼后工件表面光亮洁净，不需要清洗，优于固体渗硼，所以有较大的发展前途，在国外已开始应用。

真空渗硼是在压力为 3×10^{-3} mmHg① 的真空炉中进行的，渗硼介质为碳化硼与硼砂的混合物，其配比与渗硼效果见表 10.8。表中结果是在 900 ℃，4 h 渗硼时获得的。可见，以含 16%～18% 的硼砂混合物作渗硼介质获得的渗硼层最

① 1 mmHg = $1.333\,22\times10^2$ Pa。

厚。渗硼层的组织和厚度除与渗硼剂有关外，还主要取决于渗硼温度与保温时间以及钢的成分，如图10.38所示。由图10.38可知，900～1 000 ℃，6～9 h渗硼后，可得到具有实用价值的最致密的渗硼层。

表10.8 混合物的配比与渗硼效果

编号	混合物的成分含量/%		渗硼层厚度/mm	
	B_4C	$Na_2B_4O_7$	纯铁	45钢
1	88	12	0.042	0.038
2	86	14	0.053	0.045
3	84	16	0.068	0.055
4	82	18	0.060	0.050
5	80	20	0.052	0.044
6	78	22	0.045	0.037

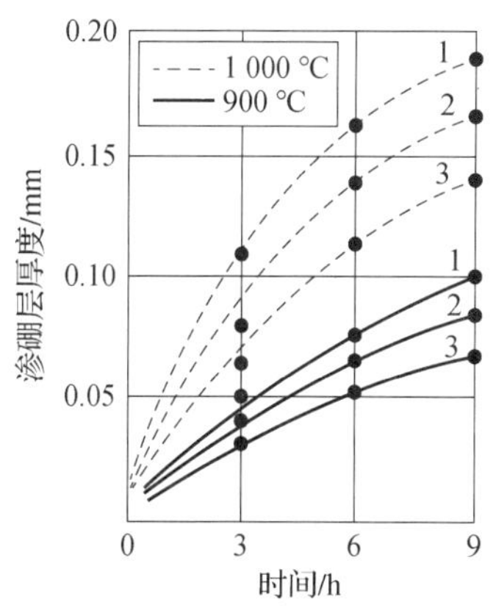

图10.38 渗硼层厚度与温度、保温时间的关系

1—纯铁；2—45钢；3—T8A钢

真空渗硼后可以获得与普通渗硼相似的渗硼层组织，其通常也是由双相 $FeB+Fe_2B$ 或单相 Fe_2B 组成，并且均呈梳齿状。但由于它们致密度高，表面光亮，所以优于普通渗硼层。在同一渗硼剂中，经800 ℃渗硼时，可获单相 Fe_2B 渗硼层；经900～1 000 ℃渗硼时，获得双相 $FeB+Fe_2B$ 渗硼层，而且随着温度的升高和保温时间的延长，FeB的数量也随之增加。

第 11 章 渗硼应用实例

11.1 渗硼在石油化学工业上的应用

随着石油工业的飞速发展，炼油设备迅速增加，许多设备是从国外引进的，其中易损配件寿命低，需花费大量外汇去购买，而且配件更换频繁导致影响生产效率。为了尽快解决易损件的国产化，作者受中国航天科技集团公司（原航天工业部一院）、中国科学院力学研究所和北京市热处理厂的委托，先后为北京燕山石油化工公司机械厂、四川东方红炼油厂、广东佛山炼油厂等单位炼油设备中的阀杆、喷头和分离器壳体进行渗硼生产试验，获得成功。

11.1.1 工作条件和性能要求

炼油催化裂化装置中的喷头、阀杆和分离器壳体是在高温（≥700 ℃）、高压（6～7 $kgf/cm^2$①）、腐蚀性介质和高速油气流磨损中工作的配件，工作中不仅要耐高温、高压和腐蚀，还要求有良好的耐磨性。这些零件工作要承受高速原油和粒状催化剂的冲刷，寿命很低，通常采用氮化处理，但是因为零件工作温度超过 550 ℃，氮化层很快软化，使用寿命也不长。

1Cr5Mo 钢是一种石油化学工业广泛应用的珠光体耐热钢，具有良好的耐蚀性和耐热性，适用于制造石油蒸馏设备管道及容器，广泛应用于制造热交换器和

① 1 kgf/cm^2 = 98.066 5 kPa。

再热器，以及热冲压模、燃油泵阀门零件、锅炉吊架、燃气轮机缸套等，通常使用温度在 650 ℃以下。本试验喷头和分离器壳体采用 1Cr5Mo 钢制造，阀杆采用 1Cr18Ni9Ti 不锈钢制造。

11.1.2　渗硼工艺

为了提高不锈钢和耐热钢的耐蚀性和耐磨性，作者将渗硼工艺应用到其热处理中。不锈钢和耐热钢因含有大量的铬镍合金元素，其表面均有一层稳定的合金氧化膜。此类钢渗硼必须选用合适的渗硼剂和恰当的渗硼工艺才能达到其技术要求。不锈钢阀杆的渗硼层厚度≥0.03 mm，喷头和分离器壳体则要求渗硼层厚度≥0.08 mm。

11.1.2.1　渗硼剂

经过大量试验，选定渗速快、松散性极好、渗硼后工件表面十分光洁的固体渗硼剂，其主要成分为硼铁、氟硼酸钾、三氧化二铝、碳化硅、氯化铵和木炭。

11.1.2.2　渗硼工艺

将渗硼剂和渗硼工件装入用普通低碳钢焊制的铁罐中；装箱时，先在箱底铺一层 20～30 mm 厚的渗硼剂，然后放入工件，试样与试样之间应保持 10～15 mm 的间隙，然后填充渗硼剂；上层试样表面应覆盖 20～30 mm 厚渗硼剂，盖上盖子并用耐火泥或黄土泥密封。一定要采取热装炉，不可冷炉装罐。采取随炉升温渗硼，以免 KBF_4 等活化剂过早分解，降低渗硼效果。

为了选择合适的渗硼温度，选取 870～950 ℃进行试验。渗硼时间则根据 1Cr5Mo 钢零件的技术要求和渗硼温度的试验结果进行选择，试验时间为 3～6 h。通过试验，最后选定工艺参数：1Cr5Mo 钢渗硼温度为 900 ℃，时间为6 h，渗硼层厚度≥0.08 mm；不锈钢的渗硼温度为 920 ℃，渗硼时间为 5 h，渗硼层厚度≥0.03 mm。

11.1.3　渗硼试验结果

11.1.3.1　渗硼组织

1Cr5Mo 钢渗硼温度为 900 ℃，时间为 6 h，其渗硼层显微组织如图 11.1 所示。

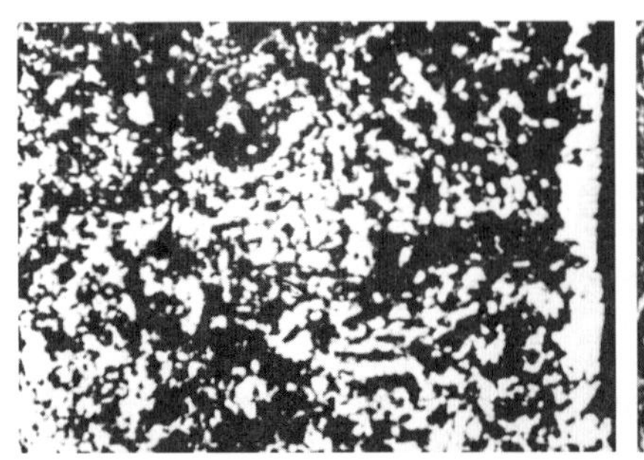
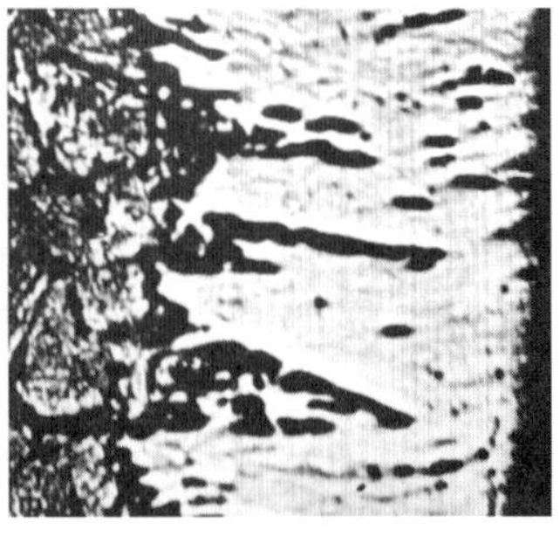

图 11.1 1Cr5Mo 钢渗硼层显微组织（左：50×；右：500×）

1Cr18Ni9Ti 不锈钢渗硼后的组织是以 FeB 为主和少量 Fe_2B 的双相结构，渗硼层梳齿状不明显，如图 11.2 所示。这是因为钢中含有大量的 Cr、Ni 等阻碍硼原子的扩散。耐热钢因含 Cr 量较低，对硼的扩散阻碍作用较小，渗硼后可获得 FeB 占 40% 的双相层，同时渗硼组织中存在一个明显的过渡区。1Cr18Ni9Ti 不锈钢渗硼层典型的显微组织实际上没有梳状结构，而这样的梳齿状结构是所有的铁基合金特有的，其硼化物层由双相组成，即（Fe,Cr,Ni)B 和(Fe,Cr,Ni)$_2$B，前者的显微硬度为 $HV_{0.1}$2 230～2 460，含铬量与含镍量分别为 10% 与 6%，后者的显微硬度为 $HV_{0.1}$1 430～1 600。

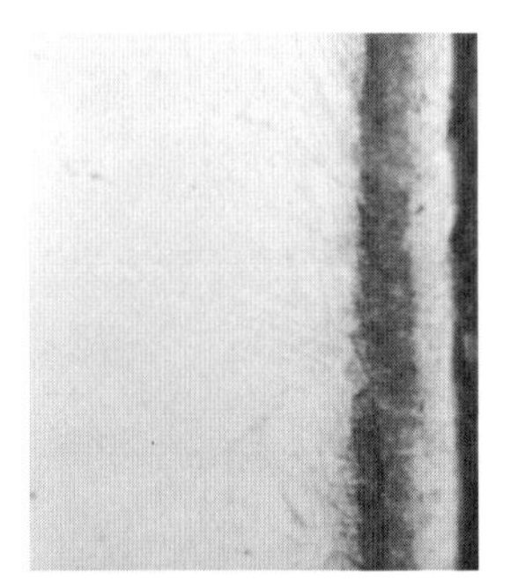

图 11.2 1Cr18Ni9Ti 不锈钢渗硼层典型的显微组织（200×）（书后附彩图）

11.1.3.2 试验性能

1Cr18Ni9Ti 不锈钢阀杆渗硼后通过耐磨性试验表明，其滑动磨损失重不到未渗硼的 1/10，不到氮化处理的 1/2。1Cr5Mo 钢渗硼后的硬度，表层为HV1 705～2 366，心部为 HV501～651（空冷）、HV347～416（炉冷）；耐磨性较未渗硼高 5 倍以上；对 HCl、H_2SO_4、NaOH、NaCl 的耐蚀性显著提高，但会被 HNO_3 强烈腐蚀。

高温氧化试验显示，在 850 ℃以下其氧化速度显著低于未渗硼的钢，900 ℃时抗高温氧化性下降。750～850 ℃时，硼化物层在空气介质中的抗氧化能力很强，并且硼化物层中形成裂纹并不导致渗硼层的严重破坏和热稳定性丧失。

11.1.4　试验结果分析

11.1.4.1　渗硼组织

试样经 900 ℃、6 h 渗硼处理后，在垂直于试样表面方向形成硼化物层。金相组织可以明显看到 FeB 和 Fe_2B 两相，还可以看到内外两层硼化物均呈梳齿状分布，FeB 梳齿状很明显，Fe_2B 由于大量合金元素的存在，对硼的扩散起阻碍作用，使渗硼速度减慢，因而梳齿状明显变得平坦，硼化物上弥散分布着极细颗粒状二次含硼碳化物。渗硼层组织外层存在大量的疏松和黑洞。硼化物层与基体之间存在过渡区，过渡区厚度比硼化物层厚 4～5 倍，且与基体有较明显的分界线。

11.1.4.2　渗硼工艺

众多试验证明，大量合金元素对硼的扩散起阻碍作用。1Cr5Mo 钢高的合金元素含量严重阻碍了渗硼时硼原子向内扩散，特别是 Cr、Mo 等缩小 γ 相区的元素会明显降低渗硼速度，减小硼化物层厚度，且使硼化物形态平坦化，与基体结合差。1Cr5Mo 钢在服役时除经受各酸、碱、盐的腐蚀，还要承受一定的冲击、摩擦。当渗硼层太厚时，由于渗硼层厚度与胀大量成正比，渗硼层越厚，其尺寸胀大量也越大，则增加变形量，所以渗硼层厚度也应适当控制，不要盲目追求高厚度的渗硼层。因此，一般认为 1Cr5Mo 钢的渗硼层厚度≥0.08 mm 即可满足要求，使 1Cr5Mo 钢经渗硼后性能有较大的改善和提高。

从试验结果可以看出，渗硼温度在 870～930 ℃时，渗硼层厚度增长趋势明显，温度再高则增长不明显；900 ℃时渗硼层厚度即可达到 0.09 mm，可以满足技术要求；渗硼层厚度通常随渗硼时间延长而增加，保温 6 h 就能达到0.09 mm 的渗硼层厚度。因此，对 1Cr5Mo 钢渗硼，选用 900 ℃、6 h 保温效果较为理想。

11.1.4.3　性能

1Cr5Mo 钢经渗硼后表层硬度很高，这不仅因为形成了 FeB + Fe_2B 两相，还因为合金元素在钢中的分布。1Cr5Mo 钢中有较高含量的 Cr，而 Cr 提高了两相硼化物层的硬度。在较高渗硼温度时，可减少硼化物 FeB 的织构轴漫散角，增加高硼相含量。另外，含 Cr 钢中存在于渗硼层中的碳化物 $(Fe,Cr)_{23}(C,B)_6$ 也会增加硼化物层的硬度，而 Mn 主要溶解在 FeB 中，从而显著提高 FeB 的显微硬度，且 Mn 在 900 ℃形成最完善的织构。Mo 提高了 FeB 硬度，降低过渡区中硼和碳的浓度，使在两相钢硼化物中碳的浓度降低不多，而使硬度也高于一般钢的表层硬度。碳原子在渗硼层中以 $M_3(C,B)$ 的形式弥散分布于硼相中，也会提高硼相显微硬度。1Cr5Mo 钢渗硼处理后，表层形成了一层较为均匀的硼化物区。硼化物是具有一定厚度的、致密的，由 $FeB+Fe_2B$ 组成的双相组织，因而其耐蚀性（除硝酸）有大幅提高。1Cr5Mo 钢渗硼后，在 850 ℃以下抗高温氧化性好。这是由于渗硼处理后，得到的硼化物层十分稳定。它之所以有良好的抗高温氧化性能，与它在高温条件下氧化过程中的化学反应有关。渗硼层氧化过程可分为以下两个阶段：

第一阶段，表层的 FeB 首先被氧化，生成具有光泽的玻璃状 B_2O_3 和含硼低的 Fe_2B，即

$$8FeB+3O_2 = 4Fe_2B+2B_2O_3$$

第二阶段，表层 Fe_2B 中的硼被氧化，生成 α－Fe 层，即

$$4Fe_2B+3O_2 = 8Fe+2B_2O_3$$

上式各反应产物均有 B_2O_3，而 B_2O_3 是良好的防氧化保护剂。因此，虽然开始加热时氧化速度很快，但因 B_2O_3 的形成，渗硼层得到保护，氧化过程很快停止或者减到极缓慢。

生产应用证明，渗硼处理成本低于氮化成本的 1/3，实际使用时提高零件寿命 1 倍以上，减少了设备维修次数，保证设备的安全运转，产生了显著的经济效益。

11.2 渗硼在钻杆接头上的应用

钻具质量问题是探矿界很关心但长期以来没有得到很好解决的问题。钻杆接头作为钻具中的一个关键部件，与钻具中的其他部件相比，钻杆接头失效所带来的影响对钻探生产更为严重。

11.2.1　钻杆接头的工作状况

钻杆接头的作用是连接部位同时还要传递动力，因此要求其具有所需的力学性能，并且它与钻杆连接部位还必须有好的密封性，以防冲洗液泄漏。钻杆接头失效大致可分为断裂、磨损、变形三种形式。

在钻进过程中，钻杆接头就整体来说要受到拉、压、弯、扭、疲劳及冲击振动等复杂应力的作用；就其表面来讲，由于钻杆接头外径比钻杆外径大，所以其外圆要受到强烈的孔壁岩石的磨料磨损、冲洗液固相颗粒的冲蚀磨损；对于螺纹部分来说，螺纹幅之间相对运动会产生黏着磨损、疲劳磨损及固相颗粒的冲蚀磨损。另外，由于冲洗液一般含有浓度比较高的无机盐、无机碱等电介质和其他化学物质，所以其对钻杆接头的腐蚀也是很大的。钻杆接头由此而不断产生磨损、磨蚀、腐蚀、折断等形式的破坏。除此之外，其还要受到拆卸、露天存放、搬迁等人为损伤。

钻杆接头通常采用 40Cr 钢调质处理。根据调查统计，正常情况下钻杆接头多以外圆磨损而失效，约占失效总量的 90%；常拆卸丝扣也多以磨损而失效，磨损加疲劳断裂者占 6%~7%。根据钻杆接头的实际情况，采用渗硼处理来改善其性能，可以延长其使用寿命。

11.2.2　渗硼工艺

钻杆接头渗硼主要目的是提高其耐磨性及耐蚀性，并以提高耐磨性为主。根据渗硼原理，对钻杆接头材料 40Cr 钢制定渗硼处理工艺如下。

①试样尺寸：ϕ20 mm × 5 mm。

②渗硼剂：供硼剂为碳化硼、活化剂、氟硼酸钾；填充剂为碳化硅、木炭、活性炭。

③渗硼罐：ϕ30 mm × 70 mm，渗硼罐口用水玻璃调耐火泥密封。

④渗硼工艺：900 ℃，保温时间 5 h。

⑤渗硼层组织：40Cr 钢渗硼层组织如图 11.3 所示。由图 11.3 可知，其硼化物形态与其他中碳钢一样呈明显的梳齿状，有利于与基体的牢固结合。从硼化物形态看，其为单相 Fe_2B 组织（通过 X 射线衍射分析得到证实），具有较小的脆

性，具有明显的过渡区，增加了基体对渗硼层的支撑强度，有利于渗硼层的稳定，提高耐磨性。

图 11.3　40Cr 钢渗硼层组织（200×）

11.2.3　渗硼试验结果

为了检测 40Cr 钢渗硼效果，对试样进行了磨粒磨损试验、各种腐蚀介质中的耐蚀性试验以及力学性能试验。

11.2.3.1　耐磨性试验

试样尺寸：ϕ6 mm×25 mm。渗硼工艺条件与金相显微组织分析渗硼工艺相同。渗硼结构经金相及 X 射线衍射分析，证明渗硼层组织为单相 Fe_2B 层。

零件的耐磨性不仅与表面渗硼层有关，而且与基体组织的性质有很大关系。通常，粉末渗硼后是随炉冷或渗硼箱出炉后空冷，这时零件的心部组织是退火态。为了研究基体组织对耐磨性的影响，耐磨性测试试样的制备分为 3 组，每组试样 5 个。

第一组处理状态为渗硼随炉冷后未做任何处理；第二组处理状态为渗硼随炉冷后再做调质处理；第三组处理状态为对试样只进行调质处理而不渗硼。然后，对它们的耐磨性进行分析对比。与调质状态进行对比是因为一般钻杆接头只进行调质处理。

调质处理工艺参数：淬火加热温度 860 ℃，水淬油冷；为防止渗硼试样的高温氧化脱硼，加热时在其上涂以防氧化涂料；回火温度 600 ℃；防止回火脆性，回火保温到时间后用水冷却。

1. 磨粒磨损试验结果

把上述制备好的试样进行磨粒磨损试验。磨粒磨损试验机型号为 M1－10，试验时用 200 目砂纸与试样对磨，距离为 6.8 m，载荷为 1.5 kg，试验结果如表 11.1 所示。

表 11.1　40Cr 钢磨粒磨损试验结果

试样处理状态和序号		磨损前质量/g	磨损后质量/g	失重/g	平均失重/g
调质	Ⅰ	5.443 60	5.410 27	0.033 33	0.031 81
	Ⅱ	5.433 16	5.401 29	0.031 87	
	Ⅲ	5.380 07	5.349 83	0.030 24	
渗硼	Ⅰ	5.474 68	5.470 50	0.004 18	0.005 93
	Ⅱ	5.447 01	5.438 48	0.008 53	
	Ⅲ	5.466 30	5.461 20	0.005 10	
渗硼后调质	Ⅰ	5.511 27	5.506 30	0.004 97	0.004 87
	Ⅱ	5.564 91	5.559 96	0.004 95	
	Ⅲ	5.525 46	5.520 75	0.004 71	

2. 磨粒磨损试验结果分析

40Cr 钢渗硼后，其磨损情况远比未渗硼的调质处理状态的磨损情况好得多，而渗硼后再做调质处理的试样又比未做处理的要好。这主要是由于渗硼后未做处理者，其基体组织呈退火态，表层到基体的硬度分布太陡，基体对渗硼层没有很好的支撑作用。渗硼后再做调质处理者，基体组织呈调质态，其强度、硬度要比前者好得多。这样，其硬度分布从基体到渗硼层相对来说较平滑，因此对渗硼层有较好的支撑作用，使渗硼后做调质处理的试样的耐磨性要优于渗硼后未做调质处理的试样的耐磨性。40Cr 钢渗硼调质组织如图 11.4 所示。

11.2.3.2　耐蚀性试验

钻杆接头在工作中要受到冲洗液的腐蚀作用。冲洗液为了调节其性能，一般含有浓度较高的碱、盐等活性介质，因此这种腐蚀作用是比较强烈的。此外，在其他一些非钻进场合，钻杆接头还要受到大气、雨水等介质的腐蚀。为此，对 40Cr 钢钻杆接头渗硼后做耐蚀性试验。

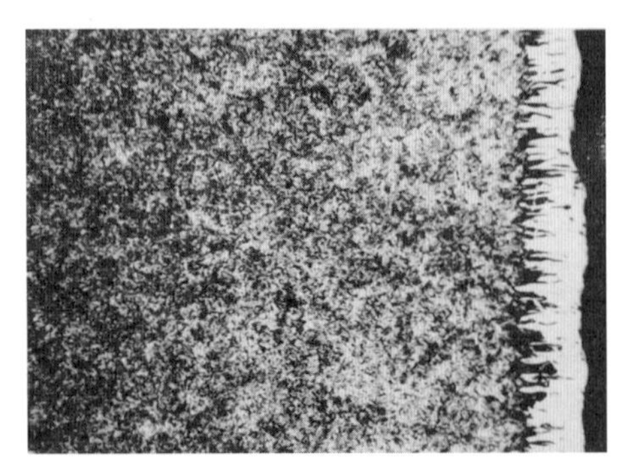

图 11.4 40Cr 钢渗硼调质组织（200×）

试验所用试样的渗硼工艺条件与耐磨性试验所用试样的渗硼工艺条件相同。试验方法：将40Cr钢渗硼试样与40Cr钢未渗硼试样置于浓度为10%的不同溶液中浸泡24 h，清洗烘干后测其失重进行腐蚀试验，试验数据如表11.2所示。由表11.2可见，除硝酸溶液外，在其他溶液中渗硼试样的耐蚀性比未渗硼试样要好得多。

表 11.2 40Cr 钢渗硼与未渗硼腐蚀试验数据

试样处理状态	HCl	H_2SO_4	NaOH	NaCl	HNO_3
渗硼腐蚀率/$(mg \cdot cm^{-2} \cdot d^{-1})$	0.001 5	0.001 1	0.000 5	0	0.132 9
未渗硼腐蚀率/$(mg \cdot cm^{-2} \cdot d^{-1})$	0.012 3	0.014 7	0.009 6	0.008 0	0.015 2
提高倍数	8.2	13.3	19.2	—	—

11.2.3.3 力学性能试验

1. 冲击试验

由表11.3可知，零件渗硼后随炉冷却如果不做其他任何处理，其冲击韧性比渗硼后再做调质处理的要低得多，而渗硼后做调质处理的冲击韧性又比未渗硼但做调质处理的稍有降低。对冲击试样断口进行宏观及微观显微分析表明，40Cr钢调质处理及40Cr钢渗硼后再做调质处理，其一次冲击断裂属于韧性断裂。由此可以得出，零件的冲击韧性主要由基体组织决定而与渗硼层关系不大，但渗硼层对其还是有一定影响的。对于要求有好的冲击韧性的零件，如钻杆接头，渗硼后必须做调质处理。

表 11.3　40Cr 钢冲击试验结果和冲击吸收能量

试样处理状态	冲击吸收能量 K/J			
	试样序号Ⅰ	试样序号Ⅱ	试样序号Ⅲ	平均冲击吸收能量
调质	11.35	11.16	11.18	11.23
渗硼后调质	9.95	7.27	8.61	8.61
渗硼后随炉冷	2.17	2.17	2.80	2.38

2. 拉伸试验

对于钻杆接头来说，要求好的冲击韧性只是一个方面，总的要求是良好的综合力学性能。40Cr 钢不同处理状态的拉伸试验数据如表 11.4 所示。由表 11.4 可知，渗硼后的强度指标及塑性指标都稍有下降，但仍保持足够高的强度。同时，渗硼后调质试样的屈强比要高于未渗硼试样的屈强比，这说明渗硼后屈服强度的下降程度要小于抗拉强度的下降程度，这对于钻杆接头这样的零件是有利的，因为它减轻了渗硼对零件的强度损害。

表 11.4　40Cr 钢不同处理状态的拉伸试验数据

试样处理状态和序号		R_{eL}/MPa	R_m/MPa	A/%
调质	Ⅰ	836.43	935.06	11
	Ⅱ	805.22	880.22	12
渗硼后调质	Ⅰ	798.98	867.64	8
	Ⅱ	786.49	892.61	9
	Ⅲ	817.71	898.85	10

11.2.4　钻杆接头的现场钻进试验

为了检验渗硼接头实际钻进时的磨损情况，1993 年 3 月配合中国地质科学院矿产资源研究所（原地质矿产部地质技术经济研究中心机电所）的反循环项目进行了现场钻进试验。由于试验时进尺数有限，这次试验主要对接头外径的磨损情况进行检验。对于双壁反循环钻进方法来说，由于接头与孔壁间隙不到 2 mm，其磨损情况更为严重。因此，这次渗硼接头的现场钻进试验对其更具实际意义。

考虑到进尺数有限，采用试验接头外径比钻头外径大，试验接头直接装于钻头上部，以便使试验接头处于强烈磨损状态。钻进工艺参数：转速为700 r/min；钻头压力为9 800 N；泵量为120 L/min；冲洗介质为清水。

钻进时试验接头磨损情况如表11.5和表11.6所示。从试验结果可知，在同样的钻进条件下，40Cr钢渗硼接头的耐磨性远远高于同样材料的未渗硼接头，也显著高于30CrMnSiA调质处理接头，证明渗硼接头确实具有非常优良的抗磨粒磨损性能。同时还观察到，未渗硼接头及渗硼接头的未渗硼部分基本都锈迹斑斑，而渗硼部分还保持光亮，这同样也证明渗硼处理工件具有好的防腐能力。

表11.5 40Cr钢未渗硼接头钻进4 m磨损情况 （单位：mm）

接头种类	40Cr钢调质处理接头	30CrMnSiA常规调质处理接头				
		1	2	3	4	5
试验前外径	60.10	56.84	56.91	56.79	56.87	56.93
试验后外径	59.88	56.79	56.87	56.72	56.82	56.89
磨损量	0.22	0.05	0.04	0.07	0.05	0.04
平均磨损量	0.22	0.05				

表11.6 40Cr钢渗硼接头钻进20 m磨损情况 （单位：mm）

接头种类	40Cr钢渗硼后调质处理接头	30CrMnSiA常规调质处理接头				
		1	2	3	4	5
试验前外径	60.14	57.06	57.09	57.03	57.05	57.06
试验后外径	60.13	56.82	56.90	56.70	56.88	56.85
磨损量	0.01	0.24	0.19	0.33	0.17	0.21
平均磨损量	0.01	0.23				

11.2.5 理论分析

由前面的各项试验可知，渗硼技术可以用于钻杆接头的表面强化，得到的极硬硼化物层，使钻杆接头不但具有良好的抗磨粒磨损性能，同时具有良好的抗腐蚀性能。这两个优良的性能都能使钻杆接头的使用寿命大大增加。室内及现场试验表明，渗硼材料与未渗硼材料相比，其耐磨性及耐蚀性显著提高。为了保持接头心部的强度及好的冲击韧性，渗硼后再进行调质处理，力学性能试验表明，与常规调质处理相比，渗硼后再进行调质处理，虽然其强度指标有所下降，但仍维持在一定水平，可满足使用要求。

由于渗硼温度较高，渗硼后还必须进行调质处理，因此接头不可避免地会产生变形，并且因硼化物层极硬，出现大的变形后很难再进行精加工，但可以采取措施使其变形量在允许范围内。渗硼后总的趋势是尺寸胀大，对于这个问题可以在渗硼前加工时一律按负公差来加工，这个公差量得通过大量的试验来确定。另外，为了减少变形，在调质处理时，加热温度不宜太高，加热时间不宜太长，还应采用冷速较慢的淬火介质。为了防止渗硼层的氧化脱硼，淬火加热时必须置于保护气氛中或者表面涂防氧化脱碳涂料。

渗硼速度随加热温度的提高、保温时间的增加而加快。通过正交试验及接头的服役条件，得出最佳渗硼工艺参数：温度为 900 ℃，时间为 5 h，供硼剂配比 B_4C 为 5%。这一工艺可使 40Cr 钢得到 125 ~ 140 μm 的渗硼层厚度。

11.3　渗硼在精密件上的应用

渗硼多数时用于尺寸要求不十分严格的工模具和耐磨件，渗硼后一般不再加工，淬火后就直接使用。作者尝试着将渗硼应用于精密零件上，效果也比较明显。

11.3.1　气动量仪测头渗硼

气动量仪测头是测量偶件的精密量具，关键测量部位的下沉量仅为 0.001 ~ 0.005 mm，由于测量批量大而磨耗易损。原采用 GCr15 钢淬火后冷处理，低温回火，使用寿命一般不超过 6 d，更换频繁，浪费工时和材料，成为测量上的老大难问题。改用 GCr15 钢渗硼，渗硼前全部加工到规定尺寸，渗硼后装箱空冷，硼化物层深 0.06 ~ 0.08 mm，渗硼后外径变形为 +（0.02 ~ 0.03） mm，椭圆度、弯曲度均小于 0.01 mm。精磨用碳化硅砂轮，研磨用金刚石研磨膏或碳化硼研磨膏，精磨和精研后可保证精度要求。用渗硼处理了 ϕ5/6/8 mm 三种规格的锥度测头、弯曲测头以及分级测头，经实际使用寿命比原来延长 10 ~ 18 倍。

11.3.2 柱塞偶件渗硼

柱塞属于精密偶件，是基础部件攻关项目。柱塞偶件是在一定配合间隙下工作，尺寸配合要求相当高，并要求尺寸稳定性好。柱塞偶件常因滑动摩擦造成磨损，致使间隙超差，供油量下降到一定值而失效。为了提高柱塞偶件的耐磨性和尺寸稳定性，作者选用45 钢制造柱塞和柱塞套进行渗硼处理。经试验证明，渗硼柱塞偶件有以下特点。

①渗硼柱塞偶件耐磨性显著提高，装机使用已达 8 000 h 以上。快速冷磨试验表明，与 GCr15 钢相比，磨损寿命延长 4 ~ 9 倍，平均延长 6 倍。

②45 钢渗硼柱塞偶件尺寸稳定性好，可省略冷处理工序。

③采用 45 钢渗硼柱塞偶件，节省了合金钢材料。

④选用合适的加工方法、研具和研材，经研磨加工，可保证柱塞和柱塞套的精度和表面粗糙度要求。

⑤虽然渗硼的电能消耗稍有增加，费用较高，但其综合经济效益可明显提高。

11.3.3 针阀偶件渗硼

喷油嘴也是基础部件攻关项目之一。针对针阀偶件失效分析的结果认为，针阀偶件中针阀体比针阀工作条件更差，针阀体下部在燃烧室上，温度高达 300 ℃。针阀偶件失效的主要原因在于耐磨性不高、尺寸稳定性差、回火稳定性不足三个方面。

针对以上三个方面问题，选用 45 钢渗硼制作针阀和针阀体。由于硼化物层硬度高（HV1 400 ~ 1 800），热硬性好，900 ℃保持高硬度，且 45 钢淬火低温回火后残余奥氏体少，尺寸稳定性好，因此可以解决这三个方面的问题。渗硼针阀偶件的使用寿命显著延长，装机试验已超过 5 000 h 尚在继续工作。快磨对比试验表明，45 钢渗硼针阀偶件的耐磨寿命相当于 GCr15 钢的 2 ~ 3 倍。

渗硼处理能显著提高测量头、柱塞偶件和针阀偶件的耐磨性和使用寿命已经实践证实。但如何对硬度高（$HV_{0.1}$ 1 400 ~ 1 800）的薄渗硼层（一般小于 0.1 mm）进行研磨加工，特别是能否加工到精密偶件要求的精度（小于 1 μm）和表面粗糙度（*Ra*0.02 ~ 0.04），国内外都没有先例，无疑存在很大的困难。作者根据多年的研究和实践，取得一些加工经验。渗硼柱塞偶件、针阀偶件、测头等的机械加工与 GCr15 钢淬火的基本相同，除增加渗硼工序外，还要在以下几个方面稍加变动。

①由于渗硼件表面硬度高，渗硼层薄，不允许加工量过大，加工难度大，所以对非主要工作面或精度和尺寸要求稍宽的主要工作面，如柱塞斜槽、柱塞套肩胛等的加工工序，尽量安排在渗硼前进行。

②对精度高、公差带小的表面，如柱塞套小外圆等，可采用渗硼前后分粗、精两次加工。

③确定渗硼及淬火的变形规律，确定合适的加工余量和硼化物层厚度。

④经试验证明，适用于渗硼件的加工方法：一是精磨外圆。采用单晶刚玉（GD）和白刚玉（GB）砂轮，磨削性能差，效率低，耐用度差，几何精度低，严重棱圆；采用绿色碳化硅砂轮（TL）切削能力强，加工精度和表面粗糙度均可达到要求，仅耐用度比加工 GCr15 钢时稍差。二是研磨中孔。精密小孔加工难度大，国内加工淬火的 GCr15 钢件多数以手工研磨为主。渗硼的柱塞套和针阀体内孔，以立方碳化硅为研料，效率比氧化铝、碳化硼高，但表面粗糙度大。采用 120 号人造金刚石研磨条（青铜结合剂）研磨渗硼柱塞比手工研磨快 11 倍。渗硼层很适合用研磨，加工效率比加工 GCr15 钢高近 1 倍，并且不易产生喇叭口和中凸现象，但表面粗糙度偏大，有划痕。三是针阀体和针阀密封锥面加工。针阀体和针阀密封锥面采用细砂轮加工基本上能满足工艺要求。

11.4　渗硼在不锈钢上的应用

11.4.1　工作条件和性能要求

众所周知，渗硼层具有硬度很高、耐磨、耐酸（除硝酸外）、耐碱介质腐蚀等特点。在超精密轴承上应用渗硼研究时发现，尽管渗硼层的硬度很高（HV1 500），但仍满足不了硬度要求，轴承很快就会产生摩擦划痕，影响使用寿命；渗硼件在潮湿大气中放置或加工操作时，表面颜色发暗，直接影响精度和使用。为了进一步提高不锈钢的硬度和耐蚀性，采用高铬不锈钢渗硼或先渗铬再渗硼的做法来试验，以便将渗硼工艺更好地运用到不锈钢材料中。通过 X 射线衍射分析、渗硼层表面硬度测定以及其在潮湿大气中的耐蚀性，肯定了这是一种既能提高硬度，又能改善大气腐蚀性能的行之有效的方法。总之，作者研究开发的不锈钢渗硼技术在国内是最早应用于产品上的，是解决不锈钢零件不耐磨最理想的技术。

11.4.2 渗硼工艺

①试验材料和试样。采用不同铬含量的不锈钢，包括 1Cr13、1Cr18Ni9Ti、Cr25Al5 耐热不锈钢、Cr26Mo 以及 45 钢、Cr12Mo 工具钢和 GT－35 钢结硬质合金。GT－35 钢结硬质合金是由 35% TiC、2% Cr、2% Mo 用铁粉烧结而成的，试验时分别加工成ϕ(13～20)mm×3 mm 或 14 mm×(14～20)mm×3 mm 的板状试样，并经 400 目砂纸研磨后使用。

②渗硼工艺。渗硼采用料浆喷涂热扩散法。试样表面用压缩空气喷涂料浆。料浆由 B_4C 和 5% KBF_4 活化剂及硝化纤维黏结剂组成。渗硼是在 800～1 000 ℃、Ar 保护气氛下加热扩散方式进行。渗硼后可直接淬火、炉冷或炉管内冷却（缓冷为好）。这种渗硼工艺简单，还适用于各种复杂形状部件的处理，因此适合在工业生产上应用。

③渗铬。渗铬采用粉剂埋入加热扩散法。渗硼剂为 60% Cr 粉中加入 40% Al_2O_3 填充剂，再加入各 1% 的 NaF 和 NH_4Cl 活化剂，搅拌均匀后把试样埋入渗硼剂中，在 Ar 保护气氛下加热到 1 000 ℃，保温 6 h，处理后在炉管中缓冷。

④X 射线衍射分析。在 Philip X 射线衍射仪上，选用 Cu Kα 靶，测角仪上备有石墨单色仪，用正比计数管测定强度，功率为 40 kV×30 mA，扫描速度为1°/min。

11.4.3　试验结果分析

11.4.3.1　不同铬含量不锈钢的渗硼

对 1Cr13、1Cr18Ni9Ti、Cr25Al5、Cr26Mo 不锈钢分别在 900 ℃、1 000 ℃渗硼，均能得到表面呈浅灰色的致密渗硼层，其表面硬度和相组成分别列入表 11.7 中。

表 11.7　不同铬含量不锈钢渗硼后表面硬度和相组成

钢号	处理温度和时间	表面硬度 HV	表面相组成
1Cr13	900 ℃，5 h	1 419	FeB，Fe_2B
1Cr13	1 000 ℃，5 h	1 860	FeB
1Cr18Ni19Ti	1 000 ℃，5 h	1 500	FeB
Cr25Al5	1 000 ℃，5 h	3 000	FeB
Cr26Mo	1 000 ℃，5 h	3 000	FeB，CrB

由表 11.7 可知，1Cr13 在 900 ℃处理时表面硬度为 HV1 419，而在 1 000 ℃处理时达 HV1 860，Cr26Mo 则可达 HV3 000。这说明渗硼层表面硬度随 Cr 含量增大而增高，1 000 ℃处理的表面硬度比 900 ℃处理的高，这显然与其表面组成有关。由表 11.7 同样可知，大多形成 FeB 相，但其含量上有差别。900 ℃处理的含有少量的 Fe_2B；高铬不锈钢形成的是 FeB 及少量的 CrB，因而硬度也高；只有 1Cr18Ni9Ti 和 Cr25Al5 略有不同，这与其所含的合金元素 Ni、Al 有关。渗硼时，合金元素 Ni 被挤压在渗硼层下面，Fe9Ni 低温钢渗硼时，Ni 同样在渗硼层下富集，只形成 Fe_2B 单相。合金元素 Al 与 Ni 相似，这些合金元素在渗硼时发生迁移现象。这些规律与其他研究者发表的结果是相符的。

11.4.3.2　先渗铬再渗硼的复合渗硼

由前述结果可知，铬含量高的不锈钢渗硼后表面硬度高，且铬的抗腐蚀性能也很好。为了得到硬度高、抗腐蚀性能好的表面层，先对 45 钢、Cr12Mo 工具钢及 GT－35 钢结硬质合金进行渗铬，得到约 30 μm 厚的渗铬层。先渗铬再渗硼时表面硬度与相组成如表 11.8 所示。

表 11.8 先渗铬再渗硼时表面硬度与相组成

钢号	表面硬度 HV	表面相组成
45 钢渗铬	约 1 500	$(Cr, Fe)_7C_3$，$Cr_{23}C_6$
Cr12Mo 渗铬	1 314 ~ 1 648	$(Cr, Fe)_7C_3$，$Cr_{23}C_6$
GT – 35	1 600	$(Cr, Fe)_7C_3$，$Cr_{23}C_6$
GT – 35 渗铬渗硼	约 3 000	CrB

由表 11.8 可知，表面主要由碳化铬 $Cr_{23}C_6$、$(Cr,Fe)_7C_3$ 组成，表面硬度为 HV1 600。这说明渗铬时基体中碳被表面铬吸收形成碳化铬，在渗硼层下面形成贫碳区。渗铬层硬度还不够高，因此再进行一次渗硼，可得到 HV3 000 的厚 10 μm 左右的渗硼层。渗硼层有明显的两层，表面由 CrB 组成，里面是 Cr_2B，而且在潮湿空气中耐腐蚀。渗铬后再渗硼得到的渗硼层很薄（10 μm），而且经二次高温加热，因此要选用热稳定性好、不易变形的材料，并严格掌握和控制其尺寸变化，才能达到使用要求。

11.4.3.3 渗硼层在潮湿大气中的腐蚀

将渗硼层在 36 ℃恒温条件下、不同湿度的大气中进行腐蚀试验。结果表明，随着湿度的增加，试样受腐蚀而增重的也越多，随着存放时间的增加，试样增重也越多，大多呈抛物线规律。同时，还可以看出 45 钢渗硼的增重比 GT – 35 钢结硬质合金渗硼的增重更大，腐蚀现象严重。但与此相反，同时进行腐蚀试验比较的 45 钢、GT – 35 试样本身几乎看不出增重，只是局部地方产生坑蚀现象。然而，45 钢或 GT – 35 先渗铬再渗硼的试样在同时进行腐蚀试验相比较时，既看不出增重、变色，也看不出坑蚀现象。这说明先渗铬再渗硼的表面耐大气腐蚀性能很好，是由其表面形成 CrB 为主的渗硼层所致。因此，为了解决渗硼件在潮湿大气中的腐蚀性问题，根本的办法是用高铬不锈钢渗硼或对碳钢等渗铬后再渗硼，从而获得既能耐腐蚀又有很高硬度的渗硼层。

11.5 渗硼在铝型材热挤压模具上的应用

我国生产的铝型材热挤压模具用钢包括 3Cr2W8V、4Cr5MoV1Si。这两种钢材制作的模具采用常规热处理，普遍存在使用寿命低、挤压出的型材表面粗糙度大等缺点。据统计，国外的模具能生产7～8 t/套，而国内只能生产2 t/套。模具损坏严重，使生产效率低，生产成本高，个体劳动强度大，产品缺乏竞争力。因此，延长模具的使用寿命是当务之急。

11.5.1　模具使用条件及失效形式

①使用条件。模具装在卧式挤压机上工作，承受高温、高压及强烈的摩擦作用，使用前需经550 ℃预热。铝锭在400～450 ℃预热后，在200 kgf/cm^{2}以上压强下挤压成型。

②失效形式。失效形式主要有磨损、拉伤、开裂三种，其中以磨损为主。磨损是铝锭与模腔相互摩擦产生的。由于模具表面硬度低，模腔很快磨损，造成尺寸超差而失效。拉伤是铝锭中硬颗粒夹杂与模具作用所致，拉伤使模具表面质量下降，进而使型材表面粗糙度增大。开裂是由操作不当或模腔堵塞而引起。因此，要延长热挤压模具使用寿命，必须使模具具有高的耐磨性、红硬性、耐热疲劳性以及良好的强韧性配合。

11.5.2　试验工艺过程及方法

①试验材料。试验采用常用的热挤压模具用钢3Cr2W8V及4Cr5MoV1Si，原始组织为退火态，使用尺寸为30 mm×10 mm×8 mm，生产模具尺寸为ϕ250 mm×40 mm。

②硼碳氮共渗硼剂。渗硼剂由供硼剂、供氮剂、供碳剂、填充剂及催渗剂组成，配方经优选后制备。

③试验设备。

a. 共渗容器：试验和生产所用容器均采用普通碳钢焊制而成，尺寸分别为160 mm×100 mm×120 mm和500 mm×500 mm×450 mm。

b. 加热设备：RJX－5－13，SRJ－20－13试验电炉。

c. 硬度测试用M100洛氏硬度计、MMT－3型显微硬度计。

d. 耐磨性试验是在MM200磨损试验机上进行的，用TG328型天平称重。

e. 微区成分分析在 PHI591 俄歇电子能谱仪上进行。

④试验工艺。通过试验证明，采用以下工艺是合理的。

a. 3Cr2W8V 热挤压模具：(600 ℃，1 h 渗氮) + (930 ℃，5 ~ 6 h 硼碳氮共渗) + (1 040 ~ 1 060 ℃油淬) + (580 ~ 600 ℃，2 h)(二次) 回火工艺。

b. 4Cr5MoV1Si 热挤压模具：(600 ℃，1 h 渗氮) + (930 ℃，5 ~ 6 h 硼碳氮共渗) + (1 000 ~ 1 020 ℃油淬) + (530 ~ 550 ℃，2 h)(二次) 回火工艺。

11.5.3 试验结果分析

11.5.3.1 显微组织及渗硼层成分

3Cr2W8V 及 4Cr5MoV1Si 钢硼碳氮共渗淬火、回火金相显微组织由硼化物层、过渡区及基体组成，且硼化物层呈梳齿状，由 Fe_2B 相组成。用俄歇电子能谱仪对渗硼层成分定性分析可知，对 3Cr2W8V 钢，渗硼层主要由 B 和 Fe 原子组成；在硼化物齿尖之间，除 B、Fe 外还含有较高的 C 及 Cr 元素；白色的岛状组织含有较高的 C、B、Cr，过渡区则由 W、C、Cr、Fe 元素组成；白色的岛状组织含 B、Cr 量较多，过渡区则由 Si、B、C、Cr、Fe 元素组成，其中 B、C、Cr 含量高于基体。在硼化物梳齿之间富集较多 Si 元素，这是渗硼过程中将 Si 排斥到内层的缘故。

在硼碳氮共渗过程中，钢中合金元素受硼的作用向内扩散，在过渡区形成富集区。这些合金元素与深层扩散的 C、N 原子组成的化合物或第二相强化过渡区，提高硬度，从而有效地支撑渗硼层，防止渗硼层剥落。

11.5.3.2 显微硬度

表面硼化物层具有很高的硬度（HV1 400 ~ 1 800）。过渡区硬度为 HV900 ~ 1 200，能有效地支撑渗硼层，提高渗硼层耐磨性。

11.5.3.3 耐磨性能试验

将硼磷氮共渗硼后淬火、回火试样与同材料淬火、回火试样对磨，磨损方式为干摩擦。上试样转速为 360 r/min，下试样转速为 400 r/min，相对滑动 10%。对于 4Cr5MoV1Si 钢，载荷为 50 kg；对于 3Cr2W8V 钢，载荷为 30 kg。每 5 万转对调上、下试样。

试验显示，无论哪种材料，经硼碳氮共渗处理，其磨损量都显著低于常规处理试样。计算表明，硼碳氮共渗试样相对耐磨性较常规处理试样提高 2 ~ 5 倍。经共渗硼后之所以有更高耐磨性，是因为表面形成高硬度的硼化物层，同时强化了过渡区对渗硼层的支撑作用，防止了渗硼层剥落。

11.5.3.4　实际寿命

用 4Cr5MoV1Si 钢制作的模具挤压 5454 高强合金管材，一般淬火、回火处理模具寿命为 1.3 t/套，经硼碳氮共渗处理的模具高达 3 ~ 4 t/套，基本达到美国生产同类 5454 高强合金模具的使用寿命（3 ~ 5 t/套），且型材表面粗糙度大为改善，提高了生产效率，降低了生产成本。

由以上试验结果可知，硼碳氮共渗提高模具寿命的主要原因如下。

①硼碳氮共渗硼层具有高硬度（HV1 400 ~ 1 800），表层组织为单一 Fe_2B 相，呈梳齿状，具有高的耐磨性、红硬性、耐热疲劳性能。

②硼碳氮共渗硼层由于合金元素富集，过渡区具有较高的强度和硬度，支撑高硬度的 Fe_2B 相，使渗硼层不易脱落与开裂。

③由于碳、氮原子的渗入，渗硼层成分改变，改善渗硼层脆性，共渗硼层具有较好的塑性、韧性。

④合理选择淬火、回火工艺，使基体达到良好的强韧性配合。

11.6　渗硼在蜂窝煤机冲针上的应用

11.6.1　工作条件和性能要求

蜂窝煤机冲针是煤炭加工中使用的易损件，工作中主要承受压、拉、弯曲及磨损应力，其通常采用45 钢，经局部淬火处理后使用，平均寿命为 50 ~ 60 t/副，最高可达 80 t/副（每副冲针 12 支）。它的主要失效形式是磨损超差，也有少部分因弯曲变形超差和断裂而失效。因此，要想提高蜂窝煤机冲针的使用寿命，就必须使其具有高强度、高韧性和高耐磨性。根据前述渗硼原理，作者尝试将渗硼应用到蜂窝煤机冲针的处理中。

11.6.2 渗硼工艺

试验用冲针由北京市宣武区（今为西城区）煤炭公司提供，材料化学成分如表 11.9 所示，材料临界温度如表 11.10 所示。经渗硼、淬火、回火复合工艺处理的冲针分别在多台蜂煤机上进行实际生产试验。

①材料化学成分如表 11.9 所示。

表 11.9 材料化学成分

材料	成分含量/%				
	C	Si	Mn	P	S
20 钢	0.24	0.23	0.50	0.018	0.008 6
45 钢	0.44	0.29	0.62	0.021	0.021

②材料临界温度如表 11.10 所示。

表 11.10 材料临界温度

材料	各相变点温度/℃			
	A_{c1}	A_{c3}	A_{r1}	A_{r3}
20 钢	735	855	680	835
45 钢	724	780	682	751

③渗硼剂。渗硼剂使用 FSB－23 型粉末渗硼剂和 GSB－53 型膏剂渗硼剂。

④使用设备。设备使用 RJX－30－9 型箱式电阻炉。

⑤渗硼处理工艺。

a. 20 钢：890～930 ℃，8 h，随罐空冷。

b. 45 钢：(930±10)℃，12 h，随罐空冷。

⑥渗硼后的金相组织如图 11.5 和图 11.6 所示。

⑦淬火、回火工艺。淬火：20 钢 820～880 ℃，5～15 min；45 钢（800±10)℃，5 min。回火：(190±10)℃，2 h（回火时间视装炉量多少而定)。

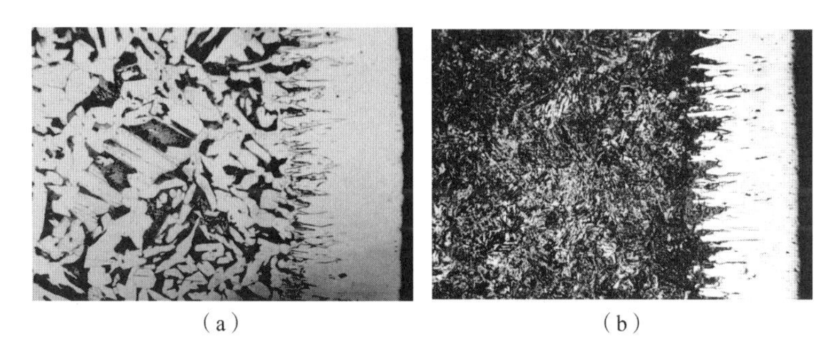

（a）　（b）

图 11.5　20 钢渗硼金相组织（200 ×）

（a）硼化物层为 FeB + Fe_2B，基体为珠光体 + 铁素体；（b）860 ℃、5 min 加热，水冷，200 ℃、2 h 回火，浸蚀剂为 4% 硝酸酒精

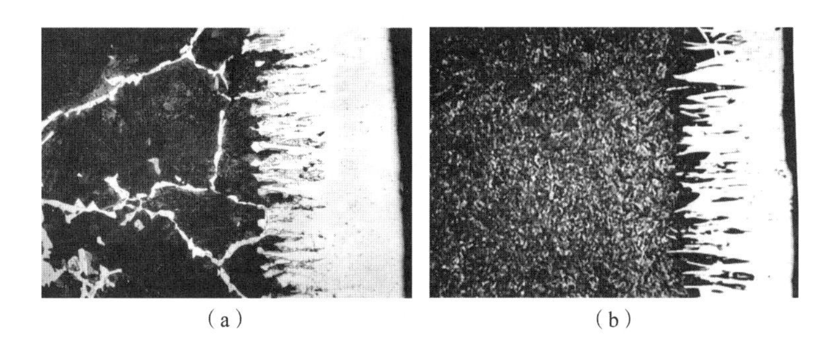

（a）　（b）

图 11.6　45 钢渗硼金相组织（100 ×）

（a）硼化物层为 FeB + Fe_2B，基体为珠光体 + 铁素体；

（b）810 ℃、5 min 加热，预冷 20 s，水淬油冷，200 ℃、3 h 回火，浸蚀剂为 4% 硝酸酒精

11.6.3　试验结果分析

11.6.3.1　磨损过程分析

蜂窝煤机冲针在工作过程中，不同部位的磨损条件是不同的。与煤粉接触的部位是冲针与煤粉间的二体磨损，磨损应力较小。磨损量随冲针在煤粉中的行程不同而变化，行程越大的部位，磨损量越大。由于蜂窝煤机的精度低，工作中冲针与模底都有接触，冲针与模底的接触部位是三体磨粒磨损。冲针、模底、煤粉三者是点接触，接触应力很高。因此，冲针头部比中部的磨损量要大得多。

试验表明，20 钢和 45 钢渗硼冲针分别在加工了 50 t、100 t 左右的蜂窝煤

时，仍未见头部尺寸和形状有明显变化，而在加工了 70 t 和 150 t 蜂窝煤时，其头部圆弧倒角处的渗硼层开始被磨掉，以后则靠侧面的渗硼层承受磨损，最后因冲针长度不够而失效。侧面在经过压煤 200 t 后，仍可见切削加工纹。压煤 400 t 时，其侧面的磨损量也不大于 0. 15 mm。但是，原冲针在压煤 50 ~ 60 t 时，即被磨成锥状，因磨损超差而失效。

11. 6. 3. 2　渗硼层组织、厚度对耐磨性的影响

冲针渗硼后，表面的硼化物层由 FeB 和 Fe_2B 构成。FeB 的硬度比 Fe_2B 高，耐磨性也好。因此，具有一定量 FeB 的冲针使用寿命较长，但渗硼层厚度并不是越厚越好。因为当冲针冲到煤粉中的石块或其他块状异物时，冲针将承受很大的应力。当应力超过冲针的屈服极限时，冲针就会弯曲。此时，如果渗硼层较厚，就可观察到冲针凹面硼化物层的剥落。因此，作者认为渗硼层厚度以 0. 25 ~ 0. 30 mm为宜。

11. 6. 3. 3　基体组织对冲针性能的影响

基体组织主要影响冲针的强度。基体中铁素体量越少，冲针强度越高。在淬火过程中，随淬火加热温度及预冷温度的不同，铁素体出现的距表面的位置也不同。试验表明，通过适当的淬火和回火，冲针在距表面 1. 5 mm 后出现铁素体，心部有回火马氏体、屈氏体、铁素体组织，这样可以有效地降低淬火应力，从而使其平均使用寿命达到 400 t 以上。

11. 6. 3. 4　冲针外形对使用寿命的影响

冲针原设计为平顶，中间有一顶尖孔。试验中发现，操作者在安装冲针时，为了便于对准模底孔，均将其倒角。但对于渗硼冲针，若处理后倒角，会将渗硼层磨掉，降低其使用寿命；如果在渗硼前倒角，就能避免磨掉渗硼层。试验表明，渗硼前倒角和渗硼后倒角的冲针，两者使用寿命相差 40 ~ 60 t。因此，头部预先倒角对提高冲针的寿命是有利的。

综上所述，蜂窝煤机冲针经渗硼、淬火、回火复合热处理工艺处理，其表面获得 0. 25 ~ 0. 30 mm 的硼化物层，硬度为 $HV_{0.5}$ 1 200 ~ 1 800；基体获得以马氏体为主，有少量屈氏体、铁素体的金相组织。未渗硼部位硬度：20 钢为 HRC38 ~ 43，45 钢为 HRC45 ~ 50，可以显著延长其使用寿命。通过小批量生产试验证明，其使用寿命比原冲针延长了 5 倍以上。

11.7　渗硼在热作模具上的应用

11.7.1　冲孔冲头的工作条件

3Cr2W8V 钢冲孔冲头是热冲某产品毛坯的模具。冲孔冲头工作时安装在 400 t水压机上，内孔通循环水冷却，冲头将加热至 1 120 ~ 1 180 ℃的 60 钢毛坯冲孔成型，其工作条件十分恶劣。冲头在强大的压力下挤入炽热的毛坯中，受到毛坯的强烈摩擦，表面温度升高达 650 ℃以上，冲模脱模后立即喷水冷却。其失效形式主要是表面磨损、拉伤和热疲劳开裂，使用寿命较短，致使工具车间生产模具的任务十分繁重。为了提高热作模具冲孔冲头的使用寿命，作者对某企业 3Cr2W8V 钢冲孔冲头模具开展了模具表面渗硼新工艺试验，如图 11.7 所示。

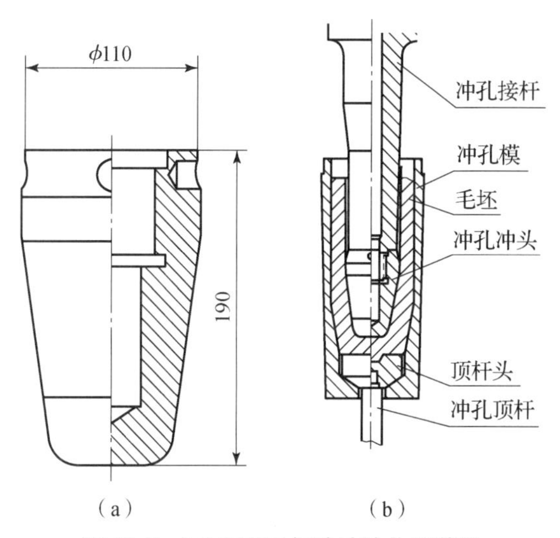

图 11.7　3Cr2W8V 钢冲孔冲头及装置

(a) 冲孔冲头；(b) 冲孔装置

11.7.2　渗硼工艺

本试验采用渗硼膏和渗硼粉两种固体渗硼剂。

11.7.2.1 膏剂渗硼工艺

渗硼膏具有活性好、渗硼层均匀、价格低廉、无毒无污染和渗硼后残膏自行脱落的优点，同时还具有耐储存不变质和包装使用十分方便的特点。渗硼膏由供硼剂、活化剂、填充剂和黏结剂组成，其主要成分与配比如表 11.11 所示。

表 11.11 渗硼膏的主要成分与配比

组分	主要成分	配比/%
供硼剂	碳化硼、硼铁（B 含量≥20%）、硼酐、硼砂	5~20
活化剂	氟硼酸钾、冰晶石、氟化钠、氟化钙	50~80
填充剂	三氧化二铝、石墨粉、碳化硅	15~30
黏结剂	明胶、硅酸钾、硅酸乙酯、聚乙烯醇、松香、酒精等	10~20

将供硼剂、活化剂、填充剂和黏结剂按比例称重并充分混合均匀，就可制成具有一定黏度的膏剂，装入软管或塑料容器中密封可长期使用。在工件去油、去锈、清洗干净后，将渗硼膏均匀涂于预渗硼部位，涂层厚度为 1.5~2.5 mm，涂后不必烘干就可以装入渗硼箱中（也可 <200 ℃烘干），箱中空隙用填充剂填满，再加盖密封，待炉温升至渗硼温度后装炉。由于该膏剂中加入适量的填充剂，并选用了合适的黏结剂，渗硼后残膏易剥落。

11.7.2.2 粉末渗硼工艺

粉末渗硼剂具有渗硼速度快、渗硼层均匀、工件渗硼后表面光洁无花纹、渗硼剂不结块、松散性优良、渗硼后完全不用清洗，而且价格较低廉、重复使用性好等特点。粉末渗硼剂主要由供硼剂、活化剂和填充剂组成，其主要成分与配比如表 11.12 所示。

该渗硼剂由于加入适量的复合剂提供了渗硼剂的活性与松散性，工件渗硼后表面质量极佳。两种渗硼工艺在冲孔冲头上的应用均获得成功，渗硼层厚度与组织基本相同，但用渗硼膏处理的冲头平均寿命较高。

表 11.12　粉末渗硼剂的主要成分与配比

组分	主要成分	配比/%
供硼剂	碳化硼、硼铁、三氧化二硼、硼砂等	5～20
活化剂	氟硼酸钾、氯化铵、活性炭、冰晶石、磁粉等	5～10
填充剂	三氧化二铝、碳化硅、氟化钠、锰铁等	70～90

11.7.3　渗硼后的热处理

根据模具表面因渗硼而引起的成分变化，以及该模具的工作特点，作者采用渗硼－共晶化热处理新工艺，即通过恰当调整淬火工艺参数，获得硼化物与共晶体的复合渗硼层。其具体工艺如下：将渗硼后的冲孔冲头经两次预热后，置于 1 100～1 150 ℃的盐炉中加热，保温一定时间后油冷，再经 650～700 ℃ 3 次回火，每次保温 1～4 h，空冷。

渗硼后的热处理主要是控制淬火加热温度。温度过高，则模具表面熔化；温度过低，则强韧性不够，易在使用中开裂。此外，还要严格控制回火温度。回火温度的高低会直接影响模具的生产使用性能，为了使模具有足够的强度支撑渗硼层和足够的韧性，以回火后基体获得屈氏体为佳。

11.7.4　渗硼－共晶化处理提高冲头寿命的机理分析

①渗硼－共晶化处理提高渗硼层韧性。3Cr2W8V 钢因含有大量的 W、Cr 等阻碍硼原子扩散的元素，使渗硼层中易形成 $FeB + Fe_2B$ 的双相结构，且由于它们的晶体结构与线膨胀系数有差异，故模具工作时易发生脆性剥落。但是，淬火、回火后可使 FeB 转变为 Fe_2B，并在硼化物与基体之间形成 $Fe_2B + Fe_3(C,B) + \alpha$ 的共晶层，其硬度比硼化物低，比基体高，除对渗硼层有良好的支撑能力，以及防止使用中渗硼层剥落和塌陷外，还具有良好的韧性，使耐热疲劳性能提高。

②渗硼－共晶化处理提高耐热疲劳性能。3Cr2W8V 钢经渗硼淬火、回火后的耐热疲劳性能明显提高。渗硼后表面产生压应力，渗硼层耐热性高，在冷热循

环工作条件下，疲劳裂纹的萌生推迟，裂纹产生后扩展速度慢，渗入深度浅，模具寿命提高。

③渗硼－共晶化处理提高表面高温耐磨性。渗硼层在600℃时的耐磨性较未渗硼者高，且压力越大，渗硼件的耐磨性较未渗硼者越优良。这是因为硼化物及碳硼化物在高温下十分稳定，其硬度基本不降低。

④渗硼层提高冲头表面抗氧化能力。3Cr2W8V钢渗硼后使表面形成一个完整的硼化物层。这层硼化物在700～850 ℃温度范围内具有良好的抗氧化能力，使表面不易形成很厚的氧化皮，减少模具因氧化皮脱落、加快模具表面磨损而导致模具失效的弊病，延长了冲头的使用寿命。

⑤渗硼层不易造成氧化磨损。冲头工作温度达600～800 ℃，但渗硼冲头因表面有一层硼化物，除防止形成氧化皮外，空气中的氧和硼化物还可形成三氧化二硼保护膜。此膜不仅防止模具表面氧化铁的形成，而且具有降低摩擦系数的作用，减小模具的磨损量，延长冲头的使用寿命。

11.7.5 冲孔冲头渗硼后的使用寿命

冲孔冲头渗硼热处理在某企业冲压车间生产线上使用，经两年共使用4批，总计消耗40多件。其主要失效形式有两种：一是早期开裂，占50%以下，较未渗硼模具稍低；二是磨损失效，占50%以上。渗硼模具最高寿命5 014件，平均寿命1 237.4件，而未渗硼的最高寿命2 954件，平均寿命712件。该冲孔冲头渗硼后的使用寿命比未渗硼者提高0.74～1.70倍，接近美国同类模具水平。同时，由于采用了此工艺，冲孔冲头的机械加工简化。

试验证明，渗硼技术能够广泛用于各种热作模具，并使各种热作模具的耐磨性、耐热疲劳性大幅提高，模具寿命可延长几倍。

11.8 渗硼在冷作模具上的应用

冷作模具的特点是被加工材料在高压下沿模腔表面滑动，从而使零件通过模腔成型。因此，冷作模具钢既要有高的表面硬度，又要有良好的韧性及基体强度，以提高冷作模具的使用寿命。但是，冷作模具成本较高，且使用寿命时常不尽如人意，如何在降低成本的基础上提高冷作模具的使用寿命，一直是人们关心的问题。

某企业引进一批日本成型冷冲模机，生产家用电器上常用的各种型号的电接点。原冷冲模具由日本进口，所用材料价格很高，使用寿命也不是很高，经多次修复使用，累计使用寿命才达 10 万次/件。作者受该企业委托，采用对普通模具钢渗硼，一方面降低其成本，另一方面力争提高其使用寿命。普通模具钢经渗硼及合理的渗硼后处理后，其一次使用寿命即可达 10 万次/件以上，达到并超过了进口模具的使用寿命，而模具成本则较前大大降低。

11.8.1　试验方法

11.8.1.1　模具用材的选择

委托单位使用的电接点成型冷冲模具简图如图 11.8 所示，该模具冲压成型孔径小，承受冲击载荷较大，不仅要求模具表面硬度高，而且要求基体要有较高的强度。显然中、低碳钢很难满足这样的要求。委托单位最初采用 T8 钢淬火态模具替代进口模具，使用寿命很低，仅为进口模具寿命的三分之一。由于使用寿命低，这种模具不仅消耗了大量的钢材和工时，而且频频更换模具造成生产率很低。

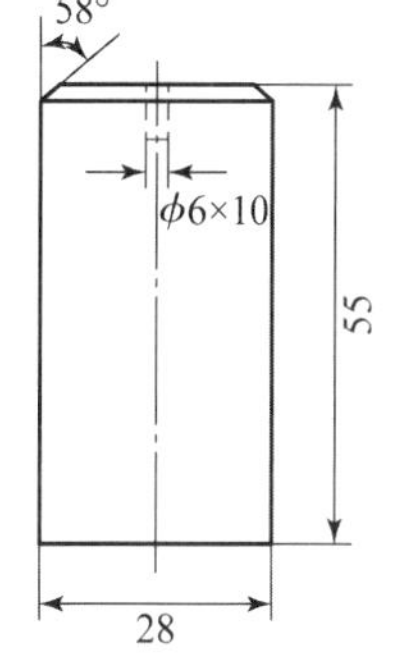

图 11.8　电接点成型冷冲模具简图

作者受委托后考虑采用三种常用普通模具钢，即碳钢（T8 钢）、低合金钢（GCr15）和高合金钢（Cr12MoV）进行渗硼，并采用合适的渗硼后热处理工艺，对所获得的组织进行分析、比较，并做试样寿命试验，选取最合适的钢材及热处理工艺来解决该冲压模具的使用寿命问题。

11.8.1.2　试验方法及设备

本试验采用固体粉末渗硼方法。将经过适当预处理的渗硼试样放入用耐热钢板制成的渗硼罐中，试样应埋没在渗硼剂中，并要求试样表面覆盖 10 ~ 20 mm 厚的渗硼剂，罐装底部及上部需适当增厚一些。装入试样后，还分别用铁板及石棉隔封，罐口用黏土密封，随后送入箱式电炉中加热。电炉型号为 SX－5－12 箱式电阻炉。

11.8.1.3 渗硼工艺

①渗硼剂：供硼剂为 B_4C、KBF_4；活化剂为 KBF_4；填充剂为活性炭、SiC。

②渗硼温度：900 ℃、930 ℃、950 ℃。

③保温时间：3 h、4 h、5 h。

④冷却方式：随炉冷或空冷。

11.8.1.4 渗硼后热处理

为了比较上述三种钢在渗硼后退火态组织性能与渗硼后淬火态组织性能之间的差异，选择合理的渗硼后热处理工艺，分别对三种钢在 930 ℃、4 h 固体粉末渗硼后进行热处理。渗硼后热处理工艺如表 11.13 所示。

表 11.13 渗硼后热处理工艺

钢号	淬火			回火	
	温度/℃	时间/min	冷却介质	温度/℃	时间/min
T8	780	10	水	200	60
GCr15	860	10	油	200	60
Cr12MoV	980	10	油	200	60

11.8.1.5 金相检测方法

①4% 硝酸酒精溶液腐蚀可以显示基体组织和过渡组织，并且使硼化物层更加清晰，但是对区别 FeB 和 Fe_2B 相不明显。因此，常用此法鉴别硼钢的基体和测量渗硼层的厚度。

②三钾试剂（P. P. P 试剂）成分如下：

$K_4Fe(CN)_6 \cdot 3H_2O$	黄血盐	1 g
$K_3Fe(CN)_6$	赤血盐	10 g
KOH	氢氧化钾	30 g
H_2O	蒸馏水	100 g

用三钾试剂腐蚀渗硼层，可以清晰显示和鉴别 FeB 和 Fe_2B，一般在 60 ℃浸蚀试样 15 s 左右。FeB 为深褐色，Fe_2B 为棕色。如果浸蚀时间较长，则 FeB 从深褐色变为浅蓝色，Fe_2B 从棕色变为褐色，但该试剂对基体组织不起作用。

11.8.1.6　硬度的检测

为了研究上述三种不同成分钢在渗硼后由表及里组织性能的变化，用 Neophot Ⅰ型横式显微镜检测硼化物层、过渡区、基体的显微硬度。由于渗硼层硬度高、脆性较大，检测时易导致裂纹形成，所以要根据组织的不同，在 50 ~ 100 g 选择合适的载荷。

11.8.2　试验结果

11.8.2.1　渗硼温度与渗硼层厚度的关系

通常，渗硼工艺主要是控制渗硼温度与保温时间，其中渗硼温度是影响渗硼层质量的主要因素。用光学显微镜观察检测，当保温时间为 5 h 时，三种钢在 900 ℃、930 ℃、950 ℃渗硼温度下所获得的渗硼层厚度如表 11.14 所示。由表 11.14 可知，渗硼层厚度一般随渗硼温度升高而增大，但增长速率各不相同。

表 11.14　三种钢在不同渗硼温度下所获得的渗硼层厚度

钢号	渗硼层厚度/μm		
	900 ℃	930 ℃	950 ℃
T8	75	110	140
GCr15	50	100	130
Cr12MoV	25	30	45

11.8.2.2　渗硼保温时间与渗硼层厚度的关系

渗硼保温时间通常为 3 ~ 6 h。用光学显微镜观察检测，当渗硼温度为930 ℃时，三种钢在 3 h、4 h、5 h 渗硼保温时间下所获得的渗硼层厚度如表 11.15 所示。

表 11.15　三种钢在不同渗硼保温时间下所获得的渗硼层厚度

钢号	渗硼层厚度/μm		
	3 h	4 h	5 h
T8	65	95	110
GCr15	55	85	100
Cr12MoV	15	25	30

11.8.2.3　渗硼后的组织

试样渗硼后随炉冷却或空冷至室温，打开渗硼罐取出试样，经表面清理及金相抛光后，分别用4%的硝酸酒精浸蚀三种试样表面数秒后，在光学显微镜下观察，可以清晰地看到各自的硼化物层、过渡区及心部基体组织。

图 11.9 所示为 T8 钢渗硼后的组织。由图 11.9 可以看出，硼化物层呈梳齿状插入基体珠光体中，过渡区虽不明显，但还是可以看出；接近硼化物前沿的珠光体，无论是晶粒还是片间距均较基体的稍大；基体组织为层片状珠光体。

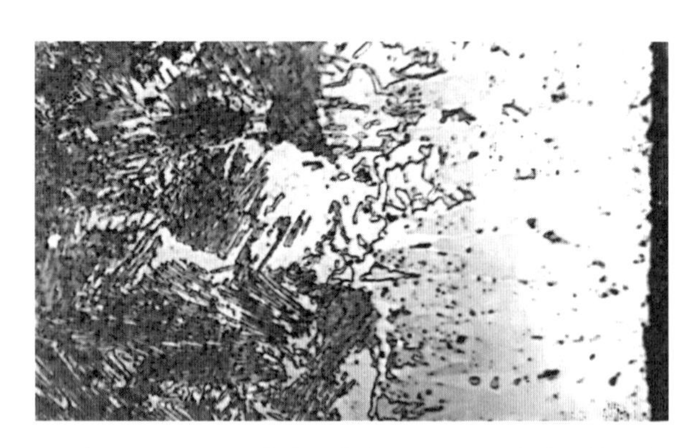

图 11.9　T8 钢 900 ℃、5 h 渗硼退火态组织（4%硝酸酒精浸蚀，500 ×）

图 11.10 所示为 GCr15 钢渗硼后的组织。由图 11.10 可以看出，硼化物层梳齿状结构不如 T8 钢的明显、尖锐，过渡区也不明显，但硼化物齿端前沿碳化物较基体多；渗硼后 GCr15 退火态基体组织为粒状珠光体。

图 11.10　GCr15 钢 900 ℃、5 h 渗硼退火态组织（4%硝酸酒精浸蚀，1 000 ×）

图 11.11 所示为 Cr12MoV 钢渗硼后的组织。由图 11.11 可以看出，其硼化物层与前两种钢不同，看不到明显的梳齿状物结构出现，而只看到平坦的连续硼化物层；同样，过渡区也很不明显，接近硼化物前沿的许多碳化物发生溶解现象，而与硼化物层相连。由于是采用硝酸酒精腐蚀，无法断定其到底是哪一相，但通过显微硬度的检测发现，其硬度为 HV450，既不同于渗硼层硼化物 Fe_2B 的硬度 HV1 800 ~ 2 000，也不同于基体中的碳化物硬度 HV260，它可能是含硼、含铬的碳化物。Cr12MoV 钢渗硼后退火态基体组织为粒状珠光体。

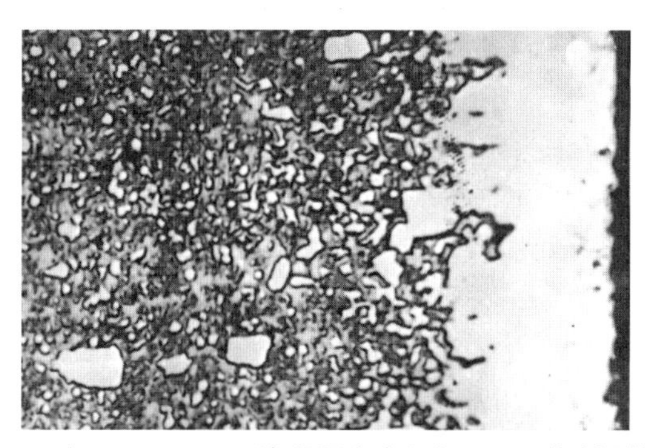

图 11.11　Cr12MoV 钢 900 ℃、5 h 渗硼退火态组织（4%硝酸酒精浸蚀，1 000 ×）

试验中均采用含 B_4C 较低的渗硼剂进行固体渗硼，很少观察到双相硼化物层，但渗硼温度较高则仍可观察到。图 11.12 所示为 GCr15 钢渗硼退火态组织。用三钾试剂可以很清楚地区别 FeB 和 Fe_2B 相，而用硝酸酒精则不能。由图 11.12 可以看出，褐色的 FeB 相也呈梳齿状插入 Fe_2B 相中，其梳齿状结构较 Fe_2B 相更明显、尖锐，而 Fe_2B 相则与基体结合相对平缓。另外，还可以看到在 Fe_2B 相齿的两侧或前沿存在许多棕黄色块状组织，而在 FeB 齿附近则没有。

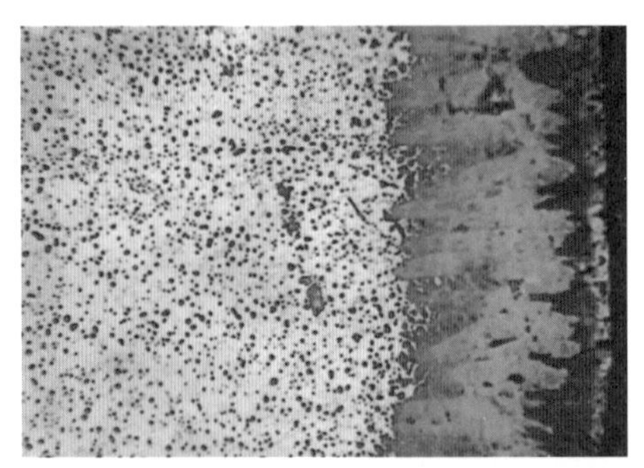

图 11.12　GCr15 钢 950 ℃、5 h 渗硼退火态组织

（三钾试剂浸蚀 20 s，210 ×）（书后附彩图）

11.8.2.4　经渗硼后热处理所获得的组织

将在 950 ℃、5 h 条件下渗硼的试样按表 11.13 渗硼后热处理工艺处理。渗硼后 780 ℃淬火，保温 10 min + 水冷 + 200 ℃回火 60 min，出炉后经表面处理，金相抛光后制成金相试样。先在 4% 硝酸酒精中预腐蚀，再用三钾试剂腐蚀，获得图 11.13、图 11.14 和图 11.15 所示组织。

图 11.13 所示为 T8 钢渗硼后淬火所获得的渗硼层前沿须状物组织。由于淬火温度远低于硼化物的熔化温度（1 149 ℃），故渗硼后淬火对渗硼层无太大影响。但是将图 11.13 与图 11.9 比较，还是可以看出渗硼层前沿的须状物淬火后形成细小的颗粒状物，但其须状形态并未改变，同时还在须状物上观察到大量呈网状分布的、着色情况与 Fe_2B 相同的细微物质，这是其他文献资料未曾介绍过的。如果再用 4% 硝酸酒精进一步腐蚀，可以观察到淬火后基体组织为片状马氏体。

图 11.13　T8 钢渗硼后淬火所获得的渗硼层前沿须状物组织

（三钾试剂浸蚀，420 ×）（书后附彩图）

图 11.14 所示为 GCr15 钢渗硼后淬火态组织，渗硼工艺为 950 ℃，保温 5 h，炉冷；渗硼后热处理采用 860 ℃淬火，油冷 +200 ℃回火，保温 60 min。与前图 11.10 比较，可以看出双相层逐渐消失，硼化物层组织梳齿状结构趋于平坦，连续硼化物层增多；过渡区愈加清晰明显，过渡区硼碳化物增多；基体组织为隐晶马氏体。

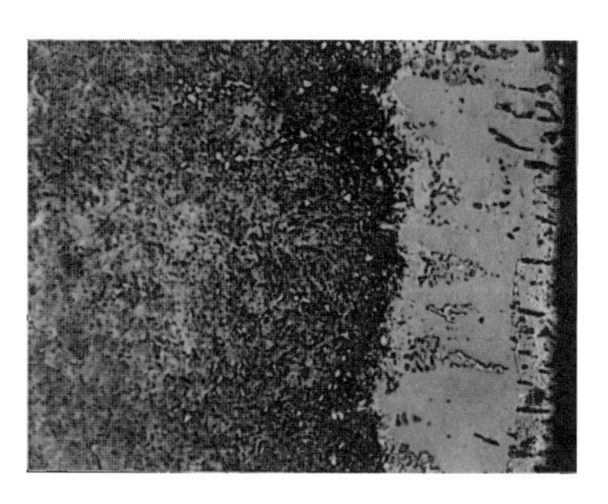

图 11.14　GCr15 钢渗硼后淬火态组织（4%硝酸酒精预腐蚀，三钾试剂浸蚀 15 s，105×）（书后附彩图）

图 11.15 所示为 Cr12MoV 钢渗硼后淬火态组织，渗硼工艺为 950 ℃，保温 5 h，炉冷；渗硼后热处理采用 980 ℃淬火，油冷 +200 ℃回火，保温 60 min。与图 11.11 相比可以看出，硼化物层出现众多颗粒状物；从着色情况可以看出，它们可能是合金硼化物$(Fe,Cr)_{23}(C,B)_6$；淬火态过渡区较正火态更加明显；过渡区中的共晶碳化物有溶解现象（图 11.16）；双相层消失，基体组织为隐晶马氏体。

通过以上渗硼后退火态及淬火态组织的逐个分析，可以得到以下结论：渗硼后若出现双相层，可通过选择合理的渗硼后热处理消除，而得到综合力学性能较好的单相 Fe_2B 层；淬火后过渡区更加明显且增厚，其中碳化物含量增多；梳齿状组织趋于平缓，过渡区增厚，硼化物与基体结合趋于平坦；须状组织及块状组织的含硼碳化物细小且增多；淬火、回火后渗硼层性能、厚度无太大影响。

11.8.2.5　渗硼退火态组织硬度

由于材料耐磨性与硬度有很大关系，为了研究提高模具耐磨性及使用寿命的方法，用光学显微镜检测渗硼退火态组织的显微硬度，如表 11.16 所示。

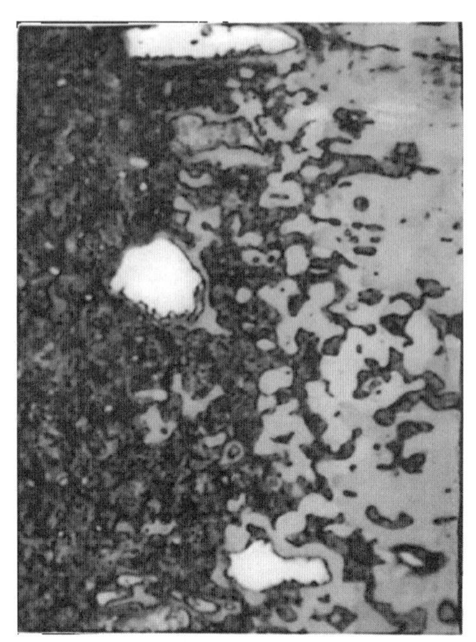

图 11.15 Cr12MoV 钢渗硼后淬火态组织（4%硝酸酒精预腐蚀，三钾试剂浸蚀，420×）（书后附彩图）

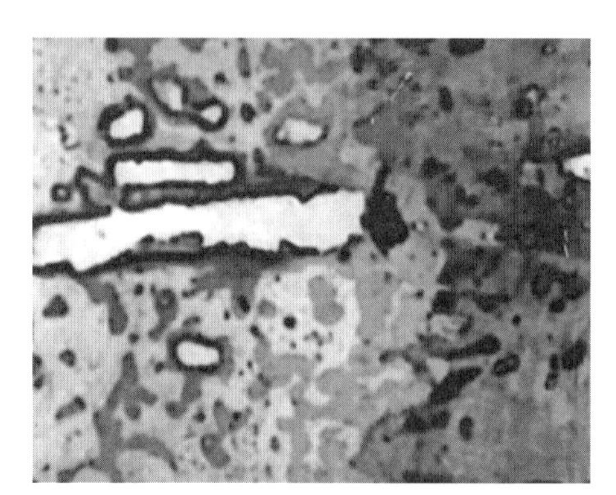

图 11.16 Cr12MoV 钢渗硼后淬火态过渡区共晶碳化物溶解现象（4%硝酸酒精预腐蚀，三钾试剂浸蚀，210×）（书后附彩图）

表 11.16 渗硼退火态组织的显微硬度

退火态组织	硼化物层			过渡区			基体		
距表面距离/μm	20	50	100	120	130	140	150	180	200
T8 钢组织硬度 HV	2 010	2 010	1 890	580	450	300	210	200	200
距表面距离/μm	20	50	100	110	115	120	130	180	200

续表

退火态组织	硼化物层			过渡区			基体		
GCr15 钢组织硬度 HV	2 090	2 010	1 890	640	430	390	240	230	220
距表面距离/μm	10	20	25	30	35	40	50	80	100
Cr12MoV 钢组织硬度 HV	2 140	2 070	2 010	750	560	450	240	230	230

11.8.2.6　寿命试验结果

将三种钢分别制成如图 11.8 所示的冷作模具实样件。由于客观试验条件限制，只选择较理想的渗硼工艺及渗硼后热处理工艺的一组进行实际使用寿命试验。渗硼工艺采用前文所述 930 ℃、5 h 保温。渗硼后热处理工艺按表 11.13 进行，处理完毕后经表面清理磨光，送交委托单位进行实际使用寿命测试，实际使用寿命测试结果如表 11.17 所示。

表 11.17　实际使用寿命测试结果　　（单位：万次/件）

钢号	T8	GCr15	Cr12MoV
实际使用寿命	8.3	10.4	11.1

11.8.3　试验结果分析

11.8.3.1　渗硼工艺对渗硼层厚度的影响

渗硼工艺中温度是影响渗硼层质量的最主要因素。因为渗硼与其他化学热处理相似，硼的渗入也是硼原子通过工件表面向内扩散的过程。根据扩散理论，扩散系数与温度和扩散激活能有关：

$$D = D_0 e^{\frac{-Q}{RT}}$$

式中，D 为扩散系数；D_0 为扩散常数；R 为气体常数；Q 为扩散激活能；T 为绝对温度。

从上面菲克扩散公式可以看出，温度是影响扩散速度最主要的因素，温度越高，能量越大，原子越易发生扩散迁移，故温度升高，扩散速度增大，而在渗硼过程中硼原子的扩散速度与硼化物层的生长大体是一致的。因此，随着渗硼温度升高，渗硼层厚度一般也增大。在相同的渗硼条件下，如果增加基体的含碳量或合金元素的含量，它们会在过渡区或硼化物层中局部富集，以阻碍硼原子的扩散及硼化物层的生长，故渗硼层厚度将会降低。具有实用价值的渗硼温度一般为850～950 ℃。在这样的温度范围内，才具有足够的渗硼速度，可在较短的时间内获得具有实用价值的渗硼层。如果温度过高，超过1 000 ℃，则会引起晶粒粗大，影响基体的力学性能，同时温度过高还会使渗硼层疏松而增加脆性。另外，也应该清楚地看到渗硼层并非越厚越好，具有使用价值的渗硼层厚度一般为70～150 μm，渗硼层越厚则脆性增大，且易引起渗硼层剥落。

11.8.3.2 保温时间对渗硼层厚度的影响

在渗硼温度不变的情况下，硼原子的扩散系数仅与扩散激活能 Q 有关（因为温度不变时，D_0 是一定的），延长保温时间，即在单位时间内不断提供一定的能量给硼原子，克服扩散激活能，使硼原子不断扩散，不断形成硼化物。但是随着保温时间的延长，硼化物层不断生长，硼原子扩散所需的激活能也不断增大，故扩散系数 D 逐渐减小，即硼化物层的生长速度不断减小。通常，渗硼保温时间为3～5 h，最长也不超过6 h，此时可以获得具有实用价值的渗硼层（70～150 μm）。如果保温时间过长，不仅渗硼层厚度增加不明显，而且易引起基体晶粒粗大，甚至过烧现象，导致浪费能源。

11.8.3.3 渗硼工艺对组织的影响

1. 对渗硼层的影响

对于同一种钢，如果其他渗硼条件相同，那么温度越高，渗硼层厚度越厚，且越易出现双相硼化物层。如果选用活性大、供硼剂所占比例大的渗硼剂进行渗硼，因其渗硼速度快而易获得双相渗硼组织，在860 ℃即可获得双相层，如选用硼铁或 B_4C 含量高的渗硼剂。如果选用活性适中、供硼剂所占比例小的渗硼剂，一般渗硼速度慢而获得单相渗硼组织。但是如果渗硼剂活性较小，而渗硼温度较高，有时也同样能获得双相渗硼组织。这是因为尽管所用渗硼剂活性不大，但温度较高时，仍可获得较高的“硼势”，而形成双相层。

另外，渗硼温度越高，所形成的梳齿状结构一般越明显，插入基体越深，与基体结合也就越牢固。相反，如果渗硼温度不变，保温时间延长，则处理渗硼层厚度增大，梳齿状结构减小而趋于平坦。这是因为随着渗硼温度的升高，硼原子扩散系数增大，Fe_2B 粒状晶体生长速度加快，且很不规则地向基体内生长，而梳齿状长短参差不齐，趋于尖锐。当保温时间延长时，由于首先长入基体的硼化物 Fe_2B 相生长扩散的激活能较大，生长速度减慢，而梳齿状较短的硼化物在保温阶段不断长大，最终形成较平坦的梳齿状、舌状硼化物层。因此，随着保温时间延长，梳齿状硼化物由尖锐趋于平缓。

2. 对过渡区的影响

渗硼温度越高，过渡区在奥氏体状态时能溶解的碳化物含量越多，渗硼层生长速度越快，过渡区就越向内移。渗硼退火态过渡区组织晶粒往往出现较基体粗大的现象，过渡区也越明显。但是，随着保温时间的延长，过渡区碳化物会发生溶解，生长众多颗粒状硼碳化物。

3. 对基体的影响

与通常对钢的奥氏体化加热情况相同，渗硼温度过高，保温时间过长，基体就会出现晶粒粗大，甚至过热、过烧现象。

11.8.3.4　渗硼后的组织特征及分析

从图 11.9、图 11.10 和图 11.11 可以看出三种钢渗硼后硼化物层组织形态的特征。硼化物的组织形态随钢的成分与渗硼工艺的不同而变化。

低、中碳钢渗硼后，硼化物均呈梳齿状形态，这种梳齿状硼化物以长短不齐的方式插入基体，与基体结合牢固。图 11.17 所示为 20 钢渗硼退火态组织。当钢中含碳量增高时，由于碳阻碍硼原子扩散，硼化物的生成速度减慢，同时硼化物结晶会析出游离渗碳体，其也会阻碍硼化物的生长，使梳齿状硼化物结构趋于平坦而呈舌状，如 T8 钢渗硼后的组织。对于合金钢来说，渗硼后硼化物的基本形态与碳钢相似，尤其是低合金钢，如 GCr15 钢渗硼后的组织，其硼化物形态几乎与碳钢相同。对于中、高合金钢来说，由于存在大量合金元素，它们对硼原子的扩散起较大的阻碍作用，使硼的扩散速度减慢，并使硼化物梳齿趋于平缓，或无明显的梳齿状组织，而形成连续硼化物层，如 Cr12MoV 钢所形成的连续硼化物层。

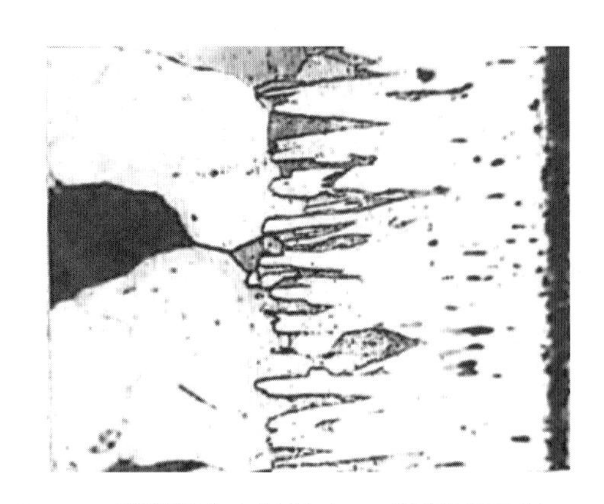

图 11.17　20 钢 950 ℃、5 h 渗硼退火态组织（4%硝酸酒精腐蚀，500×）（书后附彩图）

硼化物齿间或前沿过渡区中的硼碳化物主要以块状、须状组织形态出现，如图 11.12、图 11.13 和图 11.14 所示。块状、须状含硼化合物形成机理：由于碳不溶于硼化物中，随着硼渗入表面和向内扩散，其逐渐将碳往心部驱赶，形成硼化物齿间或前沿过渡区碳的富集，同时这些地方硼的含量也大大超过基体的含硼量，但这些含硼量还不至于形成 Fe_2B 或 FeB，因此就在这些地方形成块状、须状的硼碳化物，它们一般也是 $Fe_3(C,B)$ 相。作者在试验中发现，在高碳钢和一些合金钢中硼化物齿的前沿和两侧存在的块状、须状组织并非都是硼碳化物。

图 11.12 GCr15 钢齿间的块状组织和图 11.18 T8 钢硼化物齿前沿的须状物，它们都与硼化物连接在一起，是形貌完全相同的同一组织，故可以认为它们是 Fe_2B 而非含硼渗碳体。由须状物的走向和形貌还可以分析出，硼化物在向前伸展时受到齿前较高碳浓度和其他杂质元素的阻碍，因而硼化物的生长优先沿奥氏体晶界或一些缺陷处容易扩散和生长的地方进行，这就是须状物形成的原因。但是也发现硼化物齿前沿的一些 Fe_2B 须状物，在须的最前端用三钾试剂染成浅蓝色，如图 11.19 所示。已经知道，当含硼量低于 8.8%（Fe_2B 相形成浓度）时，组织也会被三钾试剂染成浅蓝色。因此，可以认为当硼化物柱状晶向基体内生长时，枝晶前端会沿奥氏体晶界或缺陷处生长，且越向内生长，枝晶前端含硼量越低，逐渐染上浅蓝色。

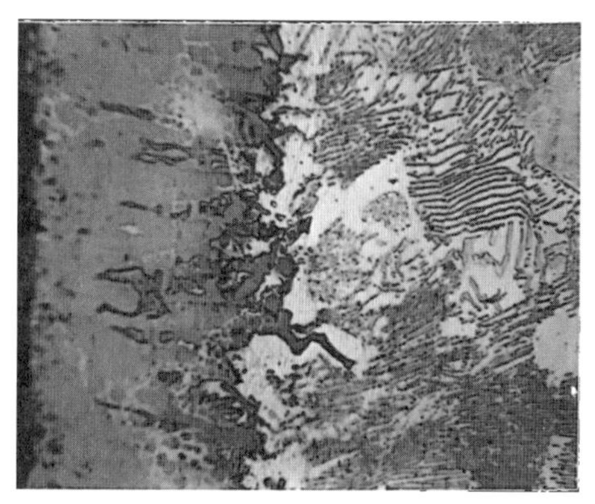

图 11.18　T8 钢硼化物齿前沿的须状物（4%硝酸酒精预腐蚀，三钾试剂浸蚀，105×）（书后附彩图）

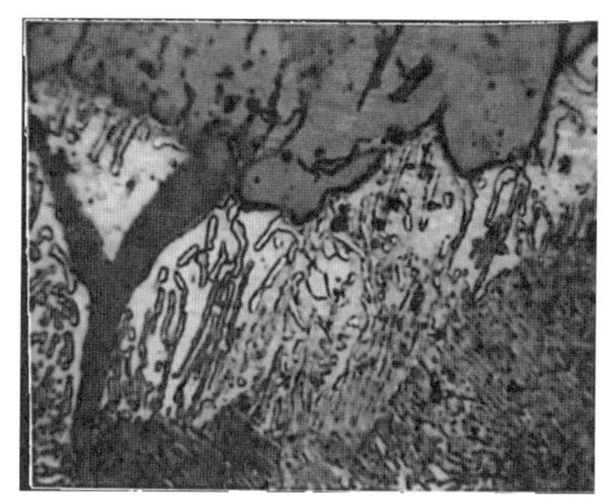

图 11.19　T8 钢硼化物齿前沿的须状物组织（4%硝酸酒精预腐蚀，三钾试剂浸蚀，210×）（书后附彩图）

11.8.3.5　渗硼后热处理对组织性能的影响

钢铁渗硼后，即使不再做任何热处理，表面仍具有很高的硬度。但是对于冷作模具来说，其不仅要求表面硬度高，耐磨性好，而且为了防止模具内孔表面塌陷，还要求心部基体也要具备较高的强度，以加强对渗硼层的支撑能力，充分发挥其耐磨性。因此，渗硼后应进行适当的淬火、回火热处理。

1. 渗硼后热处理对组织的影响

从前面对渗硼后热处理所获的组织分析可以看出，选择合理的渗硼后热处理可消除双相硼化物层，以获得脆性低、综合力学性能较好的单相 Fe_2B 组织。这是因为在第二次奥氏体化加热时，硼化物层中 FeB 相和 Fe_2B 相之间存在硼浓度差。随着加热保温，硼原子不断向内层扩散，使表层含硼量降低，当含硼量低于

16.2%时，FeB 相便逐渐消失，而获得单一的 Fe_2B 相。同时，在加热保温阶段，当淬火温度高于渗硼温度时，可以推断出由于硼化物层前沿与过渡区存在较高的含硼量差异，故硼原子扩散，特别是梳齿状尖端的硼化物会因硼原子浓度的降低而在齿间或前沿形成含硼渗碳体，即形成块状组织，另外也使梳齿状结构趋于平缓。由于在过渡区形成大量含硼渗碳体，故过渡区增厚，且更加明显，但渗硼后热处理几乎对渗硼层厚度无影响。

2. 渗硼后热处理对性能的影响

由于一般所用淬火、回火温度都远低于 Fe_2B 熔解温度，故渗硼后热处理对硼化物层的硬度及耐磨性无影响。T8 钢与 GCr15 钢退火态和淬火态的硬度相差不是很大，但过渡区硬度梯度变化较大，这可能是二者使用寿命低的重要原因。另外，Cr12MoV 钢淬火态基体硬度较退火态增加较大，使过渡区硬度梯度变化减小，从而使它的使用寿命高于 T8 钢和 GCr15 钢。渗硼后热处理应注意，不宜采用过高的加热温度和强烈的淬火介质，原因如下。

①由于渗硼件的耐磨性完全取决于渗硼层，所以没有必要把心部淬得太硬，只需使心部能满足对渗硼层足够的支撑能力即可。渗硼后，一般采用油冷或碱浴冷却，但不要用硝盐冷却，因硝盐对硼化物具有较强的腐蚀作用。

②为减少渗硼后冷加工余量，要求尽可能减小变形。因此，渗硼后的淬火尽可能选用能减小变形的淬火工艺参数。

③防止渗碳层崩落和裂纹的产生。因为 FeB 相和 Fe_2B 相的线膨胀系数和比容都不同，在淬火过程中，如果加热与冷却方法控制不当，容易产生渗硼层裂纹，甚至局部崩落等缺陷。

渗硼后一般采用直接淬火，也可二次加热淬火，除具有使获得的马氏体与硼化物间的比容差别小的优点外，增加一次加热有利于渗硼层均匀化和向内扩散，从而进一步使渗硼层应力减小，使韧性增加。因此，采用二次淬火法对于降低工件渗硼层的脆性有利。

11.8.3.6 影响模具寿命的因素

1. 硬度

耐磨性随硬度提高而增强，故提高模具的表面硬度是延长冷作模具使用寿命的主要措施。

2. 基体强度

从冷作模具使用寿命试验结果可以看出，T8 钢及 GCr15 钢的寿命均低于 Cr12MoV 钢的渗硼模具使用寿命。在分析 T8 钢及 GCr15 钢渗硼后使用寿命仍提高不大原因时发现，模具内孔出现塌陷现象，这说明支撑渗硼层的基体强度不够，而 Cr12MoV 钢由于合金元素含量较高，淬火后基体硬度可达 HV800 左右，所以内孔塌陷现象少，使用寿命高。因此，提高模具基体强度，也是提高模具使用寿命的途径之一。

3. 硼化物层的脆性因素

大量试验表明，脆断和剥落是渗硼层损坏的两种形式，它们都是在脆性状态下发生的。剥落在渗硼的冷作模具使用中时常发生。剥落是指硼化物梳齿的折断以及碎块的形成和崩落。由于脆性剥落在具有 FeB 和 Fe_2B 的双相组织中常常出现，所以为了提高冷作模具的使用寿命，选择合理的渗硼工艺尽量防止双相层出现。另外，选择合适的渗硼层厚度也能降低渗硼层脆性，同时为了防止渗硼层的剥落，也应相应减小渗硼层厚度。

通过对冷作模具钢渗硼的研究得到以下结论：渗硼温度越高，渗硼层厚度越厚，但温度不应超过 1 000 ℃，否则将使基体晶粒粗大，影响基体强度；渗硼层厚度增长速度随保温时间延长逐渐减慢；高碳钢、低合金钢所获得的硼化物层相近，组织形态呈梳齿状或舌状；高合金钢易获得连续硼化物层；渗硼温度较高时，会产生双相硼化物层；渗硼后热处理淬火、回火能消除硼化物中的双相组织，而获得综合力学性能较好的单相 Fe_2B 组织，并且会使硼化物齿前沿或两侧块状、粒状含硼渗碳体增多，梳齿状组织趋于平缓；渗硼后淬火 + 回火对硼化物层结构、性能（主要是硬度、耐磨性）无影响，对减小 T8 钢、GCr15 钢渗硼过渡区硬度梯度不明显，能减小 Cr12MoV 钢渗硼过渡区的硬度梯度。

影响冷作模具使用寿命的主要因素是表面硬度、基体强度及硼化物层的脆性剥落。其中，影响电接点冷冲模具使用寿命最主要因素是基体的强度。在三种钢中，选取 Cr12MoV 钢，在 930 ℃渗硼，保温 5 h 后退火，进行二次淬火。合理的渗硼后热处理工艺为 980 ℃淬火油冷，200 ℃回火，保温 1 h，所获得的模具使用寿命最高。

11.9 渗硼在硬质合金上的应用

随着渗硼处理工艺的发展，国内最早于20世纪60年代将渗硼工艺应用于硬质合金拔丝模具，并且使其寿命提高2~3倍。作者针对北京硬质合金厂生产的YG6硬质合金拉丝模耐磨性及使用寿命不足问题，进行了YG6硬质合金固体渗硼工艺的研究。通过正交设计试验，选择适用于YG6硬质合金渗硼的渗硼剂，即（10%~25%）B_4C+（5%~8%）KBF_4+（3%~7%）活性炭+（58%~65%）SiC。在此渗硼剂中，通过950 ℃、4 h的渗硼，渗硼层厚度约35 μm，渗硼层中黏结相只形成单相Co_2B，渗硼后耐磨性和使用寿命显著提高。

950 ℃、4 h渗硼后的渗硼层显微组织如图11.20所示。从这三张照片可以看出，渗硼层中原来的Co相因形成硼化物而显著变宽，碳化钨晶粒已钝化，无尖棱尖角状。

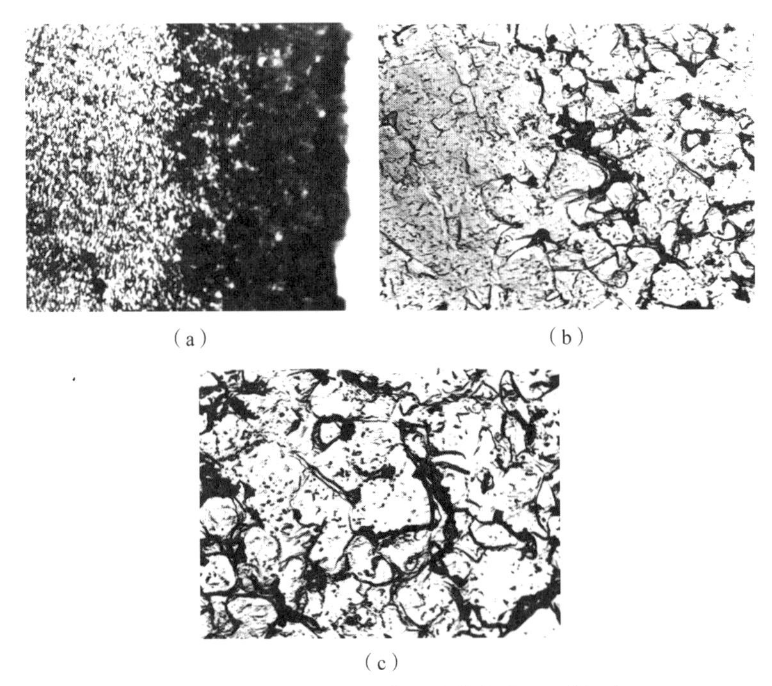

（a）　（b）

（c）

图11.20　950 ℃、4 h渗硼后的渗硼层显微组织

（a）金相组织（400×）；（b）电镜复型（5 000×）；（c）渗硼层电镜复型（10 000×）

采用 Philip APD－10 型 X 射线衍射仪对 1 000 ℃、6 h 渗硼后试样的渗硼层进行了相分析，如图 11.21 所示。测定结果表明，渗硼层中除含有大量六角结构的 WC 外，还含有 Co_2B 和微量的 W_2C，并未发现有 CoB 存在。Co_2B 为四方结构，其特征酷似 Fe_2B，说明其形成机理也与 Fe_2B 一样。试样尽管经过 1 000 ℃、长达 6 h 渗硼，渗硼层组织中都未发现 CoB，只有单相的 Co_2B，说明所选渗硼剂的硼势低，而 CoB 像 FeB 一样脆性较大，组织中不出现 CoB 对降低拉丝模的脆性是有利的。初步生产试验结果表明，渗硼后拉丝模寿命都提高 1 倍以上。

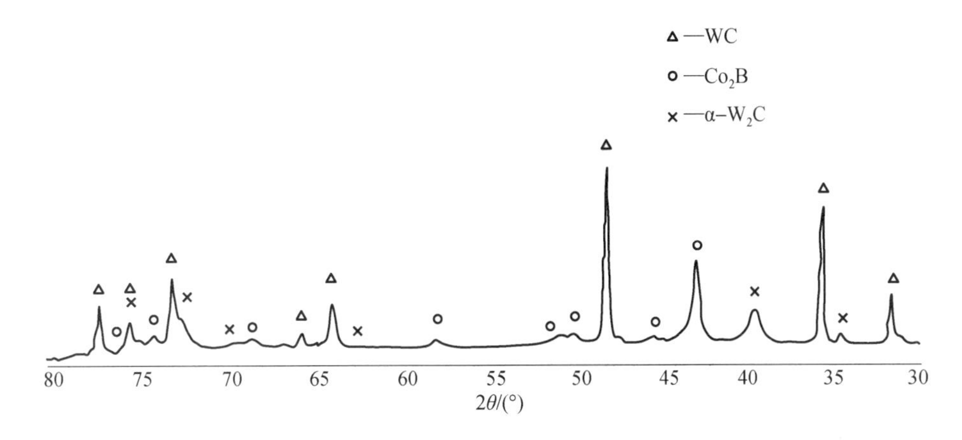

图 11.21　1 000 ℃、6 h 渗硼后试样的渗硼层 X 射线衍射图谱

YG6 硬质合金经过渗硼后，渗硼层中黏结相变成了 Co_2B，而 Co_2B 有极高的硬度和耐磨性，良好的红硬性，并且 Co_2B 中有额外地溶解于其中的 W 和 C，这就能进一步提高黏结相 Co_2B 的强度和硬度。从图 11.20 可以看出，渗硼层中黏结相的面积增大，WC 与 WC 颗粒间的毗连程度明显下降，这使 WC 颗粒之间的结合得到加强，有助于提高 WC 颗粒的抗拔性。此外，渗硼层中尖角状 WC 颗粒发生钝化，同时呈弥散分布的细小 W_2C 还起弥散强化作用。所有这些因素都能有效地减少 WC 颗粒的剥落现象，从而有效提高 YG6 硬质合金的耐磨性。

渗硼后的拉丝模进行生产试验结果表明，应用于拉拔铜材、软钢材、电焊条等，寿命都成倍地提高，而原来内孔硬度偏低的 YG6 硬质合金拉丝模的使用寿命可提高 1 倍以上，达到或超过同类产品的一般使用寿命。用此法进行WC－Co

硬质合金的表面强化，可使性能有欠缺的拉丝模得到修复，若以此法强化正常模具，还可预期进一步提高寿命。但是，钢铁渗硼层脆性大使渗硼的应用仅限于在低应力条件下工作的零件，而对于那些工作在高应力磨损或磨损伴有较大冲击载荷的零件，渗硼则往往达不到预期的效果。WC－Co 硬质合金渗硼层脆性同样限制了拉丝模渗硼在生产上的应用范围。由于渗硼层脆性，在弯曲时应力集中过大，导致脆性断裂，降低抗弯强度，本工艺试验渗硼层黏结相获得单相 Co_2B，而无脆性较大的 CoB，这显然有助于减少表层脆性。渗硼后的拉丝模在拉拔力不超过模具抗弯强度情况下使用，可显著提高耐磨性，延长模具寿命。但是在拉拔力超过抗弯强度的情况下使用，则可能因模具刃口的早期崩落而失效。初步生产试验结果表明，对于拉拔 65Mn 钢丝就不能胜任，模具发生崩落现象，使渗硼层的高耐磨性失去效果。

作者认为，WC－Co 硬质合金渗硼主要是使表层黏结相强度、硬度和耐磨性提高，导致硬质合金整体的耐磨性提高，而起坚硬“骨架”作用的碳化钨的性能变化不大。因此，如果渗硼用于 Co 含量更高的硬质合金，耐磨性及寿命提高的效果更大，即随着 Co 含量的增加，渗硼对硬质合金耐磨性和寿命提高得越多。

11.10 渗硼在 2Cr12NiMo1W1V 钢上的应用

某厂家蒸汽发电机的汽轮机喷嘴组叶片气道采用 2Cr12NiMo1W1V 钢制造，在高温下受气流及固体颗粒的强力推动与冲蚀，要求耐腐蚀、抗磨损，原来使用时抗冲蚀性良好（见图 4.13），但抗磨损性能低，使用寿命低。为提高其表面抗冲蚀性，延长使用寿命，作者对该部件进行了固体粉末渗硼及调质复合热处理，这种处理不但使工件表面硬度大幅提高，而且无须重新进行调质即可一次性实现渗硼调质复合热处理，省略了淬火工艺，只进行渗硼后高温回火，简化了工艺，节省了能源，减少了工件的变形，是一项完全创新的技术。经过大量的工艺试验、金相分析和性能测试，各项指标均达到该企业技术要求，产品现已投入批量生产。图 11.22 所示为汽轮机喷嘴组叶片气道示意图。

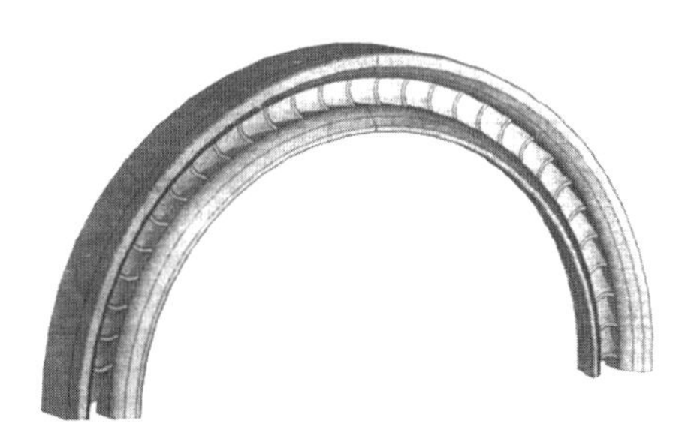

图 11.22　汽轮机喷嘴组叶片气道示意图

11.10.1　2Cr12NiMo1W1V 钢固体渗硼工艺

图 11.23 所示为试验中所用的 SRJX－8－13 型箱式电阻炉，额定功率为 8 kW，工作电压为 120～370 V，额定温度为 1 300 ℃。

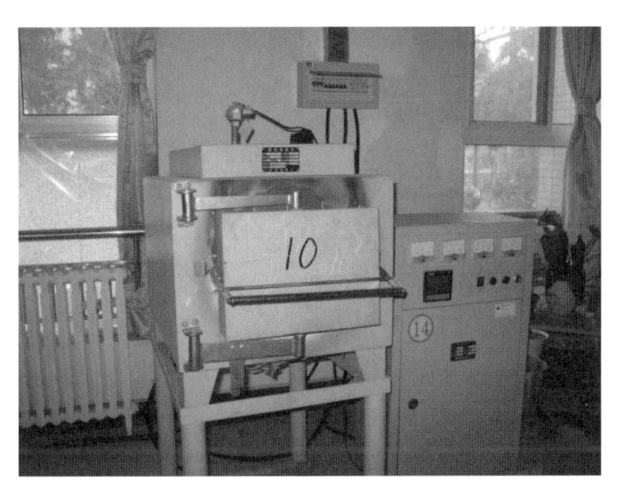

图 11.23　SRJX－8－13 型箱式电阻炉

11.10.1.1　渗硼工艺参数的确定

不锈钢渗硼工艺参数主要为渗硼温度、升温速度、保温时间和冷却方法。

根据 2Cr12NiMo1W1V 钢成分确定了渗硼温度为 950 ℃，保温 4 h 以及 6 h，使工件在完全奥氏体化的状态下实现渗硼，以便加速硼原子的扩散速度，获得 0.05～0.08 mm 的渗硼层，同时基体为奥氏体状态，在冷却过程中使基体获得准上贝氏体、下贝氏体及粒状贝氏体的混合组织。渗硼保温时间结束后，箱式电阻炉关掉电源，使渗硼箱随炉冷至室温。

渗硼箱冷至室温后，不打开渗硼箱，重新放入回火炉中进行回火处理，回火温度为650 ℃，保温1 h。回火后空冷至室温，开箱取出工件，即完成渗硼调质全部工艺。工件表面由黑色变为光洁的银灰色。图11.24所示为渗硼前后试样实物照片。

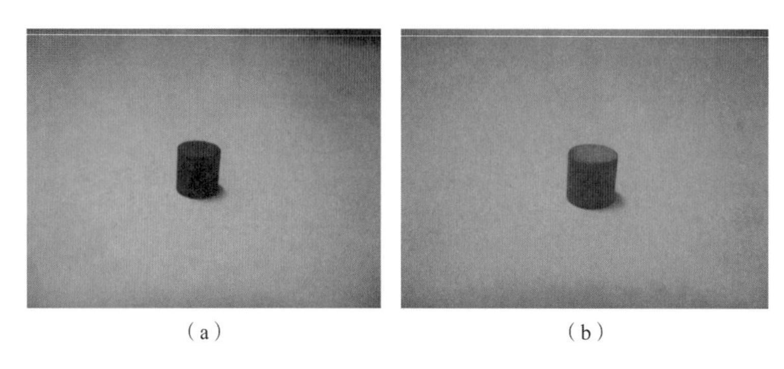

（a） （b）

图11.24 渗硼前后试样实物照片

（a）未渗硼试样；（b）渗硼后试样

11.10.1.2 试样制备与处理

将渗硼后的试样用线切割沿轴线方向切成两半，采用热镶的方法将切后的试样镶样，切割面为所要观察的面。由于渗硼层处于试样平面的边缘，靠近牙托粉或者树脂，所以磨样后渗硼层易产生与基体高度不同，导致观察金相时难以聚焦的现象。因此，本次试验磨样时采用100～2 000目的砂纸，并从1 000目开始水磨，以达到磨样时尽量保证试样的边缘与基体的高度一致。磨样后采用W0.5的金刚石研磨膏进行抛光。抛光后用酒精冲洗，电吹风吹干后准备腐蚀。

采用彩色金相法观察渗硼层金相，所用腐蚀剂为三钾试剂。将1 g $K_3Fe(CN)_6$与10 g $K_4Fe(CN)_6 \cdot 3H_2O$加入烧杯中，加入100 mL蒸馏水，再向其中加入30 g KOH，用玻璃棒搅拌后，将烧杯放在60 ℃的水中水浴加热，再将抛好的试样浸入三钾试剂中15～30 s后，用水及酒精冲洗试样，然后用吹风机吹干，制成金相试样。图11.25所示为配制好的三钾试剂。

11.10.1.3 观察渗硼层的金相组织

本次试验采用Zeiss AXIO Observer. A1m型倒置金相显微镜对试样进行观察，分别采用50～1 000倍的放大倍数。图11.26所示为光学显微镜下的渗硼层彩色金相组织。

图 11.25　配制好的三钾试剂（书后附彩图）

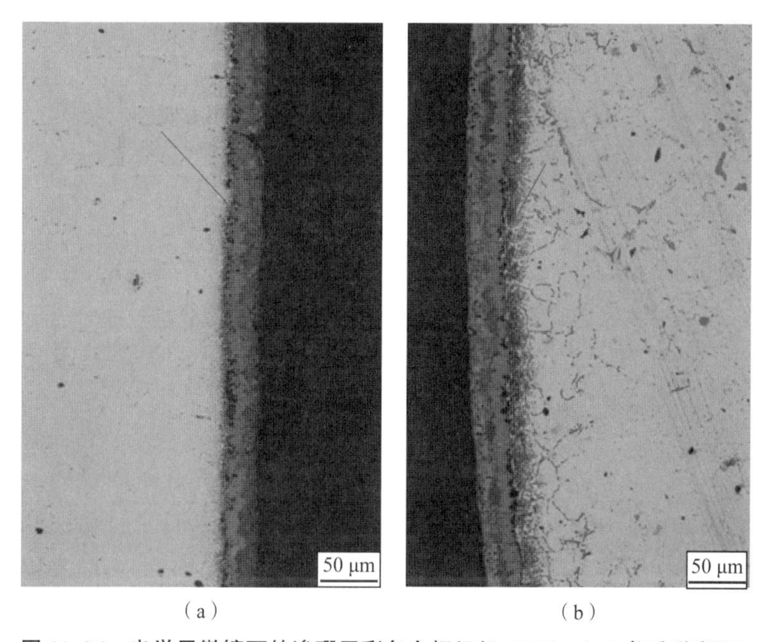

图 11.26　光学显微镜下的渗硼层彩色金相组织（200×）（书后附彩图）

（a）渗硼处理 4 h 的试样，箭头位置为渗硼层；（b）渗硼处理 6 h 的试样，箭头位置为渗硼层

由于采用三钾试剂进行的彩色腐蚀，在图 11.27 中可以清晰地观察到渗硼层的三层组织，1，2 为硼化物层，其前沿较平齐，不呈现梳齿形状，这是由于钢中碳和合金元素 Cr、Mo、V 阻止了 B 原子的扩散，减小了硼化物择优取向性，同时 Cr、Mo、V 元素所形成的碳化物、硼化物也阻止了硼化物前沿向内的生长，故硼化物层薄且不呈梳齿状。

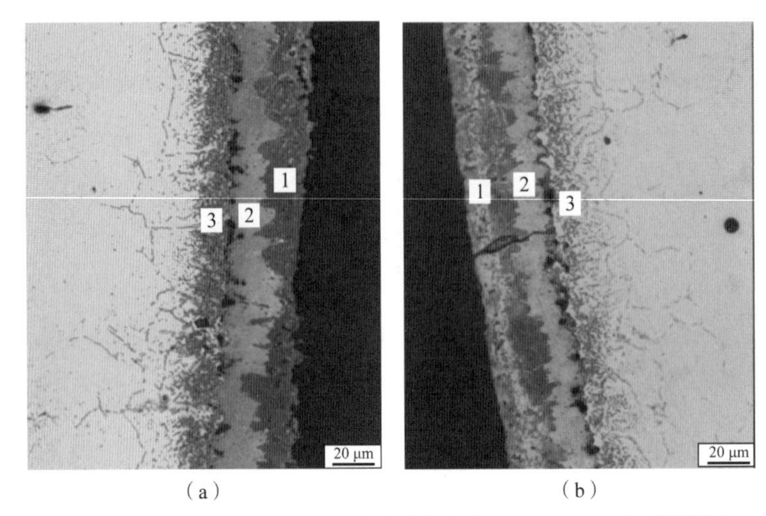

(a) (b)

图 11.27 光学显微镜下渗硼层彩色金相组织 (500×)(书后附彩图)

(a) 渗硼处理 4 h 的试样; (b) 渗硼处理 6 h 的试样

硼化物层主要由 FeB 相、Fe_2B 相组成，且 1 为 FeB 相，2 为 Fe_2B 相。其中，硼化物层中还会形成 (Fe,W,Cr,V)B 相和 $(Fe,W,Cr,V)_2B$ 相，这两相的出现是由于钢中合金元素含量较多，在渗硼过程中，部分合金原子取代 Fe 原子形成 (Fe,W,Cr,V)B 相以及 $(Fe,W,Cr,V)_2B$ 相。3 为过渡区组织，过渡区组织细小，该区主要由含 B 渗碳体组成，存在须状 $(Fe,Cr)_2B$ 相、块状 $(Cr,Fe)_7C_3$ 相、粒状 $(Fe,Cr)_3C$ 相、岛状 $(Fe,Cr)_{23}C_6$ 相以及极少量的颗粒状 Fe_2B 相等。这些碳化物及硼化物相的存在既强化了过渡区组织，又细化了过渡区组织，从而提高了过渡区对硼化物层的支撑作用，有利于硼化物层与心部的结合。

由图 11.27 可以明显看出，B 元素沿着晶界向基体内部生长，这是因为 B 元素为正吸附元素，优先在晶界处聚集。

由图 11.28 可以看出，渗硼处理 4 h 的硼化物层厚度约为 40 μm，而渗硼处理 6 h 的硼化物层厚度约为 50 μm，可见渗硼时间的增长使硼化物层进一步向机体内生长。此外，渗硼处理 6 h 试样中的 FeB 相厚度要大于渗硼处理 4 h 后的试样。

由图 11.28 还可以看出，渗硼层中存在空洞、疏松，这是由于高温下材料表面“空位”浓度高，硼化物定向生长过程中空位被驱赶集成小孔，再加上钢中杂质或碳、硅原子，渗硼剂中的杂质原子被挤入小孔内或硼齿之间而形成。

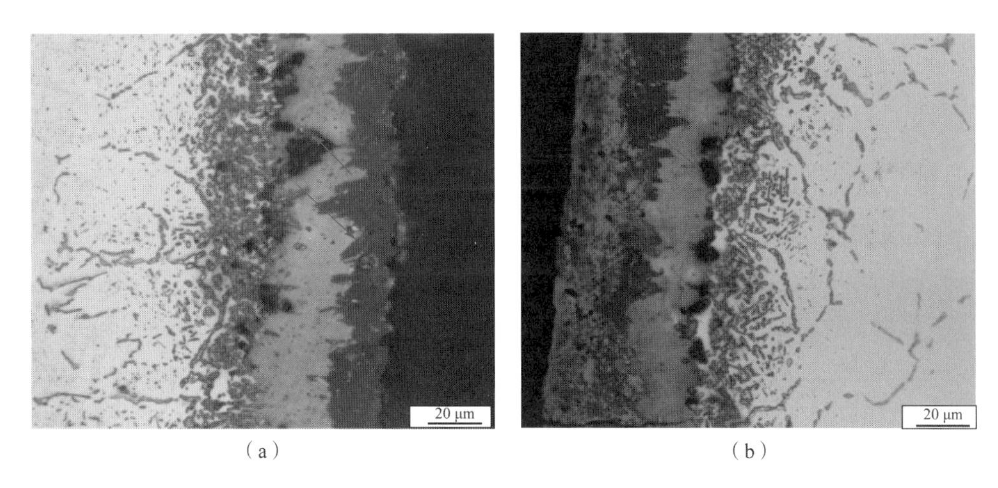

（a）　　　　（b）

图 11.28　渗硼层金相组织（1 000 ×）（书后附彩图）

（a）渗硼处理 4 h 的试样；（b）渗硼处理 6 h 的试样

11.10.1.4　洛氏硬度测量结果分析

采用 HR－150 型洛氏硬度计对渗硼以及未渗硼的试样进行分组测试，以得出渗硼处理对 2Cr12NiMo1W1V 钢硬度的影响。试验中将未加渗硼剂在 950 ℃保温 6 h，退火后 650 ℃回火的试样，加渗硼剂在 950 ℃保温 4 h，退火后 650 ℃回火的试样，以及加渗硼剂在 950 ℃保温 6 h，退火后 650 ℃回火的试样分成三组，每组三个试样。测试结果如表 11.18 所示。

表 11.18　三组试样洛氏硬度与相应的维氏硬度

渗硼情况	试样号	洛氏硬度 HRC	相应的维氏硬度 HV
未经渗硼处理	1	35	345
	2	33	327
	3	34	336
渗硼时间 4 h	1	36	354
	2	35	345
	3	35	345

续表

渗硼情况	试样号	洛氏硬度 HRC	相应的维氏硬度 HV
渗硼时间 6 h	1	36	354
	2	38	363
	3	38	363

根据上述三组试样的洛氏硬度测试，可以看出渗硼处理对 2Cr12NiMo1W1V 钢的硬度有一定的强化效果。其他条件相同时，未加渗硼剂处理的 2Cr12NiMo1W1V 钢的平均维氏硬度值约为 HV336，加渗硼剂处理的 2Cr12NiMo1W1V 钢的平均维氏硬度值约为 HV348，而保温 6 h 加渗硼剂进行渗硼处理后的 2Cr12NiMo1W1V 钢的平均维氏硬度值约为 HV360。由此可见，渗硼处理后的试样硬度得到提高，这是因为渗硼层主要由 Fe_2B 相和 FeB 相组成，这两相都具有良好的硬度。由于 Fe_2B 相的硬度为 HV1 290 ~ 1 680，FeB 相的硬度为 HV1 890 ~ 2 340，所以经过渗硼处理后的试样硬度得到一定的提高。

此外，经渗硼处理 6 h 后的 2Cr12NiMo1W1V 钢的硬度更佳，这是由于渗硼处理 6 h 后的 2Cr12NiMo1W1V 钢的渗硼层内硬度更高的 FeB 相的厚度大于 Fe_2B 相的厚度，所以导致渗硼处理 6 h 后的试样硬度更高。

11.10.2 2Cr12NiMo1W1V 钢准静态压缩性能研究

试验采用 WDW - E100D 型微机控制电子式万能试验机，研究 2Cr12NiMo1W1V 钢的准静态压缩性能及其变形特征。

11.10.2.1 试验方案

试验采用规格为 $\phi5$ mm × 5 mm 的渗硼处理 4 h 的 2Cr12NiMo1W1V 钢以及渗硼处理 6 h 的 2Cr12NiMo1W1V 钢，分成两组，每组采用不同的压缩速率，每个压缩速率下的试验重复三次，以确保试验的准确性，并使用 Origin 软件分析得到应力 - 应变曲线图。试验的压缩速率分别为 0.1 mm/min、0.5 mm/min 和 1 mm/min。

11.10.2.2 应力 - 应变曲线分析

上述 $\phi5$ mm × 5 mm 试样的 2Cr12NiMo1W1V 钢的准静态压缩数据如表 11.19

和表11.20所示，应力－应变曲线如图11.29和图11.30所示。由图可见，随着应变的增加，试样没有明显的屈服现象，产生这种现象的原因是2Cr12NiMo1W1V钢的含C量低，且经过了热处理，此外，B的加入可以细化表面晶粒，这也使其在试验中没有明显的屈服现象。由于2Cr12NiMo1W1V钢的塑性良好，所有测试的试样没有发生断裂。

表11.19 渗硼处理4 h试样在0.1 mm/min压缩速率下的准静态压缩数据

渗硼时间4 h	试样尺寸/mm	转变时应力/MPa	转变时应变/%
试样1	$\phi5\times5$	1 078	8.54
试样2		1 032	8.84
试样3		1 071	8.68

表11.20 渗硼处理6 h试样在0.1 mm/min压缩速率下的准静态压缩数据

渗硼时间6 h	试样尺寸/mm	转变时应力/MPa	转变时应变/%
试样1	$\phi5\times5$	1 088	5.72
试样2		1 075	6.05
试样3		1 109	7.82

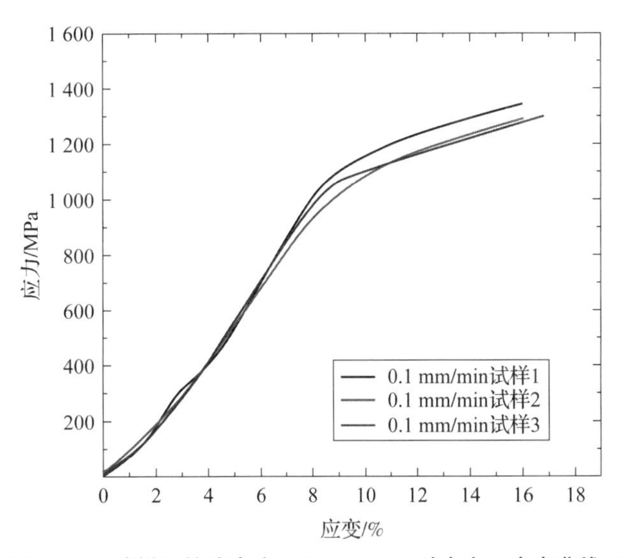

图11.29 渗硼处理4 h试样压缩速率为0.1 mm/min时应力－应变曲线（书后附彩图）

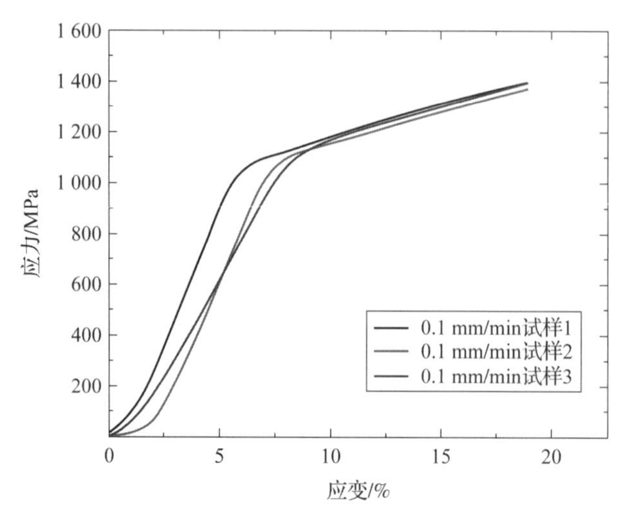

图 11.30 渗硼处理 6 h 试样压缩速率为 0.1 mm/min 时应力 - 应变曲线（书后附彩图）

无论是渗硼处理 4 h 的试样还是渗硼处理 6 h 的试样，其从弹性变形向塑性变形转变时的应力都随着压缩速率的增加而降低，2Cr12NiMo1W1V 钢在对抗高速率的静态压缩载荷时更易发生塑性变形。此外，渗硼处理 6 h 的试样在三个压缩速率下由弹性变形变为塑性变形的平均转变应力均高于渗硼处理 4 h 的试样。

11.10.3 2Cr12NiMo1W1V 钢渗硼处理后动态压缩性能研究

试验利用 SHPB（分离式霍普金森压杆）装置测试 2Cr12NiMo1W1V 钢渗硼处理后的动态压缩性能，研究 2Cr12NiMo1W1V 钢渗硼后与未渗硼的动态压缩性能的差异，并揭示 2Cr12NiMo1W1V 钢动态压缩性能与渗硼工艺之间的关系。

11.10.3.1 试验方案

试验采用规格为 $\phi5$ mm × 5 mm 的渗硼处理 4 h 的 2Cr12NiMo1W1V 钢、渗硼处理 6 h 的 2Cr12NiMo1W1V 钢，以及未加渗硼剂采用同样热处理方式处理 6 h 的未渗硼的 2Cr12NiMo1W1V 钢，分成三组，每组采用不同的载荷，每个载荷下的试验重复三次，以确保试验的准确性，然后使用 Origin 软件分析得到应变率 - 时间曲线以及真应力 - 真应变曲线。试验统一采用 200 mm 的子弹，通过调节气枪内的压力来调节子弹的打击速度，气压分别为 6 atm、8 atm 和 10 atm。

11.10.3.2 动态压缩性能测试结果与分析

通过试验可知，渗硼处理对 2Cr12NiMo1W1V 钢的动态压缩性能有一定的提升。渗硼处理 4 h 对于试样的屈服强度的提升较小，大约为 20 MPa；渗硼处理 6 h对于试样的屈服强度有较大提升，大约为 60 MPa。试验具体数据如表 11.21 ~ 表 11.26 所示；真应力 – 真应变曲线如图 11.31 ~ 图 11.33 所示。

表 11.21　950 ℃渗硼处理 4 h 试样屈服强度

渗硼时间/h	试样尺寸/mm	载荷/MPa	试样 1 屈服强度 /MPa	试样 2 屈服强度 /MPa	试样 3 屈服强度 /MPa
4	$\phi5\times5$	0.6	1 462	1 591	1 531
		0.8	1 573	1 495	1 490
		1.0	1 590	1 533	1 567

表 11.22　950 ℃渗硼处理 4 h 试样应变

渗硼时间/h	试样尺寸 /mm	载荷/MPa	应变率 ε/s^{-1}	试样 1 应变/%	试样 2 应变/%	试样 3 应变/%
4	$\phi5\times5$	0.6	5 030	0.43	0.41	0.37
		0.8	5 774	0.49	0.50	0.51
		1.0	6 420	断裂	0.63	0.61

表 11.23　950 ℃渗硼处理 6 h 试样屈服强度

渗硼时间/h	试样尺寸/mm	载荷/MPa	试样 1 屈服强度 /MPa	试样 2 屈服强度 /MPa	试样 3 屈服强度 /MPa
6	$\phi5\times5$	0.6	1 642	1 611	1 549
		0.8	1 624	1 565	1 543
		1.0	1 568	1 594	1 647

表 11.24　950 ℃渗硼处理 6 h 试样的应变量

渗硼时间/h	试样尺寸/mm	载荷/MPa	应变率 ε/s^{-1}	试样 1 应变/%	试样 2 应变/%	试样 3 应变/%
6	$\phi5\times5$	0.6	4 686	0.37	0.39	0.38
		0.8	5 600	断裂	0.50	0.52
		1.0	6 286	断裂	断裂	0.64

表 11.25　950 ℃未渗硼处理 6 h 试样屈服强度

渗硼情况	试样尺寸/mm	载荷/MPa	试样 1 屈服强度 /MPa	试样 2 屈服强度 /MPa	试样 3 屈服强度 /MPa
未渗硼	$\phi5\times5$	0.6	1 548	1 501	1 469
		0.8	1 493	1 503	1 523
		1.0	1 538	1 560	1 572

表 11.26　950 ℃未渗硼处理 6 h 试样应变

渗硼情况	试样尺寸/mm	载荷/MPa	应变率 ε/s^{-1}	试样 1 应变/%	试样 2 应变/%	试样 3 应变/%
未渗硼	$\phi5\times5$	0.6	4 637	0.40	0.39	0.39
		0.8	5 638	0.49	0.50	0.50
		1.0	6 033	断裂	断裂	断裂

11.10.3.3　渗硼层显微组织观察与分析

对动态压缩性能测试后的试样进行了显微组织分析，分析方法与对未进行动态压缩性能测试的试样相同。图 11.34 中箭头所指部分为渗硼层在动态压缩试验中崩裂以及剥落的位置。

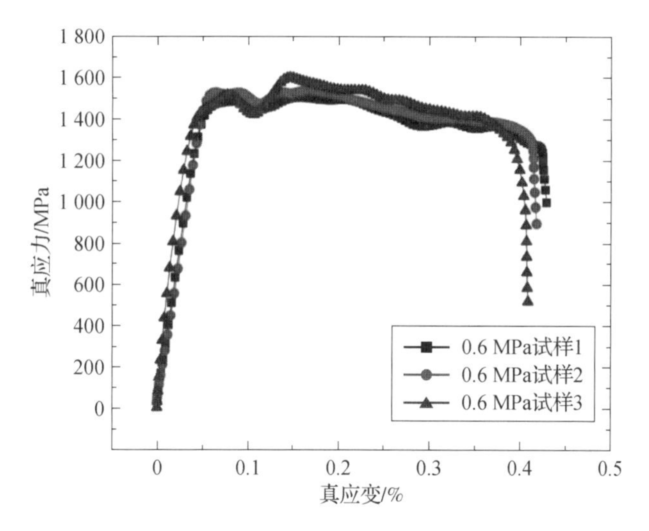

图 11.31　950 ℃渗硼处理 4 h 试样在 0.6 MPa 载荷下的真应力－真应变曲线（书后附彩图）

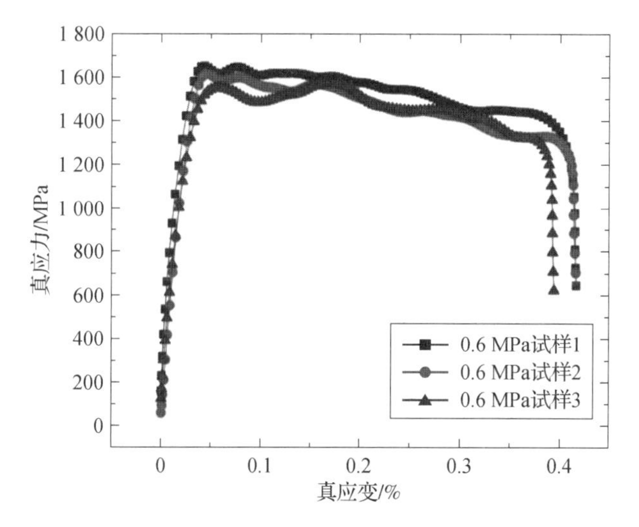

图 11.32　950 ℃渗硼处理 6 h 试样在 0.6 MPa 载荷下的真应力－真应变曲线（书后附彩图）

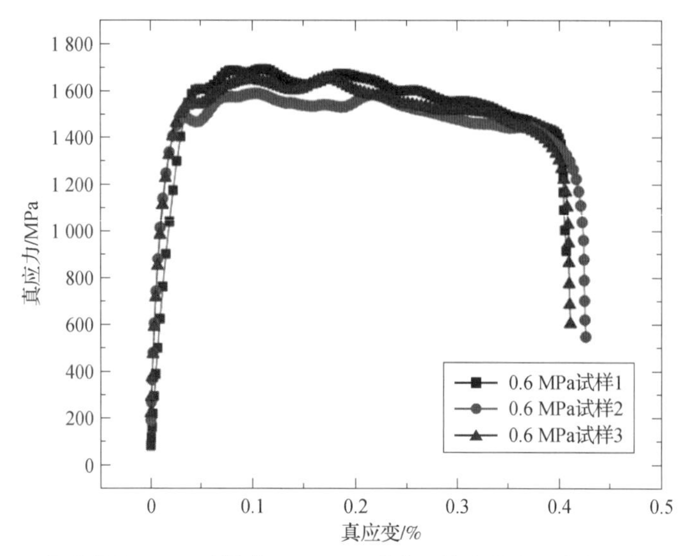

图 11.33　950 ℃未渗硼处理 6 h 试样在 0.6 MPa 载荷下的真应力 – 真应变曲线（书后附彩图）

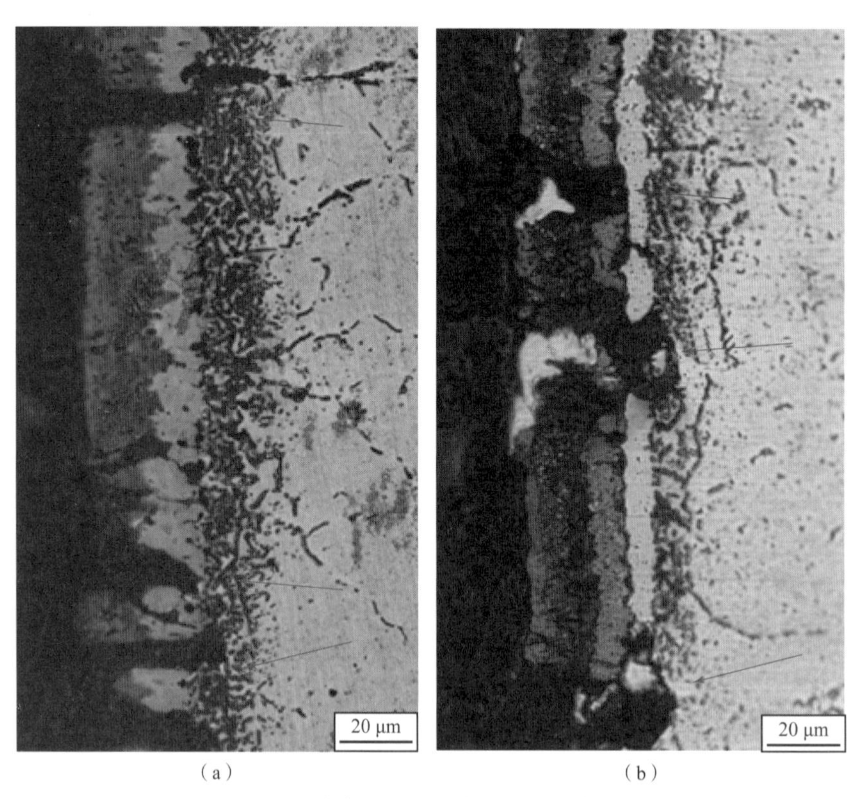

（a）　　　　（b）

图 11.34　经过动态压缩后的渗硼组织（书后附彩图）

（a）渗硼时间 4 h 渗硼层组织；（b）渗硼时间 6 h 渗硼层组织

虽然渗硼处理能提高试样的硬度、耐磨性、耐蚀性等性能，但渗硼层有一个严重的不足，即渗硼层脆性很大，特别是当渗硼层由 FeB 和 Fe_2B 两相组成时，在冲击载荷作用下，很容易产生裂纹和剥落，从而影响模具的使用寿命和产品的加工质量。同时可以观察到，虽然渗硼处理 6 h 后的试样渗硼层更厚一些，但在经过动态冲击试验后，渗硼处理 4 h 和渗硼处理 6 h 两种处理方式下的渗硼层损伤相差不多，可见渗硼层厚度不能影响其对抗动态冲击载荷的能力。

在完成动态压缩性能测试后，利用扫描电子显微镜观察 2Cr12NiMo1W1V 钢的断口微观形貌，比较渗硼后的组织与未渗硼的组织的微观形貌区别，如图 11.35 所示。

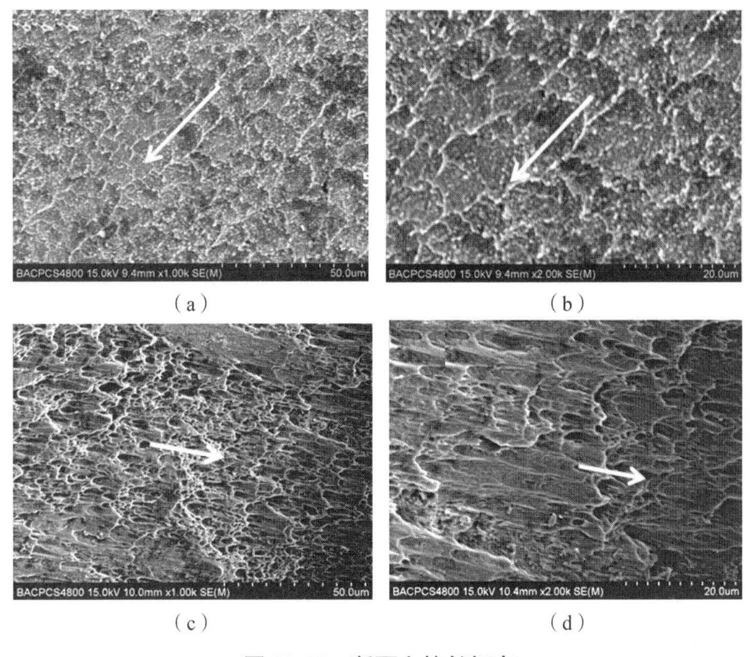

图 11.35　断面上拉长韧窝

(a) 未渗硼处理（1 000 ×）；(b) 未渗硼处理（2 000 ×）；

(c) 渗硼处理 6 h（1 000 ×）；(d) 渗硼处理 6 h（2 000 ×）

通过观察微观形貌可知，不论是渗硼处理的试样还是未渗硼处理的试样，其基体断裂方式均为韧性断裂，可以清楚地看到拉长韧窝的形貌。图 11.35 中箭头方向为断裂方向，在这个基础上局部渗硼层便可通过与基体协调变形产生塑性变形，并且图中所示渗硼后的拉长韧窝显著比未渗硼组织的拉长韧窝更深，数量更多，证明了在动态压缩性能测试中渗硼后试样的屈服强度高于未渗硼处理试样的结论。由于受到更高强度的载荷，所以渗硼处理试样中的拉长韧窝数量更多，深度更深。渗硼后试样经动态载荷冲击时发生剪切断裂，表层的渗硼层发生脆性断裂，渗硼层出现崩裂和剥落现象，基体产生韧性断裂和裂纹；渗硼处理后可以增强材料的抗剪切断裂能力。在动态压缩性能测试中，局部的渗硼层会通过与基体协调变形而产生弯曲、扭转等现象。

为了保证实现渗硼调质复合热处理工艺的一次完成，减少工件的变形，本技术采用的渗硼剂突破了必须热装炉的惯例而进行冷装炉随炉升温。渗硼保温时间结束后，炉子关掉电源，渗硼箱随炉冷至500 ℃后出炉，空冷至室温无须控制冷却速度，这种操作方法简化了工艺，方便了工人的操作。渗硼箱冷至室温后不用打开渗硼箱，可重新放入回火炉中进行回火处理，回火温度为630～650 ℃，2～4 h回火后，空冷至室温，开箱取出工件，即完成全部渗硼调质工艺。工件保持光洁的银灰色表面，无须清洗，这是本试验独特的工艺操作方法。

2Cr12NiMo1W1V钢渗硼后，基体强度不降反升，是实现渗硼调质一次完成的关键技术。该钢含有0.2% C、12% Cr、1% Ni、1% Mo和1% V元素。硼不仅能和Fe形成硼化物，也会和Cr、Ni、Mo元素形成化合物，提高了渗硼层的硬度和稳定性。基体中也会渗入微量的硼与碳，可形成含硼渗碳体，提高了钢淬透性，所以基体强度在950 ℃高温保温7 h缓冷后，仍能获得屈氏体+索氏体组织，使其强度升高，表面硬度达$HV_{0.2}$1 600以上，该硬度相当于HRC70以上，可大幅提高产品耐磨性，延长使用寿命；基体硬度HRC38～40。由于硼化物是极其稳定的化合物，故其还可以提高抗腐蚀性能和抗高温性能。为了提高强韧性，可在渗硼后进行一次650 ℃回火，这样才能达到工件的力学性能要求。

渗硼在汽轮机喷嘴组叶片气道上的成功应用，使某厂家装机应用修复了10台发电机设备，代替了进口件，创造了显著的社会效益与经济效益。图11.36所示为某厂家汽轮机喷嘴组叶片气道渗硼实物照片。

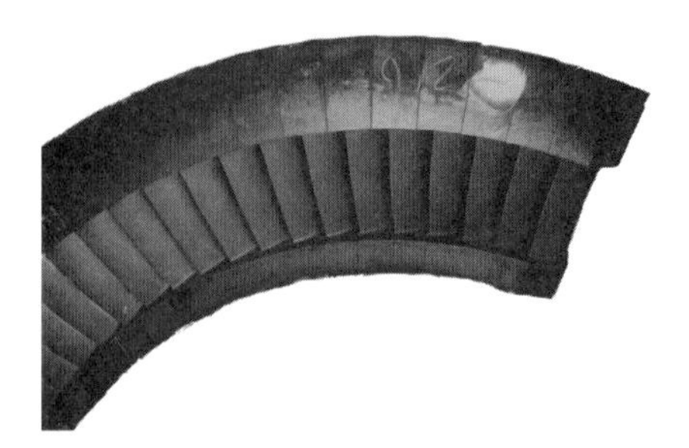

图11.36　某厂家汽轮机喷嘴组叶片气道渗硼实物照片

11.11　渗硼在其他领域的应用

从 20 世纪 80 年代中期开始，作者即将渗硼工艺扩大应用到了石油机械上，如超低碳铬镍不锈钢制的阀杆、耐热钢制的分离器壳体等均获得成功。另外，为中国科学院沈阳计算技术研究所的打字针进行的渗硼也获得成功，还成功地应用于饲料粉碎机的锤片、泥浆泵钢套和可锻铸铁制件上。作者是在国内从事渗硼技术研究与推广应用最早的专业人员之一，已历时 40 余载，为众多单位解决了遇到的难题。图 11.37 所示为 2008 年作者在渗硼试验后开箱取件。

图 11.37　2008 年作者在渗硼试验后开箱取件（书后附彩图）

现将一部分应用情况简述如下：

1985 年 12 月，为中国航天科技集团公司第十一所承接的北京燕山石油化工公司机械厂超低碳不锈钢（OOCr17Ni14Mo3）阀杆进行渗硼处理并获得成功，解决了需要进口配件的难题。

1987 年，北京市热处理厂采用作者的渗硼技术，对北京燕山石油化工公司机械厂的1Cr5Mo耐热钢石油分离器壳体进行渗硼处理并获得成功，为该厂获得显著的经济效益。

1989—2007年，作者为中国科学院长期进行1Cr18Ni9Ti不锈钢炼油机进料雾化喷管的渗硼处理，从而代替了进口材料，节约了大量外汇，还提高了使用寿命2～4倍，受到用户的赞誉。

1998年开始，作者与北京航空工艺研究所合作，将渗硼工艺用于纺织机械配件导板上，取得了德国厂商的检测认可，并被确定为国内唯一合作单位，长期为该国提供批量产品。导板材料为A3钢，该导板只要求导槽部分局部渗硼，渗硼层厚度为0.05～0.10 mm，硬度大于HV1 300。该零件由北京625所加工制造，委托作者进行渗硼处理，再由该公司出口德国，累计向德国出口2万件，创造了重大经济效益。纺织机械配件导板实物照片如图11.38所示，该A3钢渗硼层显微组织如图11.39所示。

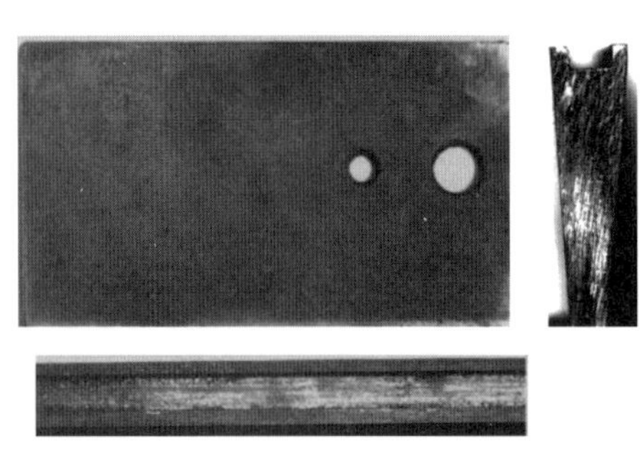

图11.38　纺织机械配件导板实物照片

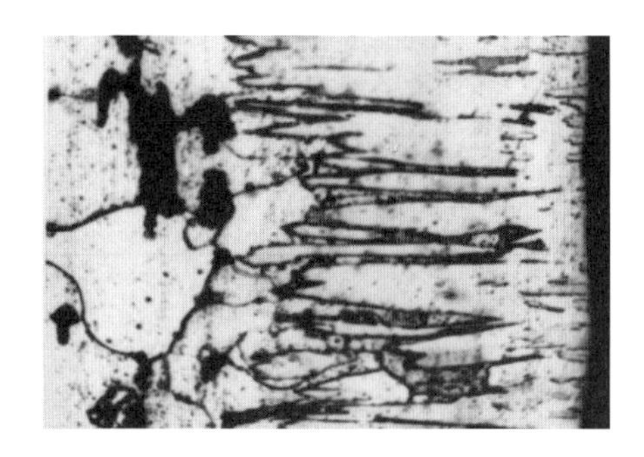

图11.39　A3钢渗硼层显微组织（400×）

2011年，作者应广东某公司邀请，对其生产的电热丝进行固体渗硼的试验研究，对ϕ0.3～1.0 mm铁铬铝电热丝进行了渗硼试验，渗硼后金相照片如图11.40所示。

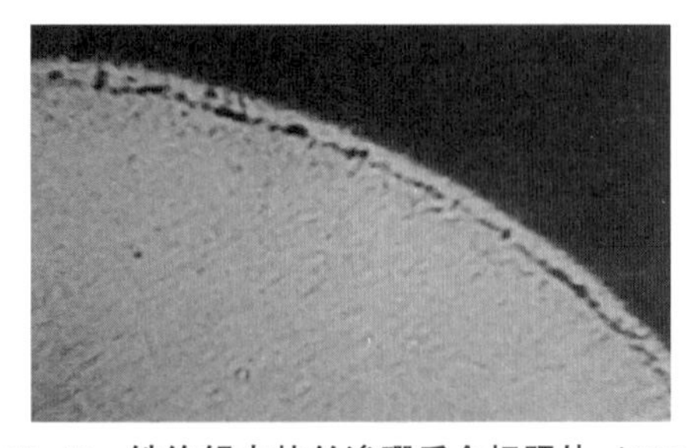

图11.40　铁铬铝电热丝渗硼后金相照片（200×）

电热丝广泛地应用于电炉、消毒柜、微波炉、热水器等各种需要电加热的电气设备上，其大部分由铁铬铝电热丝制作。为了提高其使用寿命和绝缘性能，经过渗硼剂和渗硼工艺的创新性开发，成功将此技术应用于电热丝上。同时，对提高使用寿命和绝缘性能的原理也进行了探讨，渗硼后的电热丝在使用中或使用前进行氧化处理后，表面会形成硼的氧化物保护膜，从而提高了其使用寿命和绝缘性能。渗硼后的电热丝可以拉开一定的间距使用，而不会发生脆性断裂和崩落，渗硼再经氧化处理过的电热丝也可以不拉开使用，也可以提高绝缘性能。

第 12 章 渗硼层的检验

钢铁渗硼层由硼化物层和过渡区组成。硼化物的种类和组织形态对渗硼件的各项性能有很大影响，而过渡区的组织形态，对硼化物与基体的结合强度、内应力分布、疲劳强度以及渗硼后的热处理效果等也有较大影响。因此，工件渗硼后必须进行各项分析与检验。

12.1 渗硼层金相组织的检测

12.1.1 渗硼试样的磨制与显示

12.1.1.1 渗硼试样的磨制

因硼化物层较薄（≤0.15 mm），为了防止磨制时发生倒角，以及影响渗硼层厚度的测定，渗硼试样必须进行夹持或嵌镶，夹具或嵌镶材料的硬度必须与试样材料硬度相近，而且要与试样表面贴紧。当嵌镶材料硬度过低（如冷镶用环氧树脂）时，应在试样表面紧贴一层淬火经低温回火的钢片（如废手锯条等），然后一起进行冷镶。另外，也可以预先按 ϕ15 mm×5 mm 尺寸制成试样，并在试样中心打一个 ϕ3 ~5 mm 的通孔，渗硼后将两片试样用螺钉紧固在一起，可不必嵌镶，对侧面进行磨制，效果也很好。

在磨制试样时，为了避免高硬度的硼化物在切割、粗磨与抛光时产生脆性剥落，必须注意选用细砂轮磨制；吃刀量要小，用力也不能过大；磨制过程中不应使试样发热。其具体操作方法和制作一般金相试样相同。

12.1.1.2 渗硼层组织的显示

由于FeB相、Fe_2B相与基体材料的硬度相差悬殊，所以一般经抛光后就可以看到发亮的硼化物，并可以用正交偏振光方法鉴别FeB相和Fe_2B相。但是，为了更加清晰地观察与区分FeB相和Fe_2B相，一般抛光后需经腐蚀再观察。显示基体与硼化物的常用试剂为4%硝酸酒精溶液。经它浸蚀后可清楚显示过渡区和基体组织，并使硼化物更加清晰（硼化物呈白亮色）。但这种方法不易区分硼化物中的相，一般多用来测量渗硼层厚度。

为了显示硼化物中的FeB相和Fe_2B相组织，可用下述浸蚀剂进行热蚀着色。

①苦味酸钠浸蚀剂配方（表12.1）。

表12.1 苦味酸钠浸蚀剂配方

配方	浸蚀温度/℃	浸蚀时间/s
苦味酸（5 g）+氢氧化钠（25 g）+蒸馏水（100 mL）	35～40	30

这种试剂配好后，应置于避光的封闭容器内。浸蚀温度为35～40 ℃，浸蚀时间为30 s，FeB相着色后呈浅蓝色，而Fe_2B相着色后呈黄色。当浸蚀时间短时，FeB相呈棕色，Fe_2B相呈浅黄色。

②三钾试剂配方（表12.2）。

表12.2 三钾试剂配方

配方	浸蚀温度/℃	浸蚀时间
黄血盐$K_4Fe(CN)_6 \cdot 3H_2O$(1 g)+赤血盐$K_3Fe(CN)_6$(10 g)+氢氧化钾(30 g)+蒸馏水（100 mL）	60	15 s
黄血盐$K_4Fe(CN)_6 \cdot 3H_2O$(1 g)+赤血盐$K_3Fe(CN)_6$(10 g)+氢氧化钾(30 g)+蒸馏水（100 mL）	室温	10～15 min

60 ℃浸蚀15 s或室温浸蚀10～15 min后，FeB相为褐色，而Fe_2B相为黄色。若浸蚀时间过长，则FeB相呈浅蓝色，Fe_2B相呈棕色。该浸蚀剂还会使硼碳化物着色呈浅蓝色。这是常用的试剂，采用热蚀着色效果较好。

以上两种试剂只能对硼化物着色，而对基体组织不起作用。假如要同时显示基体组织，可再用4%硝酸酒精溶液浸蚀。

③苦味酸、硝酸酒精溶液。

配方：1%苦味酸酒精溶液10份+1%硝酸酒精溶液1份。

使用时只需用棉球沾一下配好的溶液，在试样上反复轻轻地擦拭数秒钟，便可得到渗硼层组织的全貌。这种方法适用于一般渗硼层组织的金相检验，可将过渡区与FeB相、Fe_2B相清楚地区别出来。

④苦味酸、海鸥洗净剂混合水溶液。

配方：苦味酸［$C_6H_2(NO_2)_3OH$］400 g+海鸥洗净剂10 mL+蒸馏水100 mL。

这种浸蚀剂不仅具有三钾试剂或苦味酸水溶液的特点，可明显地区分FeB相和Fe_2B相，还能清晰地显示渗硼层组织的晶界、Fe_2B晶粒前沿的多相组织形态和碳素钢硼化物晶粒中的颗粒状含硼渗碳体型化合物。

由于FeB相和Fe_2B相的耐蚀程度不同，二者的浸蚀时间有较大差异，当比较清楚地显示Fe_2B相晶界时，FeB相已过蚀。若仅仅需要显示FeB相晶界，要适当缩短浸蚀时间。碳钢和低合金钢的硼化物晶界比较容易被浸蚀出来，而高金钢渗硼层的晶界显示得就不太清楚。

⑤苦味酸、上海牌洗净剂混合溶液。

配方：苦味酸400 g+上海牌洗净剂10 mL。

配制时，先将配方中所需数量的苦味酸加入蒸馏水中，待苦味酸全部溶解后，再加入硝酸或洗净剂。新试剂配好后可以立即使用，如放置一段时间再使用则更好。浸蚀后，FeB相呈褐色，而Fe_2B相呈黄白色。

一个理想的渗硼金相试样，往往不是一次就能制备成功的，而是常常需要反复抛光、浸蚀数次才能成功。

12.1.2 渗硼层的金相检验

12.1.2.1 渗硼层厚度的测量

渗硼层厚度的测量，可在试样经硝酸酒精溶液浸蚀后进行。因渗硼层很薄，其需要在显微镜下才能进行测定，一般使用带刻度的目镜测量硼化物层（FeB

相、Fe_2B 相）的厚度与深度。硼化物层多呈梳齿状插入基体，渗硼层厚度可按图 12.1 所示的方法求平均值。

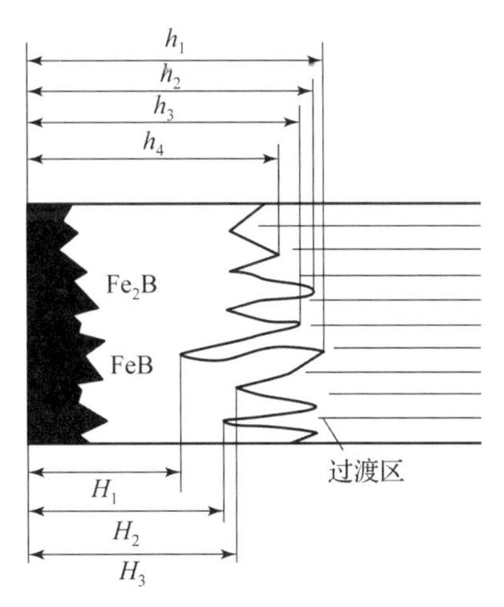

图 12.1　渗硼层厚度与深度的测量方法示意图

图 12.1 中，h_1、h_2、…、h_n 为硼化物梳齿插入基体的深度，h 为平均值，单位为 mm，即

$$h=\frac{h_1+h_2+\cdots+h_n}{n}$$

图 12.1 中，H_1、H_2、…、H_n 为硼化物距表面的最短距离，H 为有效平均厚度，单位为 mm，即

$$H=\frac{H_1+H_2+\cdots+H_n}{n}$$

以上两式主要适用于碳钢（尤其是低、中碳钢）和低合金钢，对于高碳或高合金钢，因渗硼层无明显的梳齿状，其渗硼层厚度自表面测到硼化物与基体交界处即可。

12.1.2.2　渗硼层的组织缺陷

工件在渗硼过程中，往往因为渗硼剂配方选用不当、工艺规范不合理和操作方法不妥等而产生异常组织，以致降低渗硼件的使用寿命。

①渗硼层太薄。渗硼层厚度小于 0.03 mm 就属于这一类问题。渗硼层过薄，使其耐蚀性与耐磨性都差，这是由渗硼温度过低或保温时间过短、渗硼介质活性差、固体渗硼用箱密封不好等原因造成的。

②渗硼层厚度不均或连续性差。具有这样组织的渗硼层很容易剥落，而且耐磨性、耐蚀性极差，因此这种组织是不允许出现的。产生这种缺陷的原因主要是渗硼剂活性差、渗硼剂混合不均匀、盐浴流动性差等。

③渗硼层有较多的孔洞。具有较多孔洞的渗硼层，因致密度下降，其耐磨性与耐蚀性均下降，并且容易剥落。产生孔洞的原因主要和使用的渗硼剂成分、处理温度及渗硼方法有关。

④FeB 相和 Fe_2B 相交界处产生裂纹。因 FeB 相和 Fe_2B 相的线膨胀系数不同，其在渗硼后的热处理过程中容易产生裂纹。因此，一般希望获得单相 Fe_2B 组织。

12.2 渗硼层的脆性

人们对钢铁渗硼后所达到的高硬度十分满意，但对它的脆性又很担心，因此在选用渗硼技术时犹豫不决，担心发生脆性剥落。其实不尽然，渗硼层虽然达到洛氏硬度 HRC70 以上，但它和渗碳层、氮化层相比，与其本身所达到的硬度相比，其脆性相差并不大。同时，由于硼化物呈梳齿状插入基体，所以不容易剥落。为了使读者全面了解渗硼层的脆性及预防方法，下面介绍渗硼层脆性的产生、检测方法及预防措施。

12.2.1 渗硼层脆性的产生与检测方法

众所周知，渗硼层具有很高的硬度，同时也有很大的脆性。但目前国内外对脆性的含义还没有一致的认识，更缺乏一种公认的、行之有效的测试方法，因此，渗硼层的脆性级别还没有统一标准。国内有关单位为了研究渗硼层的脆性问题，用 45 钢单相渗硼层的试样，经不同的热处理后做了硬度和耐磨性、三点弯曲声发射、压断和冲击以及砂轮磨削剥落等试验，测量了表面残余应力，并用金相和扫描电镜进行观察，得出以下结论。

12.2.1.1 渗硼层脆性的产生

大量试验表明，脆断与剥落是渗硼层脆性损坏的两种形态，它们都是在脆性状态下产生的。脆断是在硼化物梳齿之间形成裂纹并向内扩展而成，它在拉应力下较易发生。剥落是指硼化物梳齿的折断、碎块的形成和崩落，一般没有内向扩展的裂纹，它在压应力下较易发生。

脆断与剥落的差异如图 12.2 和表 12.3 所示，两者有联系也有区别。脆断在开始出现小裂纹时并无剥落，严重的裂纹两侧将伴随碎块的崩落，崩落碎块的周围当然也会发生裂纹，但不一定导致裂纹的发生与发展。具有单相 Fe_2B 的渗硼层，由于硼化物与基体结合相当牢固，其损坏形式一般不是由硼化物梳齿从基体上剥落，而主要是在拉应力作用下，在硼化物梳齿之间产生裂纹，且裂纹是垂直于表面的。当承受载荷不大时，裂纹仅在硼化物层内发生，而当承受重载荷时，往往会扩展到基体中。对于具有 FeB 和 Fe_2B 双相组织的渗硼层，在两相交界面容易出现裂纹，从而形成脆性剥落。

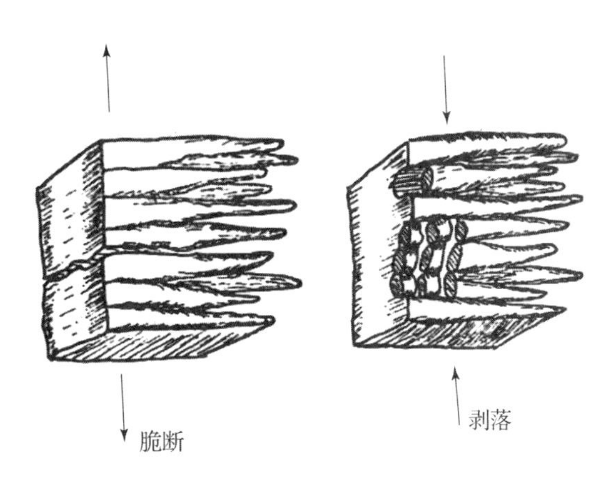

图 12.2　脆断与剥落示意图

表 12.3　脆断与剥落的差异

裂纹形式与影响因素	脆断	剥落
裂纹形态	垂直于表面，在硼化物梳齿之间开裂	硼化物梳齿折断成碎块，裂纹沿碎块周围形成
裂纹萌芽点	在最表面	可能在硼化物梳齿折断处
拉压应力影响	拉应力易发生脆断	压应力促进剥落
静动载荷影响	静载荷易先脆断	动载荷较易剥落
表面残余应力影响	残余应力提高脆断强度	残余应力增加剥落倾向

续表

裂纹形式与影响因素	脆断	剥落
回火温度与基体硬度影响	提高回火温度，增加残余应力，提高脆断强度	提高回火温度，增加残余应力，促进剥落；基体硬度低，渗硼层易凹陷，促进剥落
渗硼层厚度影响	影响不大	渗硼层厚，较易剥落

12.2.1.2 渗硼层脆性的检测方法

如前所述，由于渗硼层的脆性包括脆断与剥落，所以脆性的检测方法也不同。目前，国内外对脆性检测还没有统一标准。

脆断脆性可在三点弯曲或扭转的静载荷下，用声发射法测得的脆断强度来定量衡量。由于第一根裂纹是在没有塑性变形的情况下出现的，所以弹性位移和断裂前吸收的弹性，是正比于脆断强度的，用脆断强度一个指标就可以衡量脆断脆性。渗硼零件在工作过程中发生脆断，更多的不是一次性脆断，而是疲劳脆断。表面残余应力可以提高脆断强度，也有利于提高疲劳强度。

剥落脆性可用砂轮磨削的方法进行测定。其方法是将渗硼试样固定在平面磨床上，将砂轮对准试样的边角，试样以垂直于砂轮的方向运动，不用冷却液，一次磨削深度约 0.05 mm（边角处），然后用金相显微镜对试样进行低倍观察，测定其剥落的状态。这种试验方法简便易行，但磨削条件必须固定，并且要选择适当的磨削条件，以便造成适度的剥落程度。需要通过大量试验，使试验条件标准化，并制定适合的剥落脆性评级标准。

12.2.1.3 影响渗硼层脆性的因素

渗硼层的脆性除与硼化物的相组成（单相 Fe_2B 或双相 $FeB + Fe_2B$）有关外，还与渗硼后的热处理有关。渗硼件经淬火、回火处理，在一定程度上可以调整渗硼层的脆性。回火温度高，使基体组织比容较小，而渗硼层却无体积变化，因而加大了表面残余应力，可以使脆断脆性倾向减小，但对剥落脆性不利。例如，45 钢渗硼淬火后，在 300 ~ 350 ℃回火，基体硬度为 HRC45 ~ 50；Cr12Mo 渗硼淬火后经 520 ~ 600 ℃回火，基体硬度为 HRC48 ~ 52 较好。选用回火温度还应依据渗硼件在使用过程中的失效形式来定，如是脆断失效，回火温度应适当提高，而如是剥落失效，则回火温度要相应降低。在实际生产中，当工件尺寸较大，或冷却速度不够大而没有充分淬硬时，回火温度的选取以获得 HRC45 ~ 50 为宜。

12.2.2　减少脆性的途径

12.2.2.1　力求获得单相 Fe_2B 渗硼层

可能由于斜方晶格的 FeB 本身很脆，也可能由于 FeB 与 Fe_2B 不能互溶，比容和线膨胀系数不相同而产生不利的应力状态，使双相渗硼层脆性增大。因此，人们都希望得到单相 Fe_2B 渗硼层组织，最好是渗硼后直接得到单相组织。一般来说，渗硼剂的活性较强（或者说硼势较高），渗硼温度较高，时间较长，渗硼层较厚，以及基体中碳和合金元素量较多时，渗硼层都较易出现 FeB 相。使用以 SiC 为还原剂的硼砂盐浴渗硼最大优点就是容易获得单相组织。固体粉末渗硼只要选用合适的基体材料、渗硼剂和恰当的工艺，也有望得到单相组织。如果渗硼后得到双相渗硼层，也可用再扩散退火方法使它变成单相 Fe_2B，但这样增加了工艺的复杂性，增加了能源消耗和成本。

12.2.2.2　选用适当的渗硼层厚度

渗硼层厚度不是越厚越好，渗硼层厚了容易引起剥落，只有当需要耐蚀性和耐磨料磨损时，才希望渗硼层厚一些。如果仅仅是抗黏着磨损，从理论上讲，有 0.005 mm 就已足够，而实际上由于不可能获得 0.005 mm 的均匀渗硼层，一般渗硼层厚度为 0.015 ~ 0.020 mm。但也有资料显示，厚度超过 0.1 mm，模具寿命反而降低。最佳渗硼层厚度的选择，要根据具体工件的服役条件和失效形式而定。若是磨损超差，则不妨再加厚一些，而若是脆断或剥落，则应减薄试试。

12.2.2.3　提高硼化物韧性的共晶化处理

共晶化处理就是以超过共晶温度进行渗硼或对已渗硼试样进行加热，使表面获得铁与硼化物的共晶体的处理方法。渗硼层中只要存在少量的能把硬度很高的硼化物相分离开的铁与硼化物的共晶体，其不仅能显著降低渗硼层的脆性，而且还可以进行切削加工。随着共晶体组织数量的增加，渗硼层韧性增加，工件承受冲击载荷的能力提高。

1. 共晶化处理方法

共晶化处理方法有膏剂法、浇铸法和熔化法，下面分别简要介绍。

①膏剂法，即将要渗硼的工件涂上前面介绍的渗硼糊状膏剂，烘干后，放在氢气或氩气介质中加热到共晶化温度以上（1 180 ~ 1 280 ℃）保温；或用高频加热使工件表面熔化，膏剂也随之熔化，在液态下获得共晶层，但是表面粗糙不能直接使用。

②浇铸法。此方法也可以称为铸渗法，就是在铸件型腔内壁，涂上一层渗硼膏剂，然后注入铁水或钢水，使膏剂熔化，在液态下使铸件的表层获得渗硼层。这种方法仅适用于对表面质量要求不高的、不需要机械加工的、要求表面耐磨性高的铸件。

③熔化法。此方法适用于气体渗硼件。工件经 BCl_3 和 H_2 的混合气体渗硼后（渗硼层为 $FeB + Fe_2B$），切断 BCl_3 气体，使工件在氢气保护下继续加热到共晶温度（1 149 ℃）以上保温，使硼化物与 Fe 形成共晶体。或者将已渗硼的工件放到氢气或氩气介质中加热到共晶温度以上进行共晶化处理，这样也可以达到降低脆性的目的。

2. 共晶化处理后的组织与性能

纯铁渗硼后经共晶化处理得到的组织是具有一定排列方向的 $\alpha-Fe$、Fe_2B 二相共晶层。45 钢经硼化处理后，其组织由不具方向性的 $\alpha-Fe$、Fe_2B 和 $Fe_3(C,B)$ 组成，这种工艺很难控制应用到产品上。获得共晶层的厚度与共晶化处理温度和时间有关。共晶化处理温度越高，时间越长，则所获共晶层越厚。通常，经共晶化处理后，渗硼层厚度增加 1 ~ 2 倍。

共晶层的硬度与钢中的含碳量有关，钢中的含碳量越高，得到的共晶层硬度也越高。其硬度范围为 HV600 ~ 800，具有很高的耐磨性。渗硼后的扩散退火以及共晶化处理是提高渗硼层韧性、减小脆性的有效措施。目前，还不可能将脆性减小到像渗碳层、氮化层那样，这也是渗硼的主要缺点，以及它的应用范围受到限制的一个原因。

需要指出的是，降低脆性不仅仅是防止脆性损坏的问题，很可能还会提高滑动摩擦时的磨损抗力。根据“脱层理论”，在滑动摩擦时，在应力的作用下，靠近表面处产生了塑性变形，因而萌生了微细裂纹，裂纹扩展到一定程度，即可引起磨屑的脱落。提高硬度可以减少塑性变形，而提高韧性则可减少裂纹的扩展率。因此，对渗硼层的要求最好是又硬又韧，但当二者不可能兼顾时，有时降低一些强度和硬度，提高一些韧性，则会提高其耐磨性。总之，对磨损抗力的影响是两种因素综合作用的结果。

参 考 文 献

[1] 陈树旺. 渗硼热处理 [M]. 北京：机械工业出版社，1985.

[2] 黄建洪. 影响化学热处理中原子扩散的因素——物理因素（Ⅰ）[J]. 热处理，2012，27（5）：74－77.

[3] 邵会孟，张企新. 渗硼组织共晶化 [J]. 金属热处理学报，1982，3（1）：64－69.

[4] 本溪钢铁公司第一炼钢厂. 硼钢 [M]. 北京：冶金工业出版社，1977：5－7.

[5] 马鹤庆，孙希泰. 渗硼共晶化组织的研究 [J]. 金属学报，1982，2（15）：94－108.

[6] 陈树旺，程焕武，陈卫东. 渗硼技术的研究应用发展 [J]. 国外金属热处理，2003，24（5）：8－12.

[7] 邢泽炳，翟鹏飞，张晓刚. 45 钢耕作部件表面渗硼处理及耐磨性 [J]. 金属热处理，2012，37（9）：113－125.

[8] 雷丽，李凤华，李金生，等. TC4 钛合金低温固体稀土－硼共渗 [J]. 金属热处理，2012，37（2）：101－105.

[9] 衣晓红，鲍闯，李凤华，等. ZG1Cr18Ni9 奥氏体不锈钢的渗硼 [J]. 金属热处理，2009，34（11）：74－77.

[10] 汪新衡，刘安民，匡建新，等. 5Cr2NiMoVSi 钢大型热锻模的复合强化工艺及应用 [J]. 金属热处理，2011，36（1）：91－93.

[11] 胡金锁，郝敬敏，李治源，等. 激光共晶化渗硼层磨粒磨损试验研究 [J]. 兵器材料科学与工程，2002（1）：53－56.

[12] 秦志伟，何大川，徐进. 稀土对固体渗硼剂渗硼扩散激活能的影响 [J]. 物理测试，2006 (4)：10 - 11.

[13] 李雪松，吴化，吴一. 20CrMo 钢表面固体渗硼工艺及性能 [J]. 金属热处理，2009 (5)：57 - 60.

[14] KOSHY P, DEWES R C, ASPINWALL D K. High speed end milling of hardened AISI D2 tool steel (~58 HRC) [J]. Journal of Materials Processing Technology, 2002, 127 (2): 266 - 273.

[15] 高玉芳，吴新宇. 预涂稀土涂层渗硼工艺及性能的研究 [J]. 热加工工艺，2001 (2)：41 - 42.

[16] SEN S, OZBEK I, SEN U. Mechanical behavior of borides formed on borided cold work tool steel [J]. Surface and Coatings Technology, 2001 (135): 173 - 177.

[17] 高银霞. 提高 5CrMnMo 钢模具使用寿命的方法 [J]. 机械工人，2006 (7)：60 - 61.

[18] GUO C, ZHOU J S, ZHAO J R, et al. Microstructure and friction and wear behavior of laser boronizing composite coatings on titanium substrate [J]. Applied Surface Science, 2011, 257 (9): 4398 - 4405.

[19] SAHIN S, MERIC C, SARITAS S. Production of ferroboron powders by solid boronizing method [J]. Advanced Powder Technology, 2010 (21): 483 - 487.

[20] 杜华伟. 稀土元素对 45 钢固体渗硼催渗作用的研究 [J]. 机械工程师，2009 (3)：124 - 125.

[21] 郝少祥. Cr12MoV 钢固体渗硼研究 [D]. 郑州：郑州大学，2005.

[22] 杨凯军. 4Cr13 不锈钢渗硼工艺及渗层组织和性能的研究 [D]. 郑州：郑州大学，2003.

[23] MERIC C, YILMAZ S S, SAHIN S. Investigation of the effect on boride layer of powder particle size used in boronizing with solid boron - yielding substances [J]. Materials Research Bulletin, 2000, 35 (13): 2165 - 2172.

[24] 衣晓红，樊占国，张景垒，等. TC4 钛合金的固体渗硼 [J]. 稀有金属材

料与工程，2010（9）：1631－1635.
[25] 衣晓红，樊占国，张景垒，等. Ti－6Al－4V 钛合金固体渗硼法表面改性（英文）[J]. 材料热处理学报，2010（9）：119－123.
[26] GENEL K，OZBEK I，KURL A. Boriding response of AISI W1 steel and use of artificial neural network for prediction of borided layer properties [J]. Surface & Coatings Technology，2002（160）：38－43.
[27] 袁晓波，杨瑞成，陈华，等. 固体渗硼最佳工艺技术及其发展趋势 [J]. 中国表面工程，2003（5）：5－9.
[28] CHEN R N. Boronizing process of a solid boronizing supply agent with rare earths [J]. Journal of Rare Earths，2005（S1）：489－492.
[29] 郭仁红，许斌，张南南. 低温固体渗硼工艺的研究现状及展望 [J]. 热加工工艺，2008（18）：82－85.
[30] SAHIN S. Effects of boronizing process on the surface roughness and dimensions of AISI 1020，AISI 1040 and AISI 2714 [J]. Journal of Materials Processing Technology，2006（209）：1736－1741，
[31] KRUMES D，KLADARIC I，VITEZ I. Mechanical properties of boronizing steels as repercussion of boron phases [J]. Materials and Manufacturing Processes，2009（24）：739－742.
[32] 谌岩. 一种新的固体渗硼工艺 [J]. 热处理，2004（3）：38－39.
[33] 牟克，王树林，冉宪清，等. 20Cr 钢渗硼后感应加热复合处理 [J]. 佳木斯大学学报（自然科学版），2001（3）：272－274.
[34] 章为夷. 固体渗硼时硼砂型渗剂中活性硼原子输运方式研究 [J]. 金属热处理学报，2003（2）：29－32.
[35] CAMPOS I，ISLAS M，GONZALEZ E. Use of fuzzy logic for modeling the growth of Fe2B boride layers during boronizing [J]. Surface & Coatings Technology，2006（201）：2717－2723.
[36] 周桂莲，常春，薛纪放. 渗硼的选材及工艺应用 [J]. 橡塑技术与装备，2002（7）：46－47.
[37] 史雅琴，金华，刘莎. 显示渗层组织的彩色金相法 [J]. 大连海事大学学

报，1999（1）：92－94.

[38] OZBEK I，BINDAL C. Mechanical properties of boronized AISI W4 steel [J]. Surface & Coatings Technology，2002（154）：14－20.

[39] 黄作华. 铁基粉末压坯烧结—固体渗硼技术研究 [D]. 长春：吉林大学，2009.

[40] 陈树旺，程焕武，陈卫东，等. 固体渗硼技术的实用性研究：首届中国热处理活动周论文集 [C]. 北京：中国机械工程学会热处理分会，2002：178－182.

[41] 张九渊. 表面工程与失效分析 [M]. 杭州：浙江大学出版社，2005.

[42] 温诗铸. 摩擦学原理 [M]. 北京：清华大学出版社，2012.

[43] 陈九磅，束德林，刘少光，等. 5CrMnMo钢渗硼层的高温磨损特性 [J]. 热处理，2000（3）：32－35.

[44] 陈鸿海. 金属腐蚀学 [M]. 北京：北京理工大学出版社，1995.

[45] 张永振，邱明撰，陈跃撰，等. 材料的干摩擦学 [M]. 北京：科学出版社，2007.

[46]《机械工程材料性能数据手册》编委会编. 机械工程材料性能数据手册 [M]. 北京：机械工业出版社，1994.

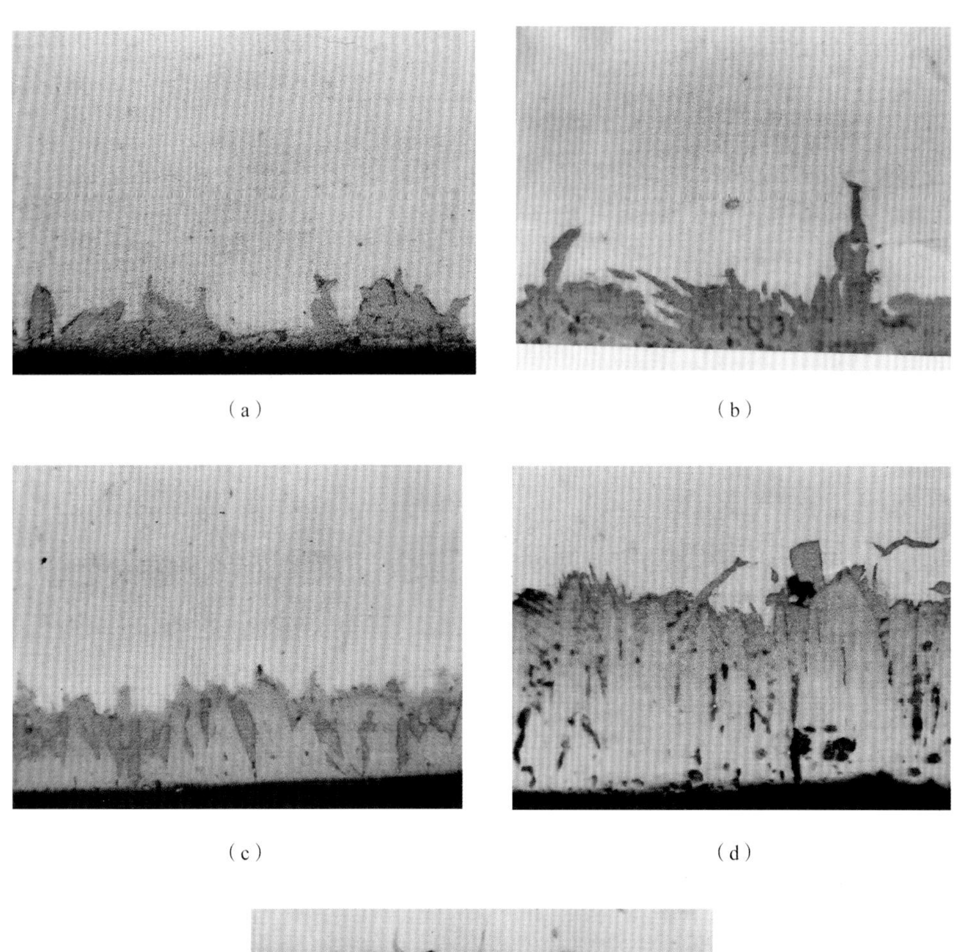

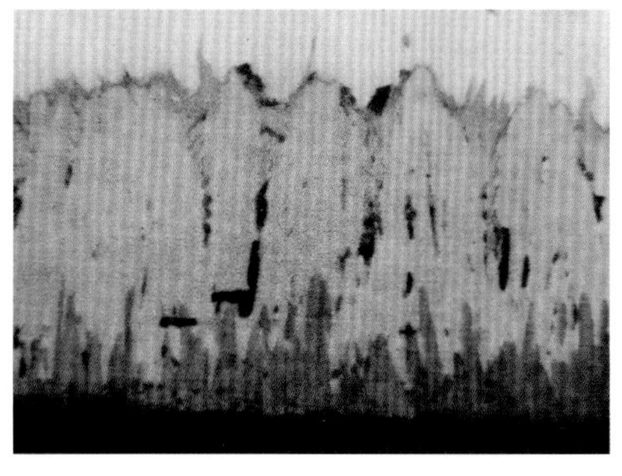

(e)

图 2.6　T10 钢在 900 ℃渗硼不同时间的金相组织（400×）

(a) 1 h；(b) 2 h；(c) 3 h；(d) 4 h；(e) 5 h

图 2.7　碳硼化物沿着晶界呈网状分布（400×）

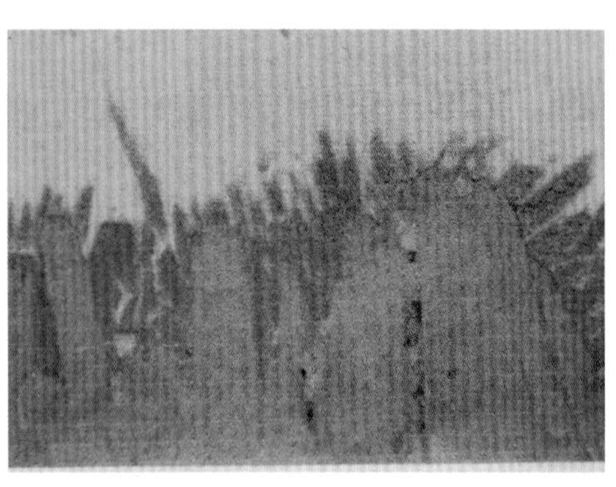

图 2.8　硼化物顶部的须碳硼化物（浅蓝色）和 Fe_2B 尖（浅黄色）（400×）

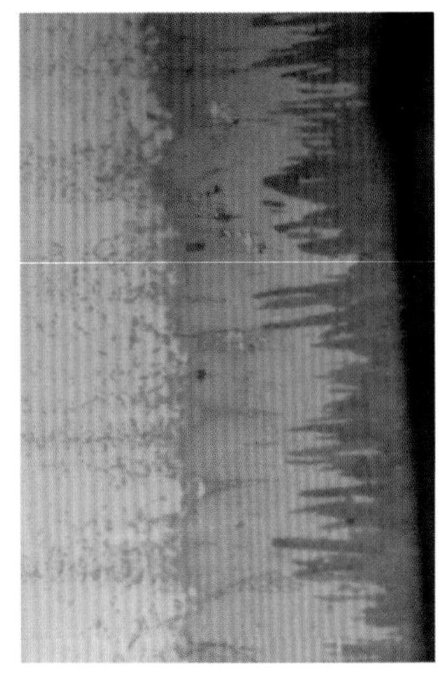

图 3.6　CrWMn 钢渗硼组织（400×）

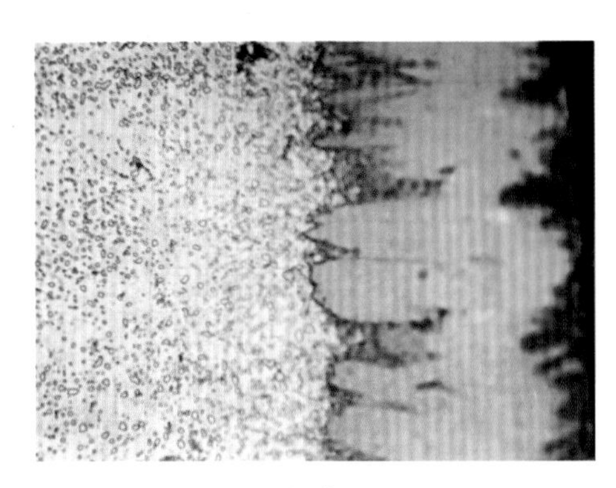

图 3.7　GCr15 钢渗硼组织（500×）

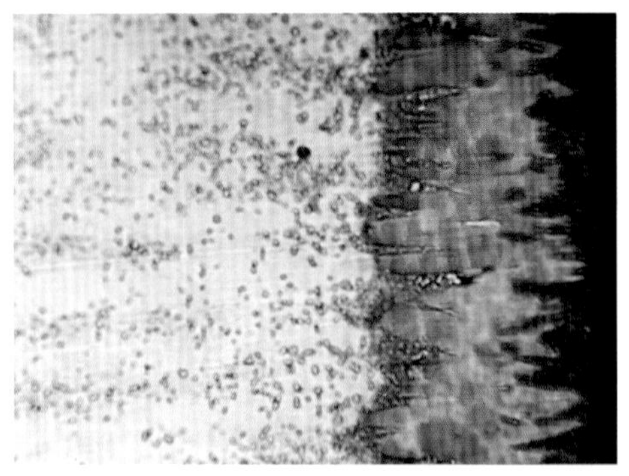

图 3.8　3Cr2W8V 钢渗硼组织（400×）

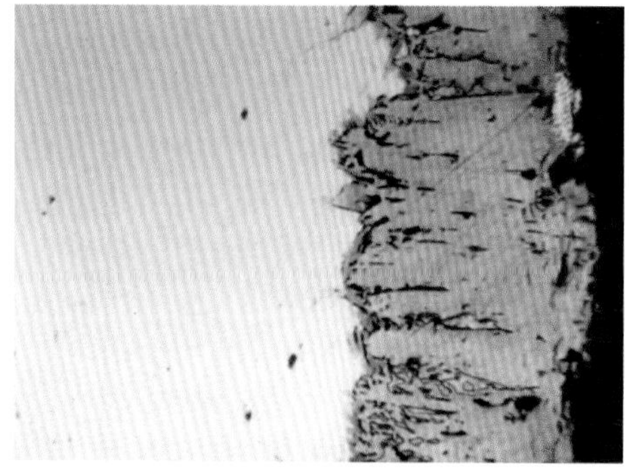

图 3.9　5CrMnMo 钢渗硼组织（400 ×）

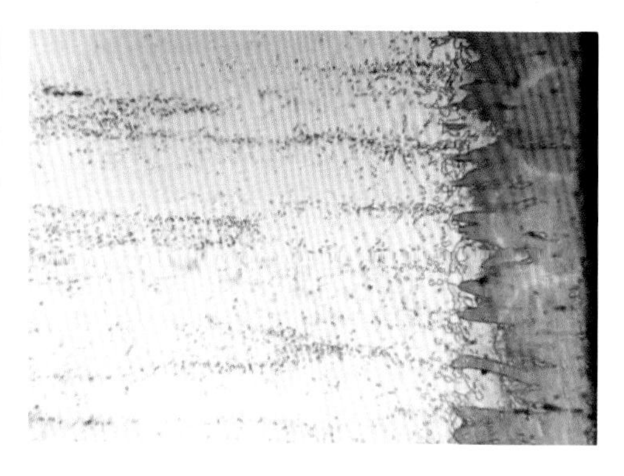

图 3.10　60Si2Mn 钢渗硼组织（400 ×）

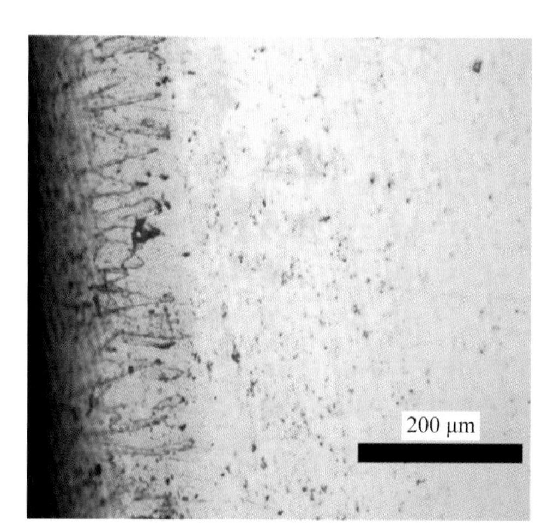

图 4.6　Q235B 钢渗硼后的组织与渗硼层厚度

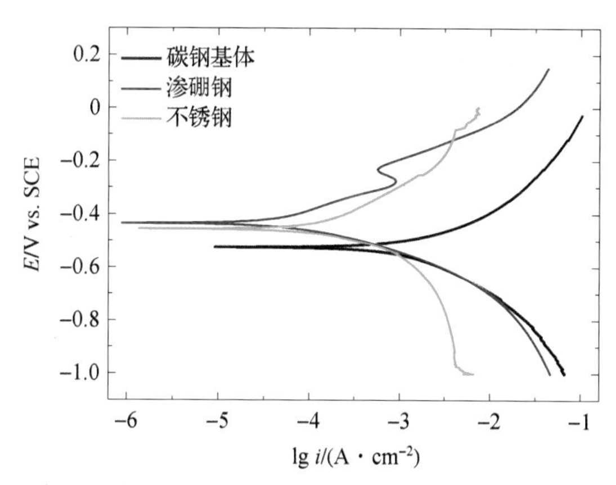

图 4.7　碳钢、渗硼钢和不锈钢在 1 mol/L 盐酸溶液中的极化曲线

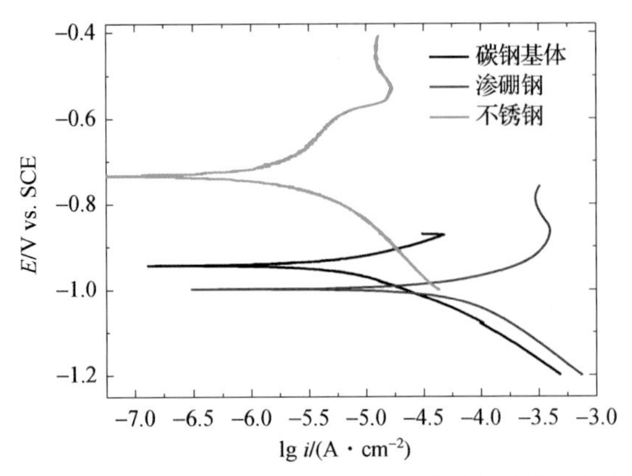

图 4.8　碳钢、渗硼钢和不锈钢在 1 mol/L 碳酸钠溶液中的极化曲线

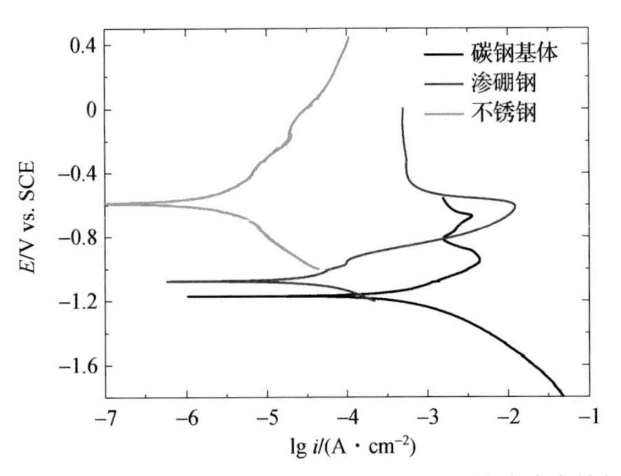

图 4.9　碳钢、渗硼钢和不锈钢在 1 mol/L 氢氧化钠溶液中的极化曲线

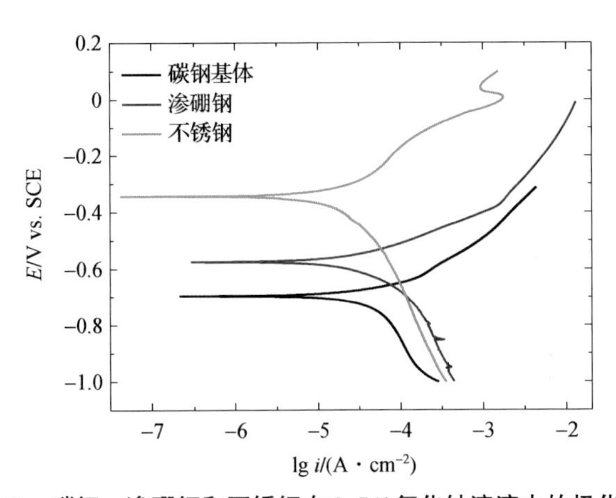

图 4.10　碳钢、渗硼钢和不锈钢在 3.5%氯化钠溶液中的极化曲线

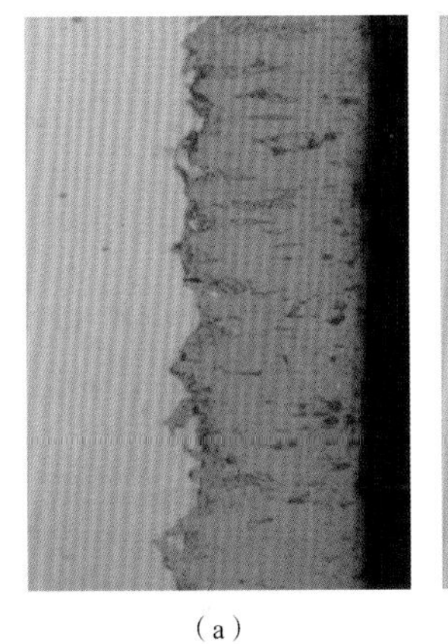

(a)

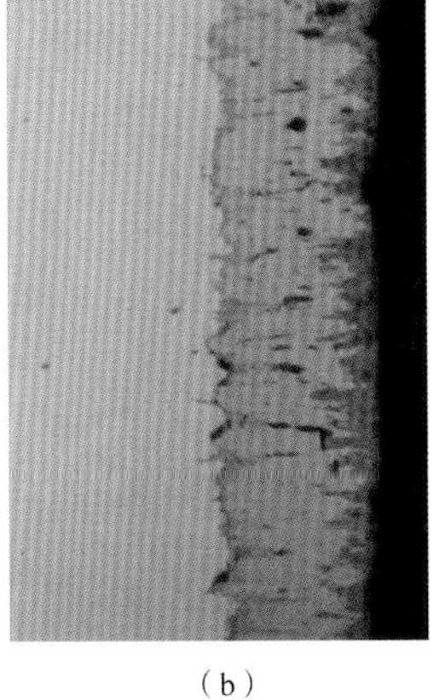

(b)

图 6.8　T8 钢硼化物层显微组织（400×）

(a) 单相；(b) 双相

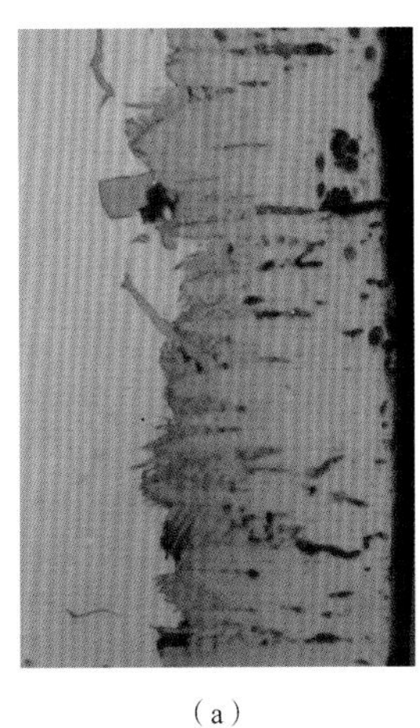

(a)

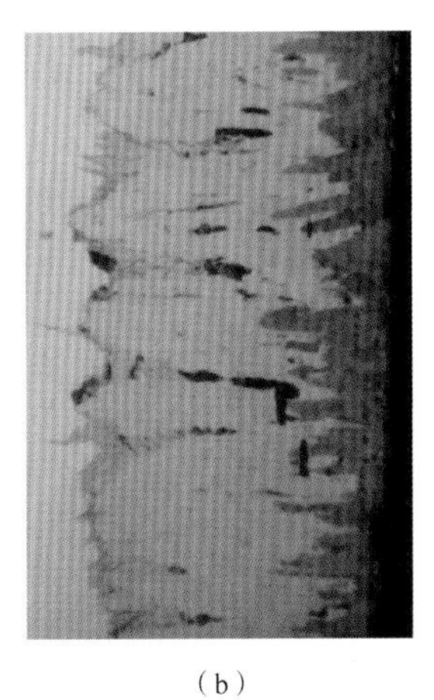

(b)

图 6.9　T10 钢硼化物层显微组织（400×）

(a) 单相；(b) 双相

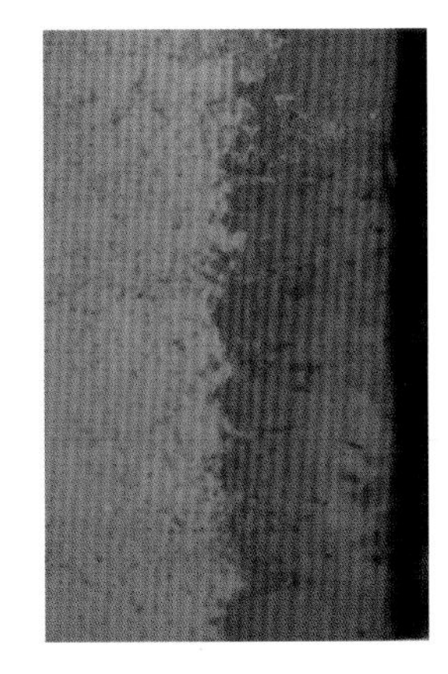

图 6.10　GCr15 钢硼化物层显微组织（400×）

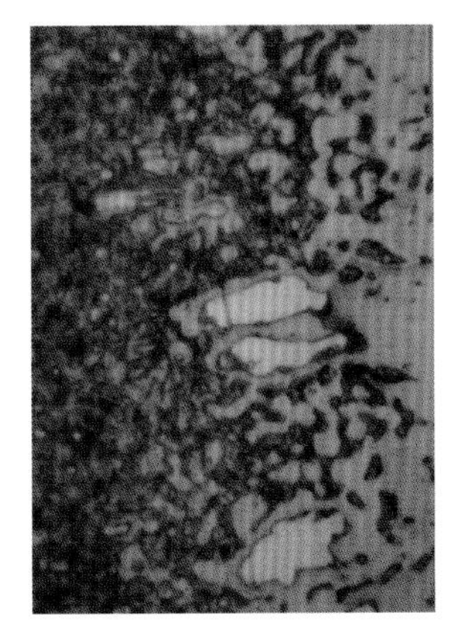

图 6.11　Cr12MoV 钢硼化物层显微组织（400×）

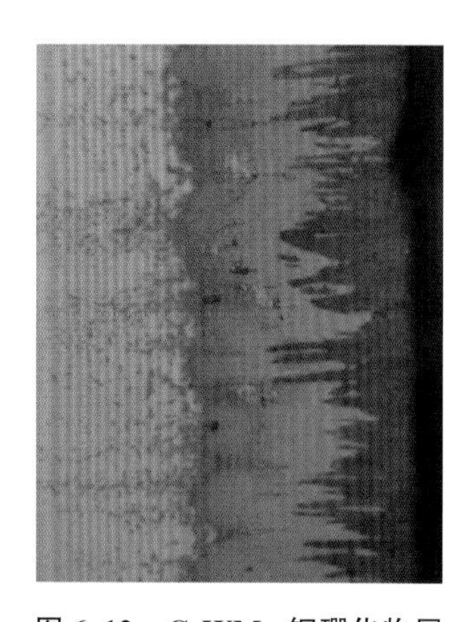

图 6.12　CrWMn 钢硼化物层显微组织（400×）

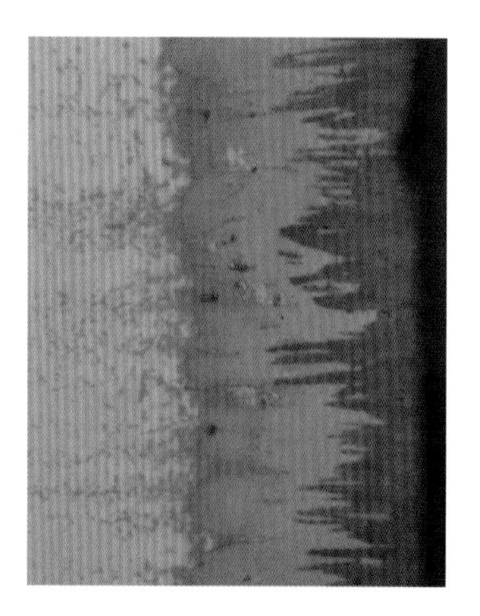

图 6.13　5CrMnMo 钢硼化物层显微组织（400×）

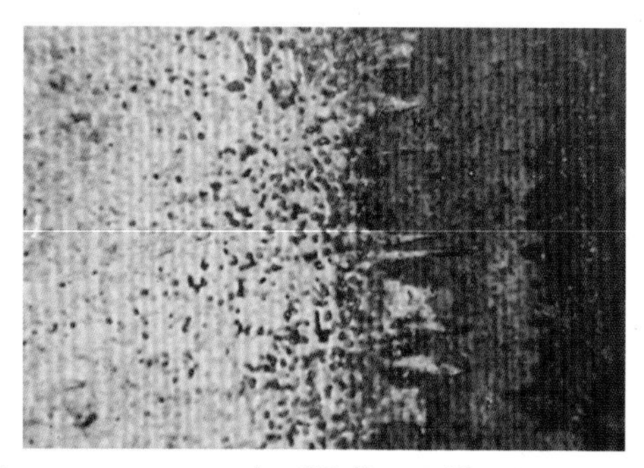

图 6.14　3Cr2W8V 钢硼化物层显微组织（400×）

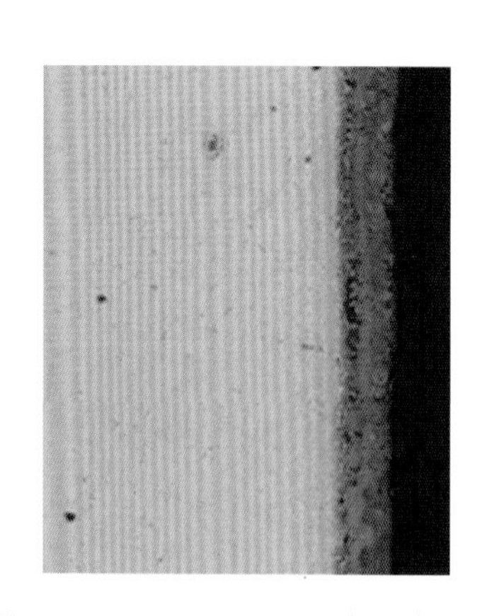

图 6.16　2Cr12NiMoWV 钢硼化物层显微组织（200×）

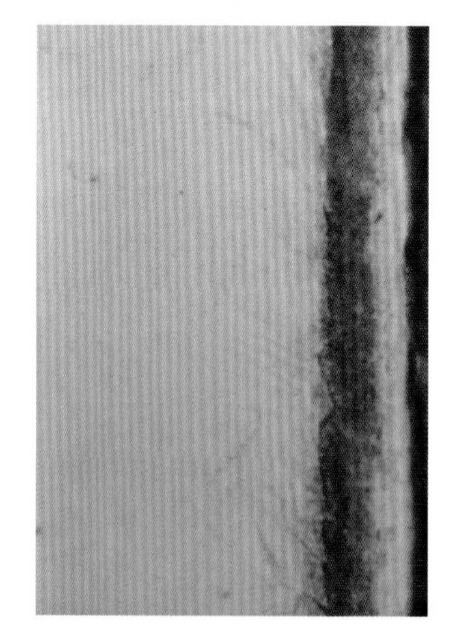

图 6.17　1Cr18Ni9Ti 钢硼化物层显微组织（200×）

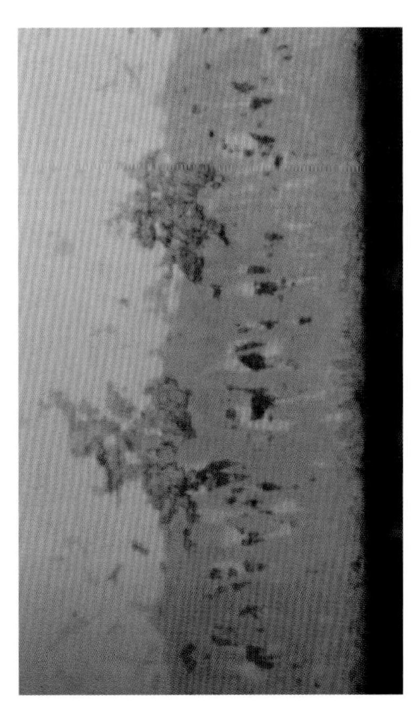

图 6.20　可锻铸铁硼化物层显微组织（浅蓝色 FeB + 黄色 Fe_2B）（400 ×）

图 10.2　T10 钢经高频感应加热后的渗硼层显微组织（500 ×）

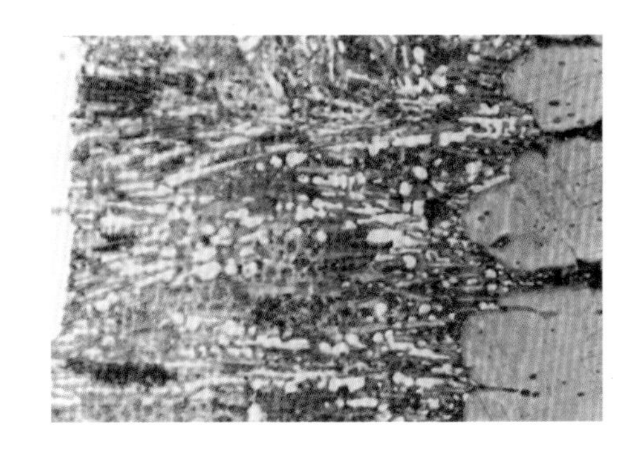

图 10.9　20 钢渗硼 - 共晶化处理空冷后的显微组织（500 ×）

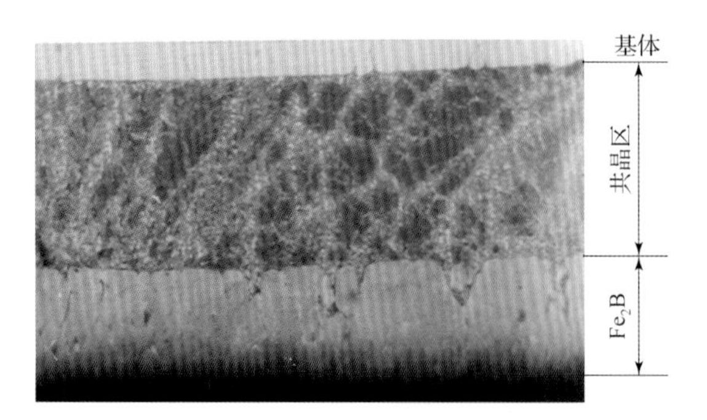

图 10.18　T10 钢经渗硼－共晶化处理后的组织（500×）

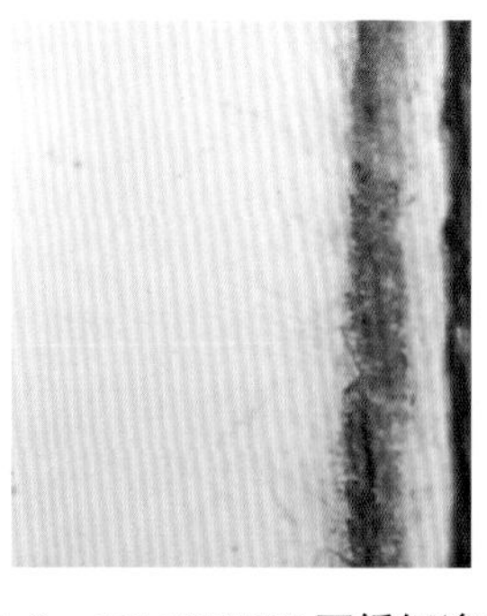

图 11.2　1Cr18Ni9Ti 不锈钢渗硼层典型的显微组织（200×）

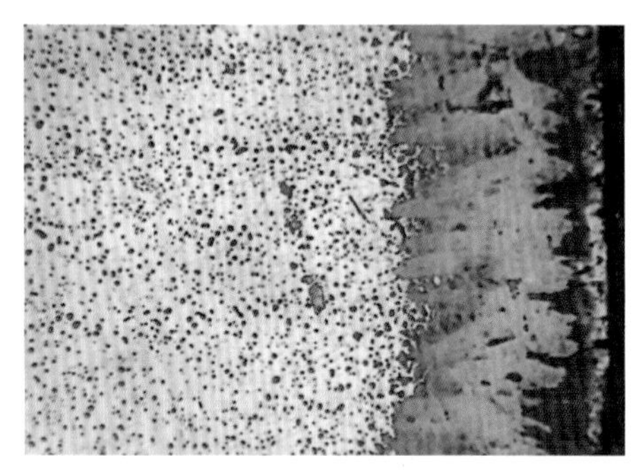

图 11.12　GCr15 钢 950 ℃、5 h 渗硼退火态组织（三钾试剂浸蚀 20 s，210×）

图 11.13　T8 钢渗硼后淬火所获得的渗硼层前沿须状物组织（三钾试剂浸蚀，420×）

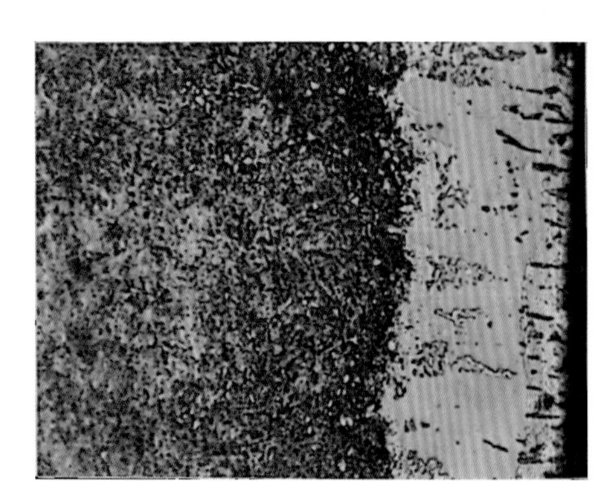

图 11.14　GCr15 钢渗硼后淬火态组织（4%硝酸酒精预腐蚀，三钾试剂浸蚀 15 s，105×）

图 11.15　Cr12MoV 钢渗硼后淬火态组织（4%硝酸酒精预腐蚀，三钾试剂浸蚀，420×）

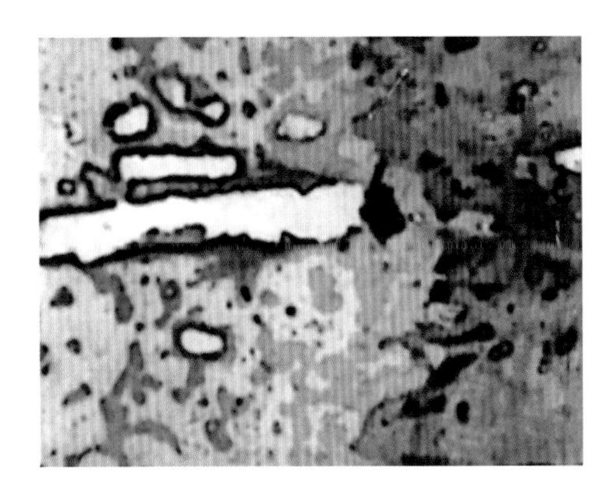

图 11.16　**Cr12MoV** 钢渗硼后淬火态过渡区共晶碳化物溶解现象

（**4%**硝酸酒精预腐蚀，三钾试剂浸蚀，**210 ×**）

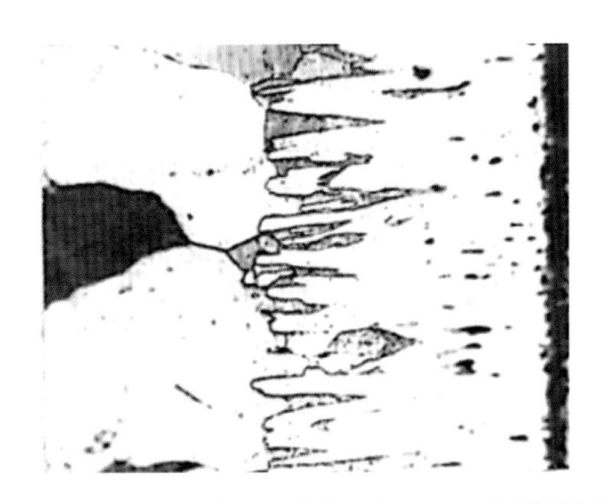

图 11.17　**20** 钢 **950 ℃**、**5 h** 渗硼退火态组织（**4%**硝酸酒精腐蚀，**500 ×**）

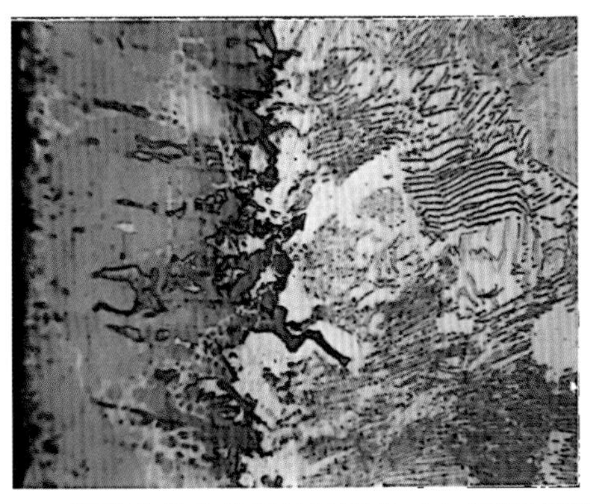

图 11.18　**T8** 钢硼化物齿前沿的须状物（**4%**硝酸酒精预腐蚀，

三钾试剂浸蚀，**105 ×**）

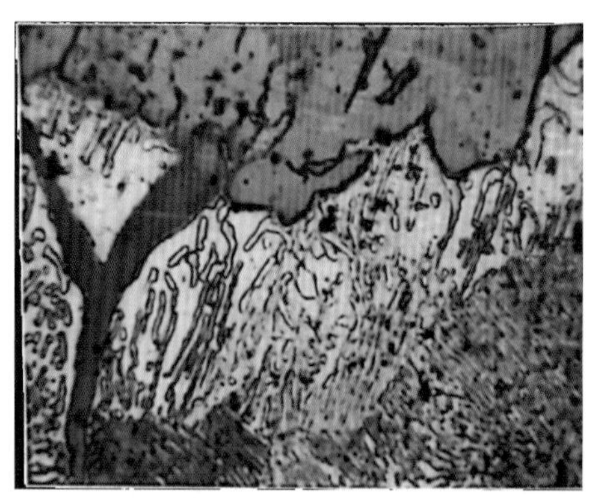

图 11.19　**T8** 钢硼化物层前沿的须状物组织（**4%**硝酸酒精预腐蚀，三钾试剂浸蚀，**210 ×**）

图 **11.25**　配制好的三钾试剂

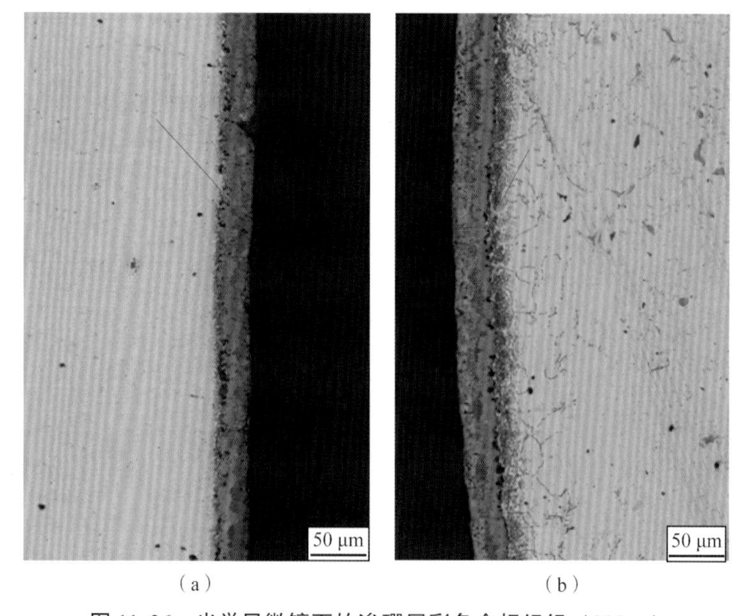

（a）　　　　（b）

图 **11.26**　光学显微镜下的渗硼层彩色金相组织（**200 ×**）

（a）渗硼处理 4 h 的试样，箭头位置为渗硼层；（b）渗硼处理 6 h 的试样，箭头位置为渗硼层

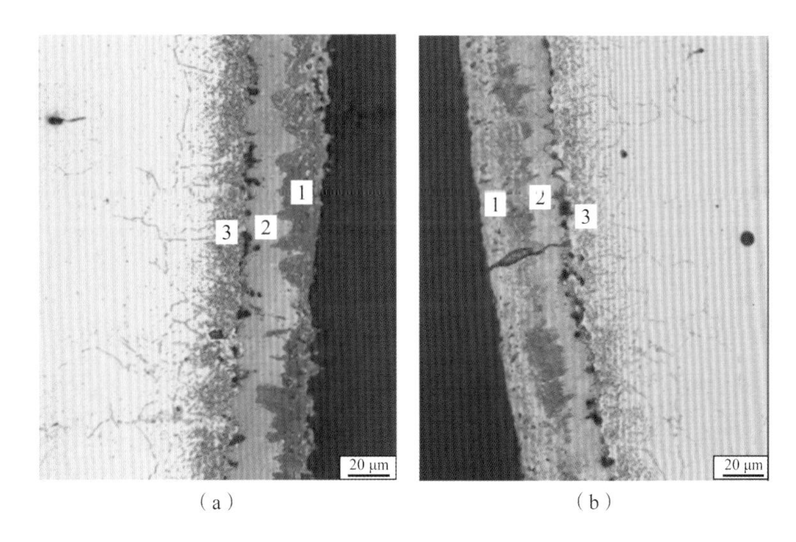

(a)　　　　　　　　　　(b)

图 11.27　光学显微镜下渗硼层彩色金相组织（500×）

（a）渗硼处理 4 h 的试样；（b）渗硼处理 6 h 的试样

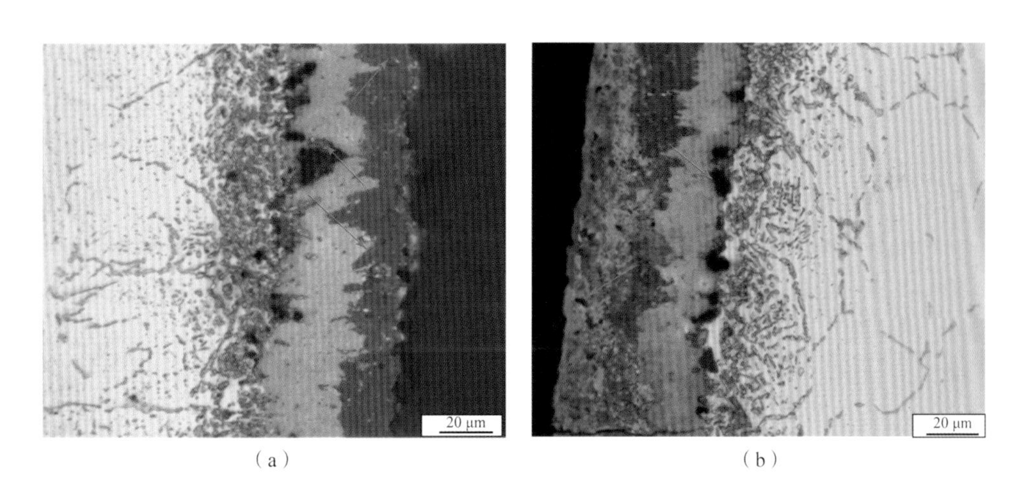

(a)　　　　　　　　　　(b)

图 11.28　渗硼层金相组织（1 000×）

（a）渗硼处理 4 h 的试样；（b）渗硼处理 6 h 的试样

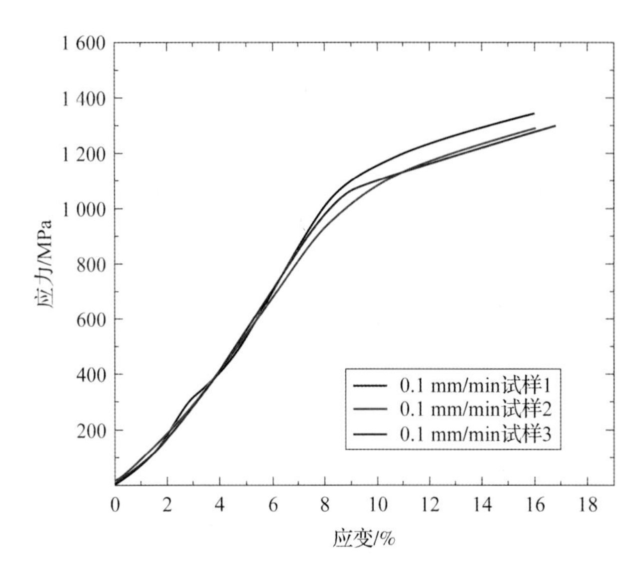

图 11.29　渗硼处理 4 h 试样加载速率为 0.1 mm/min 时应力－应变曲线

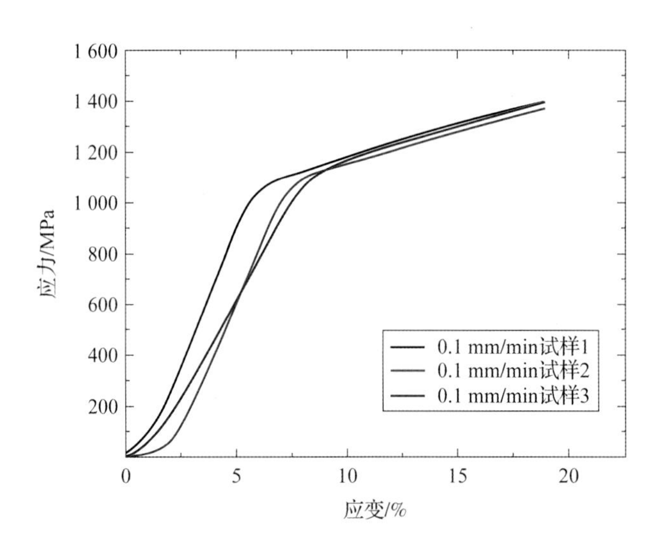

图 11.30　渗硼处理 6 h 试样加载速率为 0.1 mm/min 时应力－应变曲线

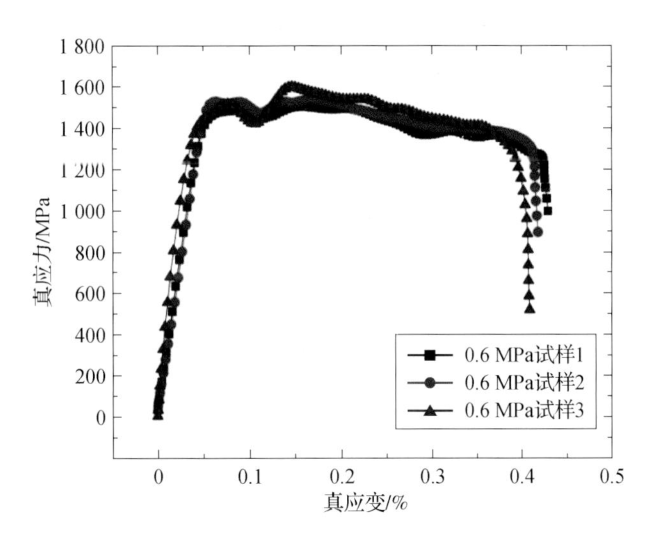

图 11.31　950 ℃渗硼处理 4 h 试样在 0.6 MPa 载荷下的真应力 - 真应变曲线

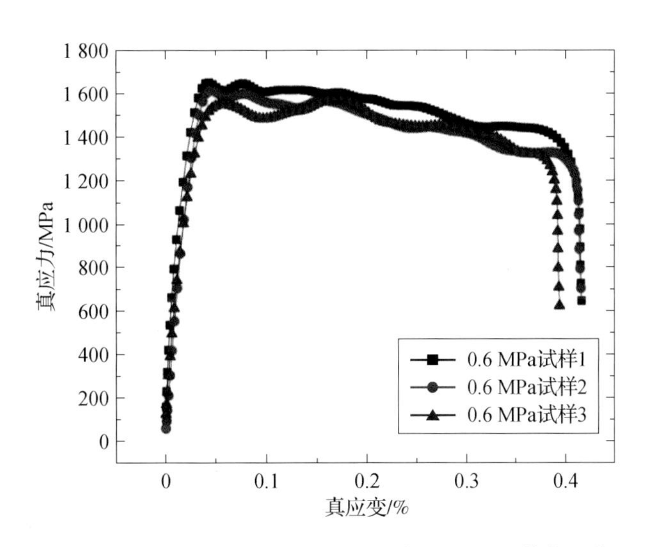

图 11.32　950 ℃渗硼处理 6 h 试样在 0.6 MPa 载荷下的真应力 - 真应变曲线

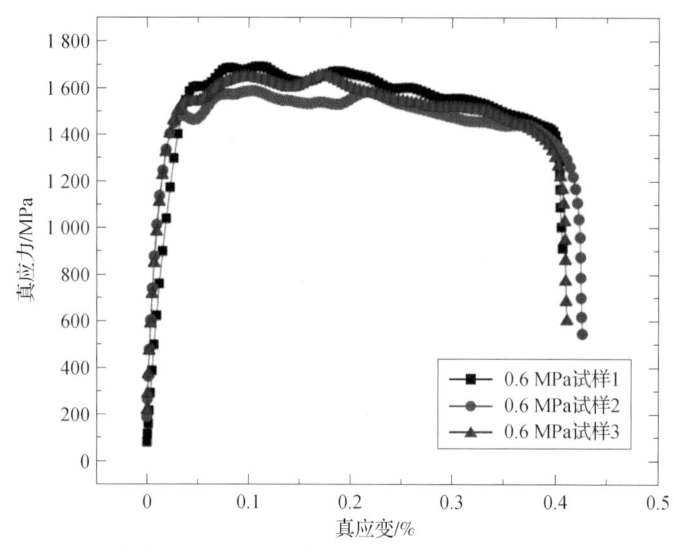

图 11.33　950 ℃未渗硼处理 6 h 试样在 0.6 MPa 载荷下的真应力－真应变曲线

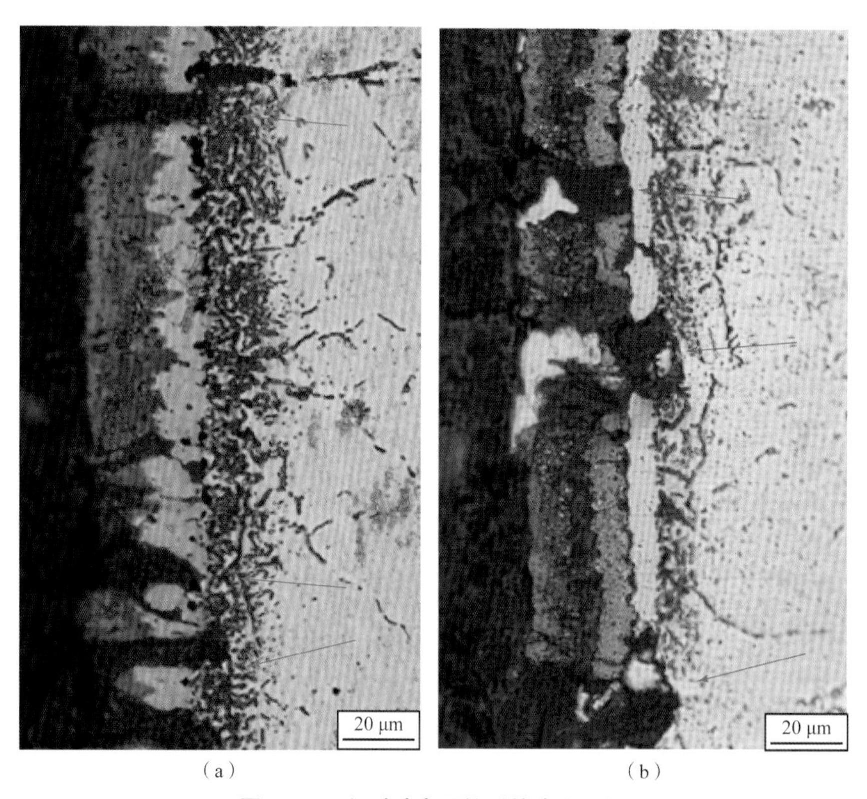

（a）　　　　　　　　　　（b）

图 11.34　经过动态压缩后的渗硼组织

（a）渗硼时间 4 h 渗硼层组织；（b）渗硼时间 6 h 渗硼层组织

图 11.37　2008 年作者在渗硼试验后开箱取件